U0249102

高等院校物联网专业规划教材

RFID
技术及应用

王佳斌 张维纬 黄诚惕 主编

清华大学出版社

内 容 简 介

无线射频识别技术(RFID)随着近年来物联网技术的发展，在各领域中的应用日益广泛，是物联网技术的重要内容之一，也是高校物联网工程专业的必修课之一。

本书先从 RFID 的发展历史及现行主流标准入手，介绍 RFID 技术的基本工作原理及相关技术，详细解析 RFID 技术编解码及解决数据碰撞问题的方案；然后通过 RFID 在 EPC 体系及 M2M 技术中的重要应用，展现 RFID 在物联网技术领域中的重要地位；并通过 RFID 中间件设计及相应网络的安全分析，完善整个 RFID 技术体系的内容；最后，通过 RFID 的若干实际应用案例，让读者更加深入地理解 RFID 技术及其应用。

本书内容综合了 RFID 的基础知识、实际应用及与物联网技术相关的其他领域的有关知识，由浅入深、循序渐进，涉及面广，实用性强，可作为高校物联网工程专业本科生、研究生的专业教材，还可供相关领域的工程技术人员参考使用。

本书封面贴有清华大学出版社防伪标签，无标签者不得销售。
版权所有，侵权必究。举报：010-62782989，beiqinquan@tup.tsinghua.edu.cn。

图书在版编目(CIP)数据

RFID 技术及应用/王佳斌，张维纬，黄诚惕主编. —北京：清华大学出版社，2016(2023.8 重印)
(高等院校物联网专业规划教材)
ISBN 978-7-302-44889-1

Ⅰ. ①R… Ⅱ. ①王… ②张… ③黄… Ⅲ. ①无线电信号—射频—信号识别—高等学校—教材 Ⅳ. ①TN911.23

中国版本图书馆 CIP 数据核字(2016)第 196611 号

责任编辑：汤涌涛
封面设计：常雪影
责任校对：宋延清
责任印制：宋　林
出版发行：清华大学出版社
网　　址：http://www.tup.com.cn, http://www.wqbook.com
地　　址：北京清华大学学研大厦 A 座　　邮　　编：100084
社 总 机：010-83470000　　邮　　购：010-62786544
投稿与读者服务：010-62776969, c-service@tup.tsinghua.edu.cn
质量反馈：010-62772015, zhiliang@tup.tsinghua.edu.cn
课件下载：http://www.tup.com.cn, 010-62791865
印 装 者：北京嘉实印刷有限公司
经　　销：全国新华书店
开　　本：185mm×260mm　　**印　张**：17.25　　**字　数**：415 千字
版　　次：2016 年 9 月第 1 版　　**印　次**：2023 年 8 月第 11 次印刷
定　　价：49.00 元

产品编号：068116-02

前　言

物联网技术近几年来得到了充分的发展。在物联网技术中，自动识别是非常重要的。因为物联网最终需要实现机器与机器之间的自主学习、自主通信和相互控制，而这就需要有自动识别技术。条形码和二维码是自动识别技术的一种尝试，但由于这类识别手段有内在的缺陷，导致仍然无法实现完全的自动识别。

射频识别(Radio Frequency Identification，RFID)技术的出现，让自动识别有了真正实现的可能。尽管射频技术历史久远，但作为自动识别手段，也只是近些年来的事情。

射频识别技术是通过无线电波进行数据传递的自动识别技术，是一种非接触式的自动识别技术。它通过射频信号自动识别目标对象，并获取相关数据，其识别工作无须人工干预，可工作于各种恶劣环境中。

与条码识别、磁卡识别和 IC 卡识别等技术相比，射频识别技术以特有的无接触、抗干扰能力强、可同时识别多个物品等优点，逐渐成为自动识别领域中最优秀和应用最广泛的技术之一，是目前最重要的自动识别技术。

本书共分为 9 章。

第 1 章主要介绍射频识别技术的发展历史；第 2 章主要介绍射频识别技术的工作原理；第 3、第 4 章深入讨论射频识别技术的编解码原理和数据传输等问题；第 5 章介绍射频识别技术与 EPC 体系的关系；第 6 章介绍射频识别技术与 M2M 体系的关系；第 7 章介绍射频识别技术中间件开发技术；第 8 章介绍射频识别技术应用过程中涉及的信息安全问题；第 9 章给出大量的射频识别技术应用实例，供读者参考。

本书具有以下特点。

- 体系清晰：对射频识别技术与物联网其他领域技术的关系进行完整的阐述。
- 知识面广：通过大量的应用实例，说明射频识别技术在物联网技术中的重要作用，及在生产、生活中的广泛应用。
- 浅显易懂：适当减少射频识别技术理论性的内容，增加大量实例应用，着重体现其技术性和实用性。

本书的第 1、5、6、7 章由王佳斌编写，第 4、8 章由张维纬编写，第 3 章由王佳斌和张维纬联合编写；第 2、9 章由黄诚惕编写。全书由王佳斌统稿。

本书文字打印和绘图由宋春红、陈丽枫完成。

本书在编写过程中，得到清华大学出版社编辑、华侨大学工学院领导和教师的大力支持，在此表示感谢！此外，本书在编写过程中，参考了众多的书籍和网络资料，在此对书籍和资料的作者一并表示感谢！

由于作者水平有限，书中难免有疏漏之处，敬请广大读者批评指正。

教学资源服务

目　录

第 4 章 数据校验和防碰撞算法 83

第 5 章 RFID 与 EPC 111

第 6 章 RFID 与 M2M 167

第 7 章 RFID 中间件的设计 191

第 8 章 RFID 信息安全 201

第 9 章 物联网 RFID 应用实例 223

参考文献 261

第 1 章

射频识别技术概述

学习目标

1. 掌握自动识别技术的种类。
2. 了解 RFID 技术的发展历史及现状。
3. 掌握 RFID 技术的体系及其产业发展趋势。

知识要点

自动识别技术、射频识别技术、射频识别技术体系及产业发展趋势。

1.1　自动识别技术

人类社会步入信息时代后，人们获取和处理的信息量在不断增大。传统的信息采集是通过人工手段录入的，不仅工作强度大，而且差错率高。以计算机和通信技术为基础的自动识别技术，可以对目标对象自动辨认，并可以工作在各种环境下，使人类能够对大量信息进行及时、准确的处理。自动识别技术可以对每个物品进行标识和识别，并可以实时更新数据，是构建全球物品信息实时共享的基础，是物联网的重要组成部分。

1.1.1　自动识别技术的概念

自动识别技术，是用机器来识别不同物品的众多技术的总称。具体地说，就是使用识别装置，通过被识别物品与识别装置之间的接近运动，自动获取被识别物品的相关信息。

自动识别技术是一种高度自动化的信息(数据)采集技术，可对记录了字符、影像、条码、声音、信号等信息的载体进行自动识别，自动地获取被标识物品的相关信息，并提供给后台的计算机处理系统，来完成相关的后续处理。

以往的信息识别和管理中，多采用单据、凭证、传票为载体，以手工记录、电话沟通、人工计算、邮寄或传真等方法，对信息进行采集、记录、处理、传递和反馈，不仅极易出现差错，也使管理者对物品在流动过程中的各个环节难以统筹协调，不能系统地控制，更无法实现系统优化和实时监控，导致效率低下和人力、运力、资金、场地的大量浪费。

近几十年来，自动识别技术在全球范围内得到了迅猛发展，极大地提高了数据采集和信息处理的速度，改善了人们的工作和生活环境，提高了工作效率，并为管理的科学化和现代化做出了重要贡献。

自动识别技术可以在制造、物流、防伪和安全等多个领域中应用，可以采用光识别、电识别、射频识别等多种识别方式，是集计算机、光、电、通信和网络技术于一体的高技术学科。

1.1.2　自动识别技术的分类

根据应用领域和具体特征，自动识别技术可分为条码识别技术、生物识别技术、图像识别技术、磁卡识别技术、IC 卡识别技术、光学字符识别技术和射频识别技术等。这里介绍几种典型的自动识别技术，分别采用了不同的数据采集技术。其中，对条码使用光识别技术、对磁卡使用磁卡识别技术、对 IC 卡使用电识别技术、对射频标签使用无线识别技术。

1. 条码识别技术

条码是由一组线条、空白条和数字符号组成的，按一定编码规则排列的，用以表示一定字符、数字及符号的标签信息载体。条码是利用红外光或可见光进行识别的。由扫描器发出的红外光或可见光照射条码，条码中深色的“条痕”吸收光，浅色的“空白”将光反射回扫描器，扫描器将光反射信号转换成电子脉冲，再由译码器将电子脉冲转换成数据，最后传至后台，完成对条码的识别。

目前，条码的种类很多，大体上可以分为一维条码和二维条码两种。一维条码和二维条码都有许多码制。条码中，条、空图案对数据不同的编码方法，构成了不同形式的码制。不同码制有各自不同的特点，可以用于一种或若干种应用场合。

(1) 一维条码。

一维条码有许多种码制，包括 Code25 码、Code128 码、EAN-13 码、EAN-8 码、ITF25 码、库德巴码、Matrix 码和 UPC-A 码等。如图 1-1 所示为几种常用的一维条码样图。

(a) EAN-13 码　　(b) EAN-8 码　　(c) UPC-A 码

图 1-1　几种常用的一维条码样图

目前最流行的一维条码是 EAN-13 条码。EAN-13 条码由 13 位数字组成，其中，前 3 位数字为前缀码，目前国际物品编码协会分配给我国并已经启用的前缀码为 690~692。当前缀码为 690 或 691 时，第 4~7 位数字为厂商代码，第 8~12 位数字为商品项目代码，第 13 位数字为校验码；当前缀码为 692 时，第 4~8 位数字为厂商代码，第 9~12 位数字为商品项目代码，第 13 位数字为校验码。EAN-13 条码的构成如图 1-2 所示。

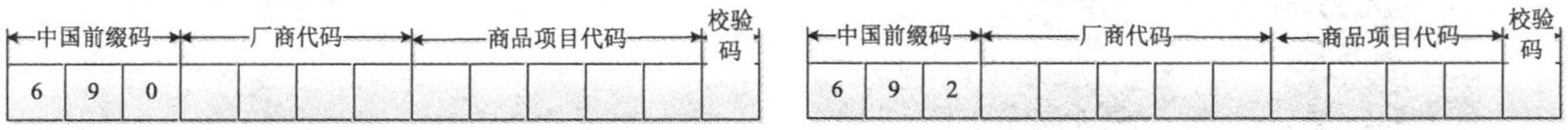

(a) 当前缀码为 690 时　　(b) 当前缀码为 692 时

图 1-2　EAN-13 条码的构成

(2) 二维条码。

二维条码技术是在一维条码无法满足实际应用需求的前提下产生的。二维条码在横向和纵向两个方位同时表达信息，因此，能在很小的面积内表达大量信息。目前有几十种二维条码，常用的码制有 Data Matrix 码、QR Code 码、Maxicode 码、PDF417 码、Code49 码、Code 16K 码和 Codeone 码等。如图 1-3 所示为几种常用的二维条码样图。

(a) Data Matrix 码　　(b) QR Code 码　　(c) Maxicode 码

图 1-3　几种常用的二维条码样图

2. 磁卡识别技术

磁卡，从本质意义上讲，与计算机用的磁带或磁盘是一样的，它可以用来记载字母、字符及数字信息。磁卡是一种磁介质记录卡片，通过黏合或热合，与塑料或纸牢固地整合在一起，能防潮、耐磨且有一定的柔韧性，携带方便，较为稳定可靠。

磁卡记录信息的方法是变化磁极。在磁性变化的地方具有相反的极性(如 S-N 或 N-S)，识读器材能够在磁条内探测到这种磁性变化。使用解码器，可以将磁性变化转换成字母或数字的形式，以便由计算机来处理。

磁卡的优点是数据可读写，即具有现场改变数据的能力，这个优点使得磁卡的应用领域十分广泛，如信用卡、银行 ATM 卡、会员卡、现金卡(如电话磁卡)和机票等。

磁卡的缺点是数据存储的时间长短受磁性粒子极性耐久性的限制。另外，磁卡存储数据的安全性一般较低，如果磁卡接触磁性物质，就可能造成数据的丢失或混乱。随着新技术的发展，安全性能较差的磁卡有逐步被取代的趋势。

但是，在现有条件下，社会上仍然存在大量的磁卡设备，再加上磁卡技术比较成熟和具有低成本的特点，所以，短期内，该技术仍然会在许多领域中继续使用。如图 1-4 所示为一种银行磁卡，该银行磁卡通过背面的磁条可以读写数据。

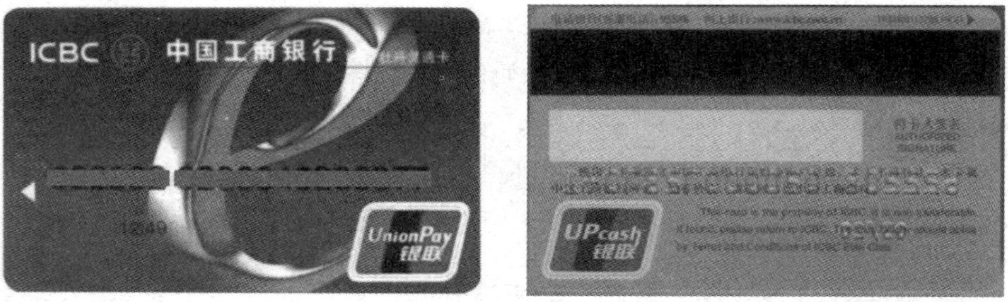

(a) 银行卡正面　　　(b) 银行卡背面的磁条

图 1-4　银行磁卡

3. IC 卡识别技术

IC(Integrated Circuit)卡是一种电子式数据自动识别卡，IC 卡分接触式 IC 卡和非接触式 IC 卡两种，这里介绍的是接触式 IC 卡。

接触式 IC 卡是集成电路卡，通过卡里的集成电路来存储信息，它将一个微电子芯片嵌入卡基中，做成卡片的形式，通过卡片表面的 8 个金属触点与读卡器进行物理连接，来完成通信和数据交换。IC 卡使用了微电子技术和计算机技术，作为一种成熟的高技术产品，是继磁卡之后出现的又一种新型的信息工具。

IC 卡的外形与磁卡相似，区别在于数据存储的媒体不同。磁卡是通过卡上磁条的磁场变化来存储信息的，而 IC 卡是通过嵌入卡中的电可擦除可编程只读存储器(EEPROM)来存储数据信息的。IC 卡与磁卡相比，具有存储容量大、安全保密性好、有数据处理能力、使用寿命长等优点。

依据是否带有微处理器，IC 卡可分为存储卡和智能卡两种。存储卡仅包含存储芯片而无微处理器，一般的电话 IC 卡即属于此类。将带有内存和微处理器芯片的大规模集成电路嵌入塑料基片中，就制成了智能卡，它具有数据读写和处理功能，因而具有安全性高、可以离线操作等突出优点，银行的 IC 卡通常是指智能卡。如图 1-5 所示为几种 IC 卡。

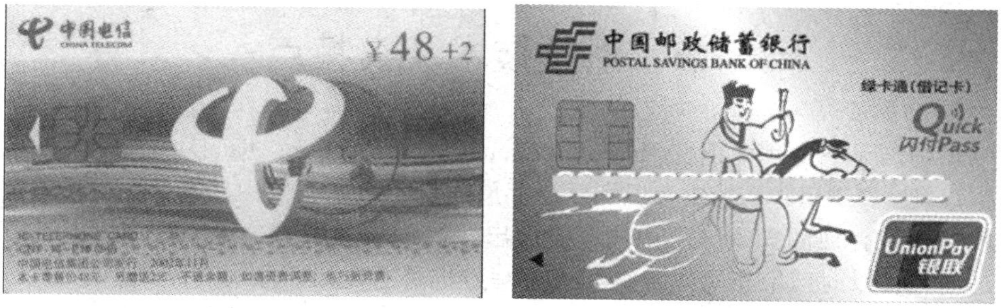

(a) 中国电信 IC 卡　　(b) 中国邮政储蓄银行 IC 卡

图 1-5　IC 卡

4. 射频识别技术

射频识别技术是通过无线电波进行数据传递的自动识别技术。与条码识别技术、磁卡识别技术和 IC 卡识别技术等相比，它以特有的无接触、可同时识别多个物品等优点，逐渐成为自动识别领域中最优秀和应用最广泛的自动识别技术。

1.1.3　RFID 技术

RFID 技术是自动识别技术中的一种。RFID 以电子标签来标识某个物体，电子标签包含某个芯片和天线，芯片用来存储物体的数据，天线用来收发无线电波。电子标签的天线通过无线电波，将物体的数据发射到附近的 RFID 读写器，RFID 读写器就会对接收到的数据进行收集和处理。RFID 与传统的条码识别相比，具有很大的优势。

(1) RFID 电子标签抗污损能力强。

传统的条码载体是纸张，它附在物体和外包装箱上，特别容易受到折损。条码采用的是光识别技术，如果条码的载体受到污染或者折损，将会影响信息的正确识别。而 RFID 采用电子芯片存储信息，可以免受外部环境污损。

(2) RFID 电子标签安全性高。

条码制作容易，操作简单，但同时也产生了仿造容易、信息保密性差等缺点。RFID 采用电子标签存储信息，数据可以通过编码实现密码保护，内容不易被伪造和更改。

(3) RFID 电子标签容量大。

条码的标识容量有限。而 RFID 电子标签的标识容量可以做到比条码大很多，实现真正的“一物一码”，可以满足信息流量不断增大和信息处理速度不断提高的需求。

(4) RFID 可实现远距离同时识别多个电子标签。

条码识别一次只能有一个条码接受扫描，而且要求条码与读写器的距离比较近。射频识别采用无线电波进行数据交换，RFID 读写器能够远距离同时识别多个 RFID 标签，并可以识别高速运动的标签。

(5) RFID 是物联网的基石。

条码印刷上去就无法更改了。而 RFID 采用电子芯片存储信息，可以随时记录物品在任何时候的任何信息，并可以很方便地新增、更改和删除信息。RFID 通过计算机网络可以实现对物品透明化、实时的管理，实现真正意义上的“物联网”。

1.2 射频技术及其特点

射频识别是无线电频率识别(Radio Frequency Identification，RFID)的简称，即通过无线电波进行识别。在 RFID 系统中，识别信息存放在电子数据载体中，电子数据载体被称为应答器。应答器中存放的识别信息由阅读器读出。在一些应用中，阅读器不仅可以读出存放的信息，而且可以对应答器写入数据，读、写过程是通过相互之间的无线通信来实现的。

射频识别具有下述特点。

(1) 是通过电磁耦合方式实现的非接触自动识别技术。

(2) 需要利用无线电频率资源，必须遵守使用无线电频率的众多规范。

(3) 存放的识别信息是数字化的，因此，通过编码技术，可以方便地实现多种应用，如身份识别、商品货物识别、动物识别、工业过程监控等。

(4) 容易对多个应答器、多个阅读器组合建网，以完成大范围的系统应用，并构成完善的信息系统。

(5) 涉及计算机、无线数字通信、集成电路、电磁场等众多学科，是一个新兴的、融合了多种技术的领域。

1.2.1 RFID 的发展简史

在过去的半个多世纪中，RFID 技术的发展经历了以下几个阶段。

1941—1950 年，雷达的改进和应用催生了 RFID 技术，1948 年奠定了 RFID 技术的理论基础。

1951—1960 年，早期 RFID 技术的探索阶段，主要处于实验室研究中。

1961—1970 年，RFID 技术的理论得到了发展，开始了一些应用尝试。

1971—1980 年，RFID 技术与产品研发处于一个大发展时期，各种 RFID 技术测试得到加速，出现了一些最早的 RFID 技术应用。

1981—1990 年，RFID 技术及产品进入商业应用阶段，多种应用开始出现，但成本成为制约进一步发展的主要问题。国内开始关注这项技术。

1991—2000 年，大规模生产使得其成本可以被市场接受，技术标准化问题和技术支撑体系的建立得到了重视，大量厂商进入，RFID 产品逐渐走入人们的生活，国内研究机构开始跟踪和研究该技术。

2001 年至今，RFID 技术得到了进一步丰富和完善，产品种类更加丰富，无源电子标签、半有源电子标签均得到了发展，电子标签成本也不断降低，RFID 技术的应用领域不断扩大，RFID 与其他技术正在日益结合。

纵观 RFID 技术的发展历程，我们不难发现，随着市场需求的不断发展，人们对 RFID 技术的认识水平正在日益提升，RFID 技术已经逐渐走入生产和生活的各个领域；RFID 技术及产品的不断开发，必将带来其应用发展的新高潮，并引发相关应用领域新的变革。

1.2.2 RFID 的发展现状

从全球范围来看，美国已经在 RFID 标准的建立、相关软硬件数据的开发与应用领域走在了世界的前列。欧洲 RFID 标准追随美国主导的 EPCglobal 标准。在封装系统应用方面，欧洲与美国基本处在同一阶段。日本虽然已经提出了 UID 标准，但主要得到的是其本国厂商的支持，如要成为国际标准，还有很长的路要走。在韩国，RFID 技术的重要性得到了加强，政府给予了高度重视，但韩国在 RFID 标准上至今仍模糊不清。

美国的 TI、RFID 等集成电路厂商目前都在 RFID 领域投入巨资进行芯片开发。Symbol 等公司已经研发出同时可以阅读条形码和 RFID 的扫描器。IBM、Microsoft 和 HP 等公司也在积极开发相应的软件及系统，来支持 RFID 技术的应用。目前，美国的交通、车辆管理、身份识别、生产线自动化控制、仓储管理及物资跟踪等领域已经在逐步应用 RFID 技术。在物流方面，美国已有 100 多家企业承诺支持 RFID 技术应用。另外，值得注意的是，美国政府是 RFID 技术应用的积极推动者。

欧洲的 Philips、STMicroelectronics 公司在积极开发廉价的 RFID 芯片；Checkpoint 公司在开发支持多系统的 RFID 识别系统；诺基亚公司在开发能够基于 RFID 技术的移动电话购物系统；SAP 公司则在积极开发支持 RFID 的企业应用管理软件。在应用方面，欧洲对诸如交通管理、身份识别、生产线自动化控制、物资跟踪等封闭系统的应用研究与美国基本处于同一阶段。目前，欧洲有许多大型企业都纷纷进行 RFID 技术的应用实验。

日本是一个制造业强国，在 RFID 研究领域起步较早，政府也将 RFID 作为一项关键的技术来发展。2004 年 7 月，日本经济产业省 METI 选择了七大产业做 RFID 技术的应用实验，包括消费电子、书籍、服装、音乐 CD、建筑机械、制药和物流。从近年来日本 RFID 领域的动态来看，与行业应用相结合的基于 RFID 技术的产品和解决方案已经开始集中出现，这为 RFID 技术在日本的应用推广，特别是在物流等非制造领域的应用推广，奠定了坚实的基础。

韩国主要通过国家的发展计划，且联合企业的力量，来推动 RFID 技术的发展，即主要是由产业资源部和情报通信部来推动 RFID 技术的发展计划。特别值得注意的是，自 2004 年 3 月韩国提出 IT839 计划以来，RFID 技术的重要性得到了进一步确认。虽然目前韩国在 RFID 技术的开发和应用领域乏善可陈，但值得关注的是，在韩国政府的高度重视下，韩国关于 RFID 的技术开发和应用实验正在加速开展。

中国人口众多，经济规模不断扩大，已经成为全球制造中心，RFID 技术有着广阔的应用市场。近年来，中国已初步开展了 RFID 相关技术的研发和产业化工作，并在部分领域开始应用。中国已经将 RFID 技术应用于铁路车号识别、身份证和票证管理、动物标识、特种设备与危险品管理、公共交通以及生产过程管理等多个领域，但规模化的实际应用项目还很少。目前，我国 RFID 应用以低频和高频标签产品为主，如城市交通一卡通和中国第二代身份证等项目。我国超高频产品的应用刚刚兴起，还未开始规模化生产，产业链尚未形成。我国第二代身份证从 2005 年开始，已经进入全面换发阶段，现已基本完成全国 16 岁以上人口的换发工作，全国换发总量将达到 10 亿。

2004 年 12 月 16 日，非营利性标准化组织——EPCglobal 批准了对 EPCglobal 成员和签订了 EPCglobal IP 协议的单位免收专利费的空中接口新标准——EPC Gen2。这一标准是 RFID

技术、互联网和产品电子代码(EPC)组成的 EPCglobal 网络的基础。

EPC Gen2 的获批对于 RFID 技术的应用和推广具有非常重要的意义，它为在供应链应用中使用的 UHF RFID 提供了全球统一的标准，给物流行业带来了革命性的变革，推动了供应链管理和物流管理向智能化方向发展。

自 2004 年起，全球范围内掀起了一场 RFID 的热潮，包括沃尔玛、宝洁、波音公司在内的商业巨头，无不积极推动 RFID 在技术制造、零售、交通等行业的应用。RFID 技术及应用正处于迅速上升的时期，被业界公认为是 21 世纪最有潜力的技术之一，它的发展和应用推广，将是自动识别行业的一场技术革命。当前，RFID 技术的应用和发展还面临一些关键问题与挑战，主要包括标签成本、标准制定、公共服务体系、产业链形成以及技术和安全等问题。

1.3 RFID 技术标准

目前，RFID 技术还未形成统一的全球化标准，但业界已经广泛认同市场将走向多标准的统一。RFID 系统主要是由数据采集和后台数据库网络应用系统两大部分组成的。目前已经发布或正在制定中的标准主要是与数据采集相关的，其中包括标签与读卡器之间的空中接口、读卡器与计算机之间的数据交换协议、标签与读卡器的性能和一致性测试规范以及标签的数据内容编码标准等。后台数据库网络应用系统目前并没有形成正式的国际标准，只有少数产业联盟制定了一些规范，现阶段还在不断演变中。

信息技术发展到今天，已经没有多少人还对标准的重要性持有任何怀疑态度。RFID 的技术标准之争非常强烈，各行业都在发展自己的 RFID 技术标准，这也是 RFID 技术目前没有统一国际标准的原因之一。关键是，RFID 技术不仅与商业利益有关，甚至还关系到国家或行业的利益，以及信息的安全。

目前，全球存在五大 RFID 技术标准化势力，即 ISO/IEC、EPCglobal、Ubiquitous ID Center、AIM Global 和 IP-X。其中，前三个标准化组织势力比较强大；而 AMI Global 和 IP-X 的势力则相对弱小。这五大 RFID 技术标准化组织纷纷制定自己的 RFID 技术相关标准，并在全球积极推广这些标准。

1.3.1 全球三大标准体系的比较

1. ISO 制定的 RFID 标准体系

RFID 的标准化工作最早可追溯到 20 世纪 90 年代。1995 年，国际标准化组织 ISO/IEC 联合技术委员会 JTC1 设立了子委员会 SC31(以下简称 SC31)，负责 RFID 标准化研究工作。

SC31 委员会由来自各个国家的代表组成，如英国的 BSI IST34 委员、欧洲的 CEN TC225 成员。他们既是各大公司的内部咨询者，也是不同公司利益的代表者。因此，在 ISO 标准制定的过程中，有企业、区域标准化组织和国家三个层次的利益代表者。

SC31 子委员会负责的 RFID 标准，可以分为 4 个方面：数据标准(如编码标准 ISO/IEC 15691，数据协议 ISO/IEC 15692、ISO/IEC 15693，解决了应用程序/标签和空中接口多样性的要求，提供了一套通用的通信机制)；空中接口标准(ISO/IEC 18000 系列)；测试标准(性能测试标准 ISO/IEC 18047 和一致性测试标准 ISO/IEC 18046)；实时定位(RTLS)(ISO/IEC 24730 系列应用接口与空中接口通信的标准)方面的标准。

如图 1-6 所示为 RFID 技术的国际标准，如图 1-7 所示为 RFID 系统与 ISO/IEC 数据标准和空中接口标准的关系。

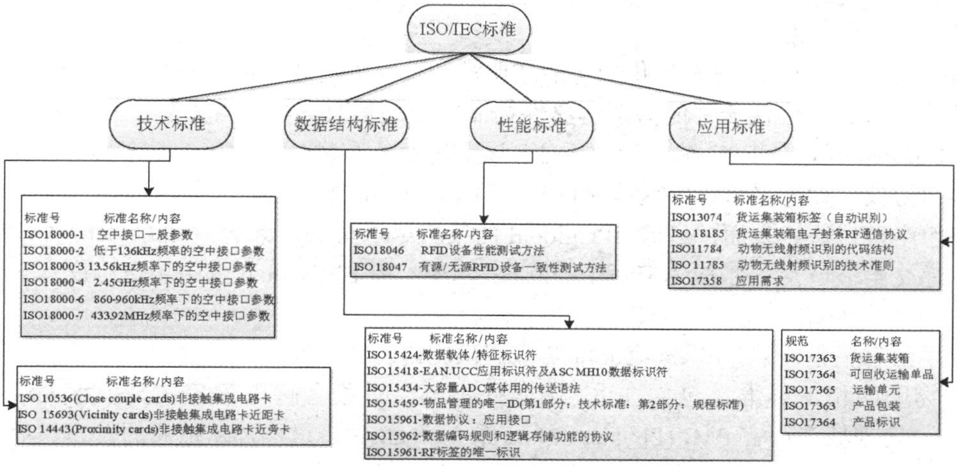

图 1-6 RFID 技术的国际标准

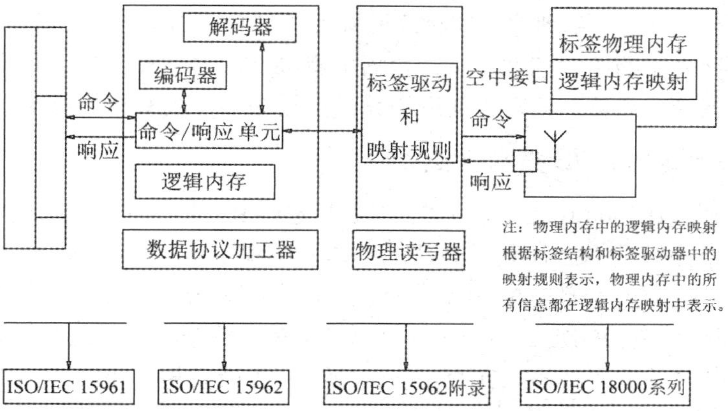

图 1-7 RFID 系统与 ISO/IEC 数据标准和空中接口标准的关系

ISO 对于 RFID 的应用标准是由应用相关的子委员会制定的。RFID 在物流供应链领域中的应用标准由 ISO TC 122/104 联合工作组制定，包括 ISO 17358(应用要求)、ISO 17363(货运集装箱)、ISO 17364(装载单元)、ISO 17365(运输单元)、ISO 17366(产品包装)、ISO 17367(产品标签)。RFID 在动物追踪方面的标准由 ISO TC 23 SC19 制定，包括 ISO 11784/11785(动物 RFID 在畜牧业的应用)，ISO 14223(动物 RFID 在畜牧业的应用-高级标签的空中接口、协议定义)。从 ISO 制定的 RFID 标准内容来说，RFID 应用标准是在 RFID 编码、空中接口协议、读写器协议等基础标准之上，针对不同的使用对象，确定的使用条件、标签尺寸、标签粘贴位置、数据内容格式、使用频段等方面的特定应用要求的具体规范，同时，也包括数据的完整性、人工识别等其他一些要求。

通用标准提供了一个基本框架，而应用标准是对它的补充和具体规定。这一标准制定

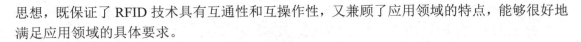

思想，既保证了 RFID 技术具有互通性和互操作性，又兼顾了应用领域的特点，能够很好地满足应用领域的具体要求。

2. EPCglobal

与 ISO 的通用性 RFID 标准相比，EPCglobal 标准体系是面向物流供应链领域的，可以看成是一个应用标准。

EPCglobal 的目标，是解决供应链的透明性和追踪性问题。透明性和追踪性，是指供应链各环节中所有合作伙伴都能够了解单件物品的相关信息，如位置、生产日期等信息。为此，EPCglobal 制定了 EPC 编码标准，它可以实现对所有物品提供单件唯一标识；也制定了空中接口协议、读写器协议。这些协议与 ISO 标准体系类似。

在空中接口协议方面，目前 EPCglobal 的策略尽量与 ISO 兼容，如 CiGen2 UHF RFID 标准，递交给 ISO 后，将成为 ISO 18000 6C 标准。但 EPCglobal 空中接口协议有它的局限范围，仅仅关注 UHF(860~930MHz)。

除了信息采集以外，EPCglobal 非常强调供应链各方之间的信息共享，为此制定了信息共享的物联网相关标准，包括 EPC 中间件规范、对象名解析服务 ONS(Object Naming Service)、物理标记语言 PML(Physical Markup Language)。这样，从信息的发布、信息资源的组织管理、信息服务的发现以及大量访问之间的协调等方面，都做出了规定。

“物联网”的信息量和信息访问规模大大超过了普通的因特网。“物联网”是基于因特网的，与因特网具有良好的兼容性。物联网标准是 EPCglobal 所特有的，ISO 仅仅考虑自动身份识别与数据采集的相关标准，而对数据采集以后如何处理、共享，并没有做出规定。

物联网是未来的一个目标，对当前应用系统建设来说，具有指导意义。

3. 日本 UID 制定的 RFID 技术标准体系

日本“泛在 ID”(Ubiquitious ID，UID)中心制定的 RFID 标准，思路类似于 EPCglobal，目标也是构建一个完整的标准体系，即从编码体系、空中接口协议到泛在网络体系结构，应有尽有。但是，其每一个部分的具体内容，当然存在差异。为了制定具有自主知识产权的 RFID 标准，在编码方面制定了 uCode 编码体系，它能够兼容日本已有的编码体系，同时，也能兼容国际上其他的编码体系。在空中接口方面，积极参与了 ISO 的标准制定工作，也尽量考虑与 ISO 相关标准兼容。

在信息共享方面，UID 主要依赖于日本的泛在网络，它可以独立于因特网，实现信息的共享。泛在网络与 EPCglobal 的物联网还是有区别的。EPC 采用业务链的方式，面向企业、面向产品信息的流动(物联网)，比较强调与互联网的结合；而 UID 采用扁平式信息采集分析方式，强调信息的获取与分析，比较强调前端的微型化和集成。

4. AIM Global

AIM Global 即全球自动识别组织。AIDC(Automatic Identification and Data Collection)组织原先制定过通行全球的条形码标准，于 1999 年，另外成立了 AIM(Automatic Identification Manufactures)组织，目的是推出 RFID 技术标准。

AIM Global 有 13 个国家与地区性的分支，且目前的全球会员数已超过 1000 个。

5. IP-X

IP-X 即南非、澳大利亚、瑞士等国的 RFID 技术标准组织。

6. ISO/IEC 的 RFID 技术标准体系中的主要标准

(1) 空中接口标准。

空中接口标准体系定义了 RFID 不同频段的空中接口协议及相关参数。所涉及的问题包括时序系统、通信握手、数据帧、数据编码、数据完整性、多标签读写防冲突/干扰和抗干扰、识读率和误码率、数据的加密和安全性、读卡器与应用系统之间的接口等，以及读卡器与标签之间进行命令和数据双向交换的机制、标签与读卡器之间的操作性等问题。

(2) 数据格式管理标准。

数据格式管理是对编码、数据载体、数据处理与交换的管理。数据格式管理标准系统主要规范物品编码、编码解析和数据描述之间的关系。

(3) 信息安全标准。

标签与读卡器之间、读卡器与中间件之间、中间件与中间件之间，以及 RFID 的相关信息网络方面，均需要相应的信息安全标准的支持。

(4) 测试标准。

对于标签、读卡器、中间件，根据其通用产品规范，指定测试标准；针对接口标准，制定相应的一致性测试标准。测试标准包括编码一致性测试标准、编码测试标准、读卡器测试标准、空中接口一致性测试标准、闪频性能测试标准、中间件测试标准。

(5) 网络服务规范。

网络协议是完成有效、可靠通信的一套规则，是任何一个网络的基础，包括物品注册、编码、解析、检索和定位服务等。

(6) 应用标准。

RFID 技术标准包括基础性标准和通用性标准，以及针对事务对象的应用(如动物识别、集装箱识别、身份识别，交通运输、军事物流、供应链的管理等)标准，后者是根据实际需求制定的相应标准。

7. 三大标准体系空中接口协议的比较

目前，ISO/IEC 18000、EPCglobal、日本 UID 这三个空中接口协议正在完善中。这三个标准相互之间并不兼容，主要差别在通信方式、防冲突协议和数据格式三个方面，但在技术上，差距其实并不大。

这三个标准都按照 RFID 的工作频率分为多个部分。在这些频段中，以 13.56MHz 频段的产品最为成熟，处于 860~960MHz 内的 UHF 频段的产品因为工作距离远且最可能成为全球通用的频段，所以最受重视，发展最快。

ISO/IEC 18000 标准是最早开始制定的关于 RFID 的国际标准，按频段被划分为 7 个部分。目前，支持 ISO/IEC 18000 标准的 RFID 产品最多。

EPCglobal 是由 UCC 和 EAN 两大组织联合起来、吸收了麻省理工 Auto-ID 中心的研究成果后推出的系列标准草案。EPCglobal 最重视 UHF 频段的 RFID 产品，极力推广基于 EPC 编码标准的 RFID 产品。目前，EPCglobal 标准的推广和发展十分迅速，许多大公司，如沃尔玛等，都是 EPC 标准的支持者。

日本的 UID 中心一直致力于本国标准的 RFID 产品的开发和推广，拒绝采用美国的 EPC 编码标准。与美国大力发展 UHF 频段 RFID 不同的是，日本对 2.4GHz 微波频段的 RFID 似乎更加青睐。目前，日本已经开始了许多 2.4GHz RFID 产品的实验和推广工作。

标准的制定将面临越来越多的知识产权纠纷。不同的企业都想为自己的利益努力。同时，EPC 在努力成为 ISO 的标准，ISO 最终如何接受 EPC 的 RFID 标准，还有待观望。

全球标准的不统一，导致硬件产品的兼容方面必然不理想，会阻碍应用的发展。

8. EPCglobal 与日本 UID 标准体系的主要区别

(1) 编码标准不同。

EPCglobal 使用 EPC 编码，代码为 96 位。日本 UID 使用 uCode 编码，代码为 128 位。uCode 的不同之处，在于能够继续使用在流通领域中常用的“JAN 代码”等现有的代码体系。uCode 使用泛在 ID 中心制定的标识符对代码种类进行识别。比如，希望在特定的企业和商品中使用 JAN 代码时，在 IC 标签代码中写入表示“正在使用 JAN 代码”的标识符即可。同样，在 uCode 中，还可以使用 EPC。

(2) 根据 IC 标签代码检索商品详细信息的功能上有区别。

EPCglobal 中心的最大前提条件是经过网络，而 UID 中心还设想了离线使用的标准功能。Auto ID 中心和 UID 中心在使用互联网进行信息检索的功能方面基本相同。UID 中心使用名为“读卡器”的装置，将所读取到的 ID 标签代码发送到数据检索系统中。数据检索系统通过互联网访问泛在 ID 中心的“地址解决服务器”来识别代码。

除此之外，UID 中心还设想了不通过互联网就能够检索商品详细信息的功能。具体来说，就是利用具备便携信息终端(PDA)的高性能读卡器，预先把商品详细信息保存到读卡器中，即使不接入互联网，也能够了解与读卡器中 IC 标签代码相关的商品详细信息。泛在 ID 中心认为“如果必须随时接入互联网才能得到相关的信息，那么其方便性就会降低。如果最多只限定两万种药品等商品的话，将所需信息保存到 PDA 中就可以了”。

(3) 采用的频段不同。

日本的电子标签采用的频段为 2.45GHz 和 13.56MHz。欧美的 EPC 标准采用 UHF 频段，例如 902~928MHz。此外，日本的电子标签标准可用于库存管理、信息发送和接收，以及产品和零部件的跟踪管理等。EPC 标准侧重于物流管理、库存管理等。

1.3.2 超高频 RFID 技术协议标准的发展与应用

超高频 RFID 技术协议标准在不断更新，已出现了第一代和第二代标准。第二代标准是从区域版本到全球版本的一次转移，增加了灵活性操作、鲁棒防冲突算法、向后兼容性，使用会话、密集条件阅读、覆盖编码等功能。RFID 技术应用还存在着一些问题，但前景广阔。本小节主要考虑超高频 RFID 技术协议标准的发展与应用。

1. 超高频 RFID 技术协议标准

(1) 第一代超高频 RFID 技术协议标准(以下简称 Gen1 协议标准)。

目前已经推出的第一代超高频 RFID 技术协议标准有 EPC Tag Data Standard 1.1、EPC

Tag Data Standard 1.3.1、EPC Tag Data Translation 1.0 等。美国的 MIT 实验室自动化识别系统中心(Auto - ID)建立了产品电子代码管理中心网络，并推出了第一代超高频 RFID 技术协议标准：0 类、1 类。ISO 18000-6 标准是 ISO 和 IEC 共同制定的 860~960MHz 空中接口 RFID 技术通信协议标准，其中的 A 类和 B 类是第一代标准。

(2) 第二代超高频 RFID 技术协议标准(以下简称 Gen2 协议标准)。

Auto - ID 在早期就认识到了一些专有 RFID 技术标准化的问题，于是在 2003 年就开始研究第二代超高频 RFID 技术协议标准。到 2004 年末，Auto - ID 的全球电子产品码管理中心(EPCglobal)推出了更广泛适用的超高频 RFID 技术协议标准版本 ISO 18000-6C，但直到 2006 年，才被批准为第一个全球第二代超高频 RFID 技术标准协议。

Gen2 协议标准解决了第一代部署中出现的问题。由于 Gen2 协议标准适合全球使用，ISO 才接受了 ISO/IEC 18000-6 空中接口协议的修改版本——C 版本。事实上，由于 Gen2 协议标准有很强的协同性，因此，从 Gen1 协议标准到 Gen2 协议标准的升级是从区域版本到全球版本的一次转移。

第二代超高频 RFID 技术协议标准的设计，改进了 ISO 18000-6 超高频空中接口协议标准和第一代 EPC 超高频协议标准，弥补了第一代超高频协议标准的一些缺点，增加了一些新的安全技术。

2. Gen2 协议标准的一些改进与安全漏洞

Gen2 协议标准具有更大的存储空间、更快的阅读速度、更好的噪声易感性抑制。

Gen2 协议标准采用更安全的密码保护机制，它的 32 位密码保护也比 Gen1 协议标准的 8 位密码安全。

Gen2 协议标准采用了读卡器永远锁住标签内存并启用密码保护阅读的技术。

EPCglobal 和 ISO 标准组织还考虑了使用者和应用层次上的隐私保护问题。如果要避免通信被窃听造成的隐私侵害或信息泄露，就需要关注安全漏洞(即关键随机原始码的定义与管理)。但是，Gen2 协议标准仍然没有解决覆盖编码的随机数交换、标签可能被复制等一些关键问题。对于研究人员来说，最大的挑战是防止射频中信息的偷窃和偷听行为。

很多 RFID 技术协议标准在解决无线连接下通信的安全和可信赖问题时，却受到标签处理能力小、内存少、能量少等问题的困扰。虽然为确保标签在各种威胁条件下的阅读可靠性和安全性，Gen2 协议标准中采用了很多安全技术，但也存在安全漏洞。

3. Gen2 协议标准的一些技术改进

(1) 操作的灵活性。

Gen2 协议标准的频率为 860~960MHz，覆盖了所有的国际频段，因而遵守 ISO 18000 -6C 协议标准的标签在这个区间性能不会下降。Gen2 协议标准当然支持了欧洲使用的 865~868MHz 频段、美国使用的 902~928MHz 频段。因此，ISO 18000-6C 协议标准是一个真正灵活的全球 Gen2 协议标准。

(2) 鲁棒性防冲突算法。

Gen1 协议标准要求 RFID 读卡器只识别序列号唯一的标签。如果两个标签的序列号相同，它们将拒绝阅读，但 Gen2 协议标准可同时识别两个或更多相同序列号的标签。

Gen2 协议标准采用了时隙随机防冲突算法。当载有随机(或伪随机)数的标签进入槽计数器时，根据读卡器的命令，槽计数器会相应地减少或增加，直到槽计数器为 0 时，标签回答读卡器。

Gen2 协议标准的标签使用了不同的 Aloha 算法(也称为 Aloha 槽)实现反向散射。

Gen1 协议标准和 ISO 协议标准也使用了这种算法。但 Gen2 协议标准在查询命令中引入了一个 Q 参数。读卡器能从 0~15 之间选出一个 Q 参数对防冲突结果进行微调。例如，读卡器在阅读多个标签的同时，也发出 Q 参数(初始值为 0)的查询命令，那么 Q 值的不断增加，将会处理多个标签的回答，但也会减少多次回答的机会。如果标签没有给读卡器响应，则 Q 值减少的同时也会增加标签的回答机会。这种独特的通信序列，使得反冲突算法更具鲁棒性。因此，当读卡器与某些标签进行对话时，其他标签将不可能进行干扰。

(3) 读取率和向后兼容性的改进。

Gen2 协议标准的一个特点，是读取率的多样性。它读取的最小值是 40kb/s，高端应用的最大值是 640kb/s。这个数据范围的一个好处是向后兼容性，即读卡器更新到 Gen2 协议标准只需要一个固件的升级，而不是任何固件都要升级。Gen1 协议标准中的 0 类与 1 类协议标准的数据读取速率分别被限制在 80kb/s 和 140kb/s。由于读取速率低，很多商业应用都使用基于微控制器的低成本读卡器，而不是基于数字信号处理器或高技术微处理控制器的读卡器。为享受 Gen2 协议标准的真正好处，厂商就会为更高的数据读取率去优化自己的产品，这无疑需要硬件升级。

一个理想的适应性产品是使最终用户根据不同应用，从读取率的最低值到最高值间挑选任意数值的读取率。无论是传送带上物品的快速阅读，还是在嘈杂昏暗环境下的低速密集阅读，Gen2 协议标准的标签数据读取率都比 Gen1 协议标准的标签快 3~8 倍。

(4) 会话的使用。

在任意给定时间与不同给定预期下，Gen1 协议标准不支持一组标签与给定标签群间的通信。例如，在 Gen1 协议标准中，为避免对一个标签的多次阅读，读卡器在阅读完成后，给标签一个睡眠命令。如果别处的另一个读卡器靠近它，并在这个区域寻找特定项目时，就不得不调用和唤醒所有标签。在这种情况下，将中断发出睡眠命令读卡器的计数，强迫读卡器重新开始计数。

Gen2 协议标准在读取标签时使用了会话概念。会话假设至多 4 个读卡器与一个标签在相互不干扰的情况下进行各自的操作。两个或更多的读卡器能使用会话方式分别与一个共同的标签群进行通信。

(5) 密集阅读条件的使用。

除使用会话进行数据处理外，Gen2 协议标准的阅读工作还可以在密集条件下进行，即克服 Gen1 协议标准中存在的阅读冲突状态。

Gen2 协议标准通过分割频谱，为多个通道进一步克服这个限制，使得读卡器工作时不能相互干涉或违反安全要求。

(6) 使用查询命令改进 Ghost 阅读。

阅读慢和阅读距离短限制了 RFID 技术的发展，Gen2 协议标准对此做了改进，其主要处理方法是 Ghost 阅读。Ghost 阅读是 Gen2 标准协议保证引入标签序列号合法性、没有来自环境的噪声、没有由硬件引起的小故障的机制。Ghost 阅读中，利用一个信号处理器处理标签序列号的噪声。因为 Gen2 协议标准是基于查询的，所以读卡器无须创造任何 Ghost 序列号，也就能很容易地探测和排除整合型攻击。

(7) 覆盖编码。

覆盖编码(Cover Coding)是在不安全通信连接下为减少窃听威胁而隐匿数据的一项技术。在开放环境下使用所有数据既不安全也不容易实现。假如攻击者能窃听会话的一方(读卡器到标签)但不能窃听到另一方(标签到读卡器)，Gen2 协议标准使用覆盖编码去阅读/写入标签内存，从而实现数据的安全传输。

RFID 技术的应用越来越广，目前应用最多的是 Gen1 协议标准标签。Gen1 协议标准标签的主要应用领域有物流、零售、制造业、服装业、身份识别、图书馆、交通等，但应用中的突出问题主要有价格问题、隐私问题、安全问题等。随着国际通用的 Gen2 协议标准的出台，Gen2 协议标准 RFID 技术的应用将越来越多。它已有了一些应用案例。例如，基于 Gen2 协议标准的电子医疗系统，充分利用了 Gen2 协议标准的灵活性、可量测性、更高的智能性。由于超高频 Gen2 协议标准 RFID 技术具有一次性读取多个标签、识别距离远、传送数据速度快、安全性高、可靠性好、寿命长、耐户外恶劣环境等特点，得到了世界各国的重视和欧美大企业的青睐。在我国，随着经济高速发展和运用信息技术提高企业效益的形势的推动，政府也提出要大力发展互联网产业，加之 RFID 系统价格的逐年下降，这将极大地促进超高频 Gen2 协议标准 RFID 技术的应用推广。

目前，超高频 Gen2 协议标准下的 RFID 系统在整体市场的占有率还比较低，但预计未来 10 年内，将进入高速成长期。

1.3.3 不同频率的标签和标准

1. 低频标签和标准

低频段射频标签简称为低频标签，其工作频率范围为 30~300kHz，典型的工作频率为 125kHz、133kHz。低频标签一般为被动标签，其电能通过电感耦合方式，从读卡器天线的辐射近场中获得。低频标签与读卡器之间传送数据时，低频标签需位于读卡器天线辐射的近场区内。低频标签的阅读距离一般情况下小于 1.2 米。低频标签的典型应用有动物识别、容器识别、工具识别、电子闭锁防盗(带有内置应答器的汽车钥匙)等。与低频标签相关的国际标准有 ISO 11784/11785(用于动物识别)、ISO 18000-2(125~135kHz)。

2. 中频标签与标准

中频段射频标签简称中频标签，其工作频率一般为 3~30MHz，典型工作频率为 13.56MHz。一方面，该频段的射频标签，从射频识别应用角度来说，因其工作原理与低频标签完全相同，即采用电感耦合方式工作，所以宜将其归为低频标签类中。另一方面，根据无线电频率的一般划分，其工作频段又称为高频，所以也常将其称为高频标签。鉴于该频段的射频标签可能是实际应用中最大量的一种射频标签，因而将高、低理解成为一个相对的概念，即不会在此造成理解上的混乱。为了便于叙述，将其称为中频射频标签。

中频标签由于可方便地做成卡状，典型应用包括电子车票、电子身份证、电子闭锁防盗(电子遥控门锁控制器)等。相关的国际标准有 ISO 14443、ISO 15693、ISO 18000-3.1、ISO 18000-3.2(13.56MHz)等。

中频标准的基本特点与低频标准相似，由于其工作频率的提高，可以选用较高的数据传输速率。射频标签天线设计相对简单，标签一般制成标准卡片形状。

3．超高频标签与标准

超高频与微波频段的射频标签简称为超高频射频标签，其典型工作频率为 433.92MHz、862(902)~928MHz、2.45GHz、5.8GHz。

超高频射频标签可分为有源标签(主动方式、半被动方式)与无源标签(被动方式)两类。工作时，标签位于读卡器天线辐射场的远区场内，标签与读卡器之间的耦合方式为电磁耦合方式。读卡器天线的辐射场为无源标签提供射频能量，将有源标签(半被动方式)唤醒。相应的射频识别系统阅读距离一般大于 1 米，典型情况为 4~6 米，最大可超过 10 米。读卡器天线一般为定向天线，只在读卡器天线定向波束范围内的标签可被读/写。以目前技术水平来说，无源微波射频标签比较成功的产品相对集中在 902~928MHz 工作频段上。2.45GHz 和 5.8GHz 射频识别系统多以半无源微波射频标签(半被动方式)产品面世。半无源标签一般采用纽扣电池供电，具有较远的阅读距离。超高频射频标签的典型特点，主要集中在是否无源、无线读写距离、是否支持多标签读写、是否适合高速识别应用、读卡器的发射功率容限、射频标签及读卡器的价格等方面。典型的微波射频标签的识读距离为 3~5 米，个别有达 10 米或 10 米以上的产品。对于可无线写的射频标签而言，通常情况下，写入距离要小于识读距离，其原因在于，写入时要求有更大的能量。

超高频射频标签的典型应用包括移动车辆识别、电子身份证、仓储物流应用、电子闭锁防盗(电子遥控门锁控制器)等。

相关的国际标准有 ISO 10374、ISO 18000-4(2.45GHz)、ISO 18000-5(5.8GHz)、ISO 18000-6(860~930MHz)、ISO 18000-7(433.92MHz)、ANSIN-CITS 256-1999 等。

4．常用中频射频标签标准对比

在 13.56MHz 的中频射频标签中，最常用的标准有两种，即接触式的 ISO 14443 和非接触式近距的 ISO 15693。其特点对比见表 1-1。

表 1-1　ISO 14443 和 ISO 15693 特点的对比

	ISO 14443	ISO 15693
RFID 频率(MHz)	13.56	13.56
读取距离	非接触，近旁型，0 厘米	非接触，近距型，2~20 厘米
IC 类型	微控制器(MCU)或内存布线逻辑型	内存布线逻辑型
读/写(R/W)	可写、可读	可写、可读
数据传输速率(Kb/s)	106，最高可到 848	106
防碰撞再读取	有	有
IC 内可写内存容量(KB)	64	2

在我国第二代身份证和公交卡中，广泛使用的是 ISO 14443 标准的近旁型 RFID。在图书馆中，广泛使用的是 ISO 15693 标准的近距型 RFID。

为什么公交卡采用近旁型的 RFID 呢？因为如果采用近距式的，就有可能导致靠近天线而不准备登车的人被误刷卡。而采取近旁型的，就能一个一个地进行公交卡检测和扣钱处理，不会把附近的卡误刷。

以 13.56MHz 高频信号为载波频率的标准主要有 ISO 14443 和 ISO 15693 标准。由于 ISO 15693 标准规定的读写距离较远(当然，这也与应用系统的天线形状和发射功率有关)，而 ISO 14443 标准规定的读写距离稍近，更符合小区门禁系统对识别距离的要求，所以门禁的射频系统应选择 ISO 14443 标准。

对于 ISO 14443 标准来说，它定义了 TYPE A、TYPE B 两种类型协议。通信速率都是 106Kb/s，区别主要在于载波的调制深度及位的编码方式不同。

从 PCD 向 PICC 传送信号时，TYPE A 采用改进的 Miller 编码方式，调制深度为 100%的 ASK 信号；TYPE B 则采用 NRZ 编码方式，调制深度为 10%的 ASK 信号。而从 PICC 向 PCD 传送信号时，二者均通过调制载波传送，副载波频率皆为 847kHz。TYPE A 采用开关键控(On-Off Keying)的 Manchester 编码；TYPE B 采用 NRZ-L 的 BPSK 编码。

TYPE B 与 TYPE A 相比，由于调制深度和编码方式的不同，具有传输能量不中断、速率更高、抗干扰能力更强的优点。

本章小结

射频识别即通过无线电波进行识别。射频识别具有非接触、自动识别、遵守使用无线电频率的众多规范、数字化等特性。

本章介绍了射频识别技术在过去半个多世纪里的发展，以及从横向来看，美国、日本、欧洲、韩国和我国在 RFID 领域的发展现状。介绍了不同频率的标签、协议和应用，从全球范围分析了 RFID 产业的发展前景。

当前，全球范围拥有五大 RFID 技术标准化势力，包括 ISO 体系、EPCglobal 体系、日本的 UID 体系、AIM Global 体系和 IP-X 体系。本章介绍了这些体系中的空中接口标准、数据格式管理标准、信息安全标准、测试标准、网络服务规范和应用标准等。

尽管目前 RFID 技术还未形成统一的全球化标准，但市场必将由多标准走向统一，这已经得到了业界的广泛认同。

习　题

(1) 什么是射频识别技术？

(2) 简述 RFID 系统的特点和结构。

(3) 简述 RFID 技术的发展历史。

(4) 总结 RFID 产业的发展现状和趋势。

(5) 说出 RFID 技术标准体系和主要标准的内容。

(6) 列举射频识别技术在生活中的几个应用。

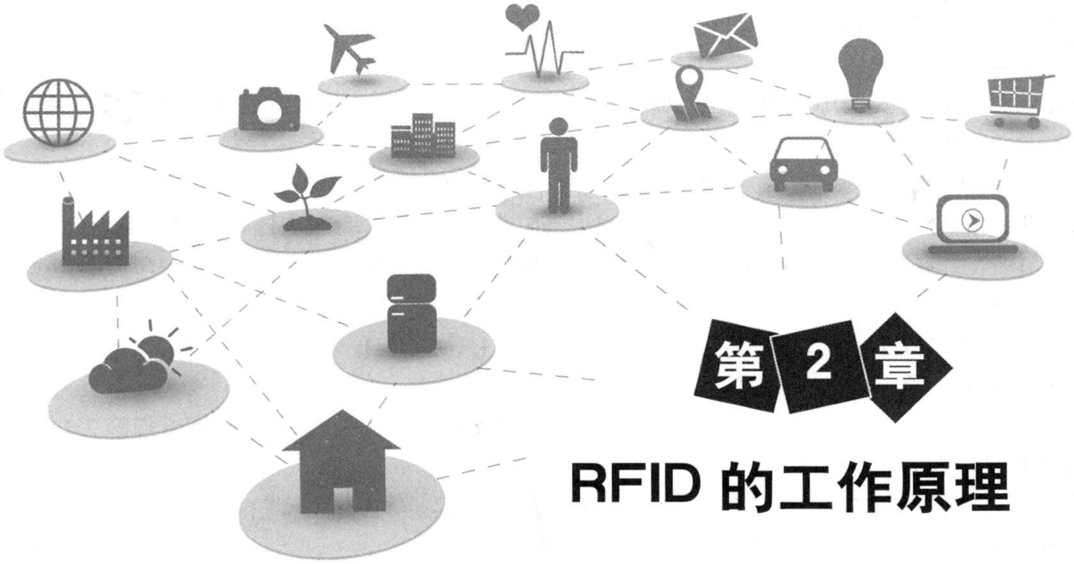

第2章 RFID的工作原理

学习目标

1. 掌握 RFID 的基本工作原理及 RFID 技术的系统结构。
2. 从射频技术的基础理论学习 RFID 的通信方式。
3. 掌握 RFID 标签的功能与分类。
4. 掌握天线设计在 RFID 技术中的重要作用。

知识要点

RFID 的系统构成、耦合方式、电子标签、RFID 通信天线的设计。

2.1 RFID 的基本工作原理

电子标签与读写器之间通过耦合元件实现射频信号的空间(无接触)耦合，在耦合通道内，根据时序关系，实现能量的传递和数据的交换。发生在读写器和高频段标签之间的射频信号的传递主要采用电感耦合，如图 2-1(a)所示。这是依据变压器模型，通过空间高频交变磁场实现的耦合，依据的是电磁感应定律。

电感耦合的原理是：两个电感线圈在同一介质中，相互的电磁场通过该介质传导到对方，形成耦合。最常见的电感耦合就如变压器，即由一个波动的电压在一个线圈(称为一次绕组)内产生磁场，在同一个磁场中的另外一组或几组线圈(称为二次绕组)上，就会感应出相应比例的电压(与一次绕组和二次绕组的匝数有关)。电感耦合方式一般适合于高、低频工作的近距离 RFID 系统。典型的工作频率有 125kHz、225kHz 和 13.56MHz。识别的作用距离小于 1 米，典型的作用距离为 10~20 厘米。

射频标签与读写器之间的耦合通过天线来完成。这里的天线，通常可以理解为电波传播的天线，有时也指电感耦合的天线。

一套完整的 RFID 系统如图 2-1(b)所示，由读写器与电子标签(也就是所谓的应答器 Transponder)及应用软件系统三部分组成。

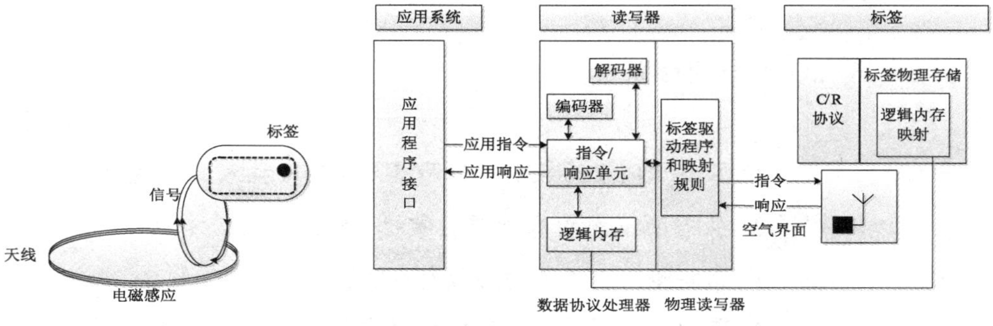

(a) 电感耦合　　(b) 完整的 RFID 系统

图 2-1　RFID 系统

读写器通常由耦合模块、收发模块、控制模块和接口单元组成，如图 2-2 所示。

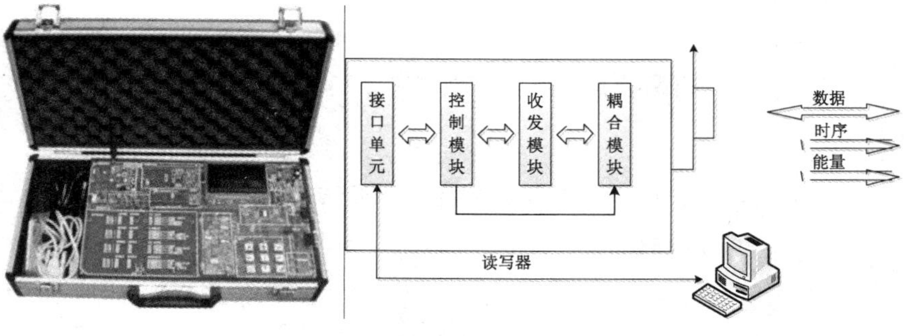

图 2-2　读写器及其模块结构

系统的工作原理是，读写器发射一个特定频率的无线电波给电子标签，驱动标签电路将内部的数据送出，此时，读写器便依序接收并解读数据，送给应用程序做相应的处理。

根据使用的结构和技术的不同，读写器可以是只读的装置，或是读/写装置。读写器是 RFID 系统的信息控制和处理中心。

读写器和标签之间一般采用半双工通信方式进行信息交换，同时，读写器通过耦合，给无源的电子标签(应答器)提供能量和时序信号。

在实际应用中，可进一步通过 Ethernet 或 WLAN 等实现对物件识别信息的采集、处理及远程传送等管理功能。

2.2　RFID 系统的构成

如前所述，RFID 系统由电子标签、读写器和系统高层(主机)构成。电子标签用来标识物件，通过无线电波与读写器进行数据交换，读写器可将主机的读写命令传送到电子标签，再把电子标签返回的数据传送到主机，主机的数据交换与管理系统负责完成电子标签数据信息的存储、管理和控制。

2.2.1　RFID 的基本组成

1．RFID 系统的组成

RFID 系统因应用领域不同，其组成会有所不同，但基本上都是由电子标签、读写器和系统高层这三大部分组成的，具体如图 2-3 所示。

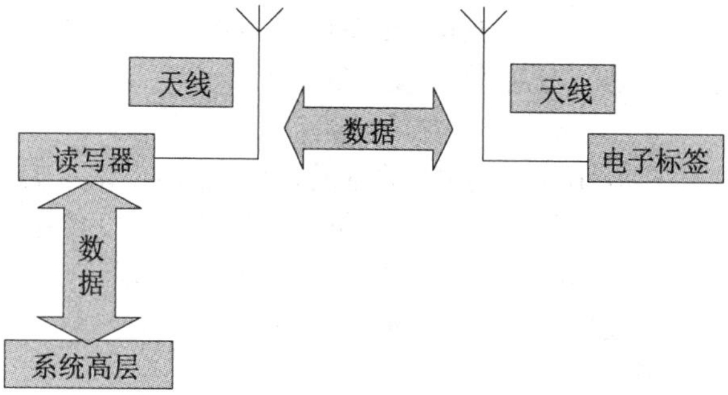

图 2-3　RFID 系统的基本组成

(1)　电子标签。

电子标签由芯片及天线组成，附着在物体上标识目标对象，每个电子标签具有唯一的电子编码，存储着被识别物体的相关信息。

(2)　读写器。

读写器是利用射频技术读写电子标签信息的设备。RFID 系统工作时，一般首先由读写器发射一个特定的询问信号；当电子标签接收到这个信号后，就会给出应答信号，应答信号中含有电子标签携带的数据信息；读写器接收这个应答信号，并对其进行处理，然后将处理后的应答信号传输给外部主机，进行相应的操作。

(3) 系统高层。

最简单的 RFID 系统只有一个读写器，它一次只对一个电子标签进行操作，例如公交车上的票务系统。

复杂的 RFID 系统会有多个读写器，每个读写器要同时对多个电子标签进行操作，并需要实时地处理数据信息，这就需要由系统高层来处理。系统高层是计算机(主机)网络系统，数据交换与管理由计算机网络来完成。读写器可以通过标准接口与计算机网络连接，计算机网络完成数据的处理、传输和通信功能。

2. RFID 系统的分类

RFID 系统的分类方法很多，常用的分类方法有按照频率分类、按照供电方式分类、按照耦合方式分类、按照技术方式分类、按照信息存储方式分类、按照系统档次分类和按照工作方式分类等。

RFID 系统常用的分类方式如下。

(1) 按照频率分类。

RFID 系统工作频率的选择，要顾及其他无线电服务，不能对其他服务造成干扰和影响。通常情况下，读写器发送的频率称为系统的工作频率或载波频率。

① 低频系统。

低频系统的工作频率范围为 30~300kHz，RFID 常见的低频工作频率有 125kHz 和 134.2kHz 两种。目前，低频的 RFID 系统比较成熟，主要应用于距离短、数据量低的 RFID 系统中。

② 高频系统。

高频系统的工作频率范围为 3~300MHz，RFID 常见的高频工作频率是 6.75MHz、13.56MHz 和 27.125MHz。其中，13.56MHz 使用最为广泛。高频系统的特点是标签的内存比较大，是目前应用比较成熟、使用范围较广的系统。

③ 微波系统。

微波的工作频率大于 300MHz，RFID 常见的微波工作频率是 433MHz、860/960MHz、2.45GHz 和 5.8GHz 等。其中，433MHz、860/960MHz 也常称为超高频(UHF)频段。微波系统主要应用于对多个电子标签同时进行操作、需要较长读写距离、需要较高读写速度的场合，是目前射频识别系统研发的核心，是物联网的关键技术。

(2) 按照供电方式分类。

电子标签按供电方式，分为无源电子标签、有源电子标签和半有源电子标签三种。对应的 RFID 系统称为无源供电系统、有源供电系统和半有源供电系统。

① 无源供电系统。

电子标签内没有电池，电子标签利用读写器发出的电磁波束供电。无源电子标签作用距离相对较短，但寿命长且对工作环境要求不高，可以满足大部分实际应用系统的需要。

② 有源供电系统。

这种电子标签内有电池，电池可以为电子标签提供全部能量。有源电子标签电能充足，工作可靠性高，信号传送的距离较远，读写器需要的射频功率较小。但有源电子标签寿命有限、体积较大、成本较高，且不适合在恶劣环境下工作。

③ 半有源供电系统。

半有源电子标签内有电池，但电池仅对维持数据的电路及维持芯片工作的电路提供支持。电子标签在进入工作状态前，一直处于休眠状态，相当于无源标签；电子标签进入读写器的工作区域后，受到读写器发出的射频信号的激励，标签进入工作状态。电子标签的能量主要来源于读写器的射频能量，标签电池主要用于弥补射频场强不足。

(3) 按照耦合方式分类。

根据读写器与电子标签耦合方式、工作频率和作用距离的不同，无线信号传输分为电感耦合方式和电磁反向散射方式两种。

① 电感耦合方式。

在电感耦合方式中，读写器与电子标签之间的射频信号传送为变压器模型，电磁能量通过空间高频交变磁场实现耦合。电感耦合方式分密耦合和遥耦合两种，其中，密耦合系统读写器与电子标签的作用距离较近，典型的范围为 0~1 厘米，通常用于安全性要求较高的系统中；遥耦合系统读写器与电子标签的作用距离为 15 厘米到 1 米，一般用于只读电子标签。

② 电磁反向散射方式。

在电磁反向散射方式中，读写器与电子标签之间的射频信号传送为雷达模型。读写器发射出去的电磁波遇到电子标签后，电磁波被反射，同时携带回电子标签的信息。电磁反向散射方式适用于微波系统，典型的工作频率为 433MHz、860/960MHz、2.45GHz 和 5.8GHz，典型的作用距离为 1 米到 10 米，甚至更远。

(4) 按照技术方式分类。

按照读写器读取电子标签数据的技术实现方式，射频识别系统可以分为主动广播式、被动倍频式和被动反射调制式三种方式。

① 主动广播式。

主动广播式，是指电子标签主动向外发射信息，读写器相当于只收不发的接收机。在这种方式中，标签采用有源工作方式，用自身的射频能量主动发送数据。这种方式的优点是电能充足、可靠性高、信号传送距离远；缺点是标签的使用寿命受到限制，保密性差。

② 被动倍频式。

被动式电子标签是指读写器发射查询信号，电子标签被动接收。被动式电子标签内部不带电池，要靠外界提供能量才能正常工作。被动式电子标签具有长久的使用期，常常用于标签信息需要频繁读写的地方，并且支持长时间数据传输和永久性数据存储。

被动倍频式是指电子标签返回读写器的频率是读写器发射频率的 2 倍。

③ 被动反射调制式。

被动反射调制式，依旧是读写器发射查询信号，电子标签被动接收。但此时，电子标签返回读写器的频率与读写器的发射频率相同。

(5) 按照保存信息的方式分类。

电子标签保存信息的方式有只读式和读写式两种，具体分为如下 4 种形式。

① 只读电子标签。

这是一种最简单的电子标签，电子标签内部只有只读存储器(Read Only Memory，ROM)，在集成电路生产时，标签内的信息即以只读内存工艺模式注入，此后信息不能更改。

② 一次写入只读电子标签。

其内部只有 ROM 和随机存储器(Random Access Memory，RAM)。这种电子标签与只读电子标签相比，可以写入一次数据，标签的标识信息可以在标签制造过程中由制造商写入，也可以由用户自己写入。但是，一旦写入，就不能更改了。

③ 现场有线可改写式。

这种电子标签应用比较灵活，用户可以通过访问电子标签的存储器进行读写操作。电子标签一般将需要保存的信息写入内部存储区，改写时，需要采用编程器或写入器，改写过程中必须为电子标签供电。

④ 现场无线可改写式。

这种电子标签类似于一个小的发射/接收系统，电子标签内保存的信息也位于其内部存储区，电子标签一般为有源类型，通过特定的改写指令，用无线方式改写信息。一般情况下，改写电子标签数据所需的时间为秒级，读取电子标签数据所需的时间为毫秒级。

(6) 按照系统档次分类。

按照存储能力、读取速度、读取距离、供电方式和密码功能等的不同，射频识别系统分为低档系统、中档系统和高档系统。

① 低档系统。

“一位系统”和“只读电子标签”属于低档系统。一位系统的数据量为 1bit，该系统读写器只能发出两种状态，这两种状态分别是“在读写器工作区有电子标签”和“在读写器工作区没有电子标签”，一位系统主要应用在商店的防盗系统中。

② 中档系统。

中档系统电子标签的数据存储容量较大，数据可以读取，也可以写入，是带有可写数据存储器的射频识别系统。

③ 高档系统。

高档系统一般带有密码功能，电子标签带有微处理器，微处理器可以实现密码的复杂验证，而且密码验证可以在合理的时间内完成。

(7) 按照工作方式分类。

射频识别系统的基本工作方式有三种，分别为全双工工作方式、半双工工作方式以及时序工作方式。

① 全双工和半双工工作方式。

全双工表示电子标签与读写器之间可以在同一时刻互相传送信息；半双工表示电子标签与读写器之间可以双向传送信息，但在同一时刻只能向一个方向传送信息。

② 时序工作方式。

在时序工作方式中，读写器辐射的电磁场短时间周期性地断开，这些间隔被电子标签识别出来，用于从电子标签到读写器的数据传输。其缺点是，在读写器发送间歇时，电子标签的能量供应中断，这就必须通过装入足够大的辅助电容器或辅助电池进行补偿。

2.2.2 电子标签

电子标签(Tag)又称为射频标签、应答器或射频卡。电子标签是射频识别真正的数据载体，从技术角度来说，射频识别的核心是电子标签，读写器是根据电子标签的性能而设计的。在射频识别系统中，电子标签的价格远比读写器低，但电子标签的数量很大，应用场合多种多样，组成、外形和特点各不相同。

1. 电子标签的基本组成

一般情况下，电子标签由标签专用芯片和标签天线组成，芯片用来存储物品的数据，天线用来收发无线电波。电子标签的芯片很小，厚度一般不超过 0.35 毫米；天线的尺寸一般要比芯片大许多，天线的形状与工作频率等有关。封装后的电子标签尺寸可以小到 2 毫米，也可以像居民份证那么大。

电子标签与读写器间通过电磁波进行通信，电子标签可以看成一个特殊的收发信机。电子标签的各组成部分如下。

(1) 电子标签由芯片和天线组成，可以维持被识别物体信息的完整性，并随时可以将信息传输给读写器。电子标签具有确定的使用年限，使用期内不需要维修。

(2) 电子标签芯片具有一定的存储容量，可以存储被识别物品的相关信息。电子标签芯片对标签接收的信号进行解调、解码等处理，并对标签需要返回的信号进行编码、调制等各种处理。

(3) 电子标签天线用于收集读写器发射到空间的电磁波，并把标签本身的数据信号以电磁波的形式发射出去。

2. 电子标签的结构形式

为了满足不同的应用需求，电子标签的结构形式多种多样，有卡片型、环型、纽扣型、条型、盘型、钥匙扣型和手表型等。电子标签可能会是独立的标签形式，也可能会与诸如汽车点火钥匙集成在一起进行制造。电子标签的外形会受到天线形式的影响，是否需要电池也会影响到电子标签的设计。电子标签可以封装成各种不同的形式，如图 2-4 所示。

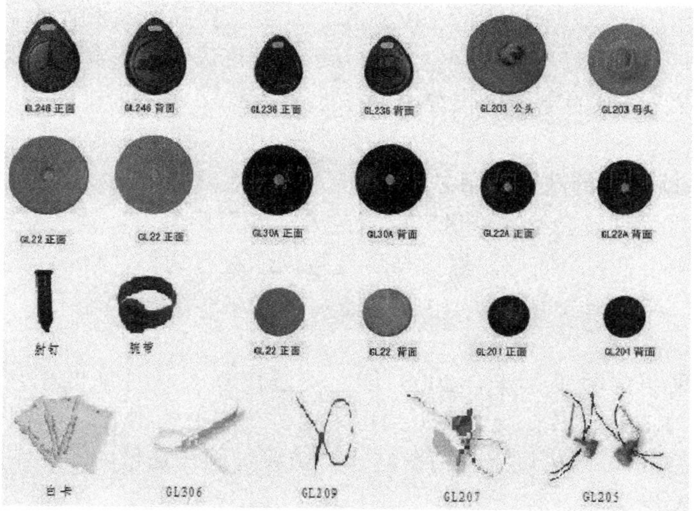

图 2-4 各种形式的电子标签

(1) 卡片型电子标签。

卡片型电子标签封装成卡片的形状，也常称为射频卡，如图 2-5 所示。

(a) 我国第二代身份证

(b) 城市一卡通

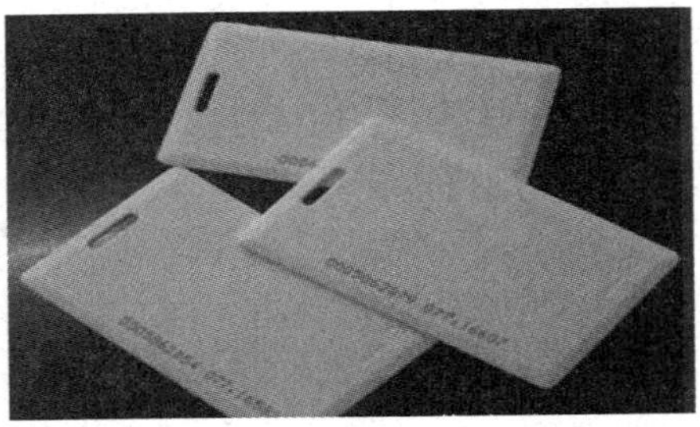

(c) 门禁卡

(d) 银行 PayPass 卡

图 2-5 卡片型电子标签

① 我国第二代身份证。

我国第二代身份证内含有 RFID 芯片，也就是说，我国第二代身份证相当于一个电子标签。第二代身份证可以采用读写器验证身份证的真伪，通过身份证读写器，身份证芯片内所存储的姓名、地址和照片等信息将一一显示。

② 城市一卡通。

城市一卡通用于覆盖一个城市的公交汽车、地铁、路桥收费和水电煤缴费等公共消费领域，是安全、快捷的清算与结算网络。城市一卡通可以利用射频技术和计算机网络，在公共平台上实现消费领域的电子化收费。

③ 门禁卡。

门禁卡是 RFID 最早的商业应用之一，可以携带的信息量较少，厚度是标准信用卡厚度的 2~3 倍。通常，管理者会给允许进入的特定人员配发门禁卡。读写器安装在靠近大门的位置，读写器获取持卡人的信息，然后与后台数据库进行通信，以决定该持卡人是否可以进入该区域。

④ 银行卡。

银行卡可以采用射频识别卡。2005 年，美国出现了一种新的信用卡“即付即走”(PayPass)，内置了 RFID 芯片，持卡人无须再采用传统的磁条刷卡，只需将信用卡靠近 POS 机附近的 RFID 读写器，即可以进行消费结算，结算过程在几秒内即可完成。

(2) 标签类电子标签。

标签类电子标签形状多样，有条型、盘型、钥匙扣型和手表型等，如图 2-6 所示。

① 具有粘贴功能的电子标签。

这种电子标签通常具有自动粘贴的功能，可以在生产线上由贴标机粘贴在箱、瓶等物品上，也可以手工粘贴在车窗和证件上。这种电子标签的芯片安放在一张薄纸模或塑料模内，薄膜经常与一层纸咬合在一起，背面涂上粘胶剂，使电子标签很容易贴到物体上。

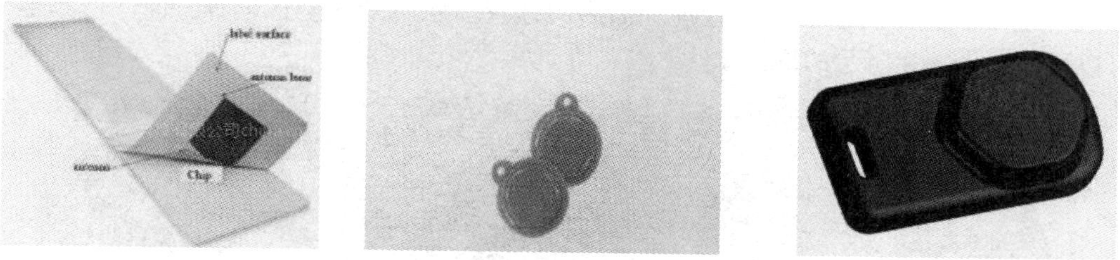

(a) 粘贴式　(b) 悬挂式　(c) 易通卡

图 2-6　标签类电子标签

② 悬挂式电子标签。

这种电子标签属于便携式，一般为塑料封装，防热、防冻、规格齐全，可以为用户提供更多的方便，用户都非常喜欢这种小巧、智能的电子标签。

③ 车辆不停车收费的电子标签。

这种电子标签可用于高速公路的不停车收费系统。美国的易通卡(EZpass)采用了 RFID 车辆自动收费系统，标签的塑料外壳大约为 1.5 英寸宽、3 英寸高、5/8 英寸厚，安装在汽车挡风玻璃后面，当汽车经过收费站时，无须减速停车，固定在收费站的读写器识别车辆后，自动从汽车的账户上扣费。这个系统的好处是消除了因为减速停车造成的交通堵塞。

(3) 植入式电子标签。

与其他电子标签相比，植入式电子标签很小。例如，将电子标签做成动物跟踪标签，其直径比铅笔芯还小，可以嵌入动物的皮肤下。将 RFID 电子标签植入动物皮下，称为“芯片植入”，这种电子标签采用玻璃封装，用注射的方式植入狗的两肩之间的皮下，用来替代传统的狗牌进行信息管理。植入式电子标签如图 2-7 所示。

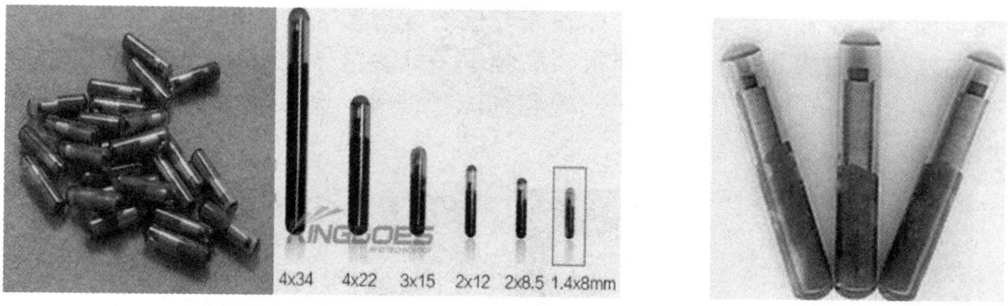

(a) 玻璃管电子标签的尺寸　(b) 标签的细节

图 2-7　植入式电子标签

3. 电子标签的工作特点

工作在不同频段的电子标签具有不同的特点。下面分析低频、高频和微波三个频段上电子标签的工作原理、应用领域和制作成本等。

(1) 低频电子标签的工作特点。

RFID 技术首先在低频得到应用和推广。低频电子标签一般为无源标签，电子标签与读写器传输数据时，电子标签位于读写器天线的近场区，电子标签的工作能量通过电感耦合方式从读写器中获得。低频电子标签可以应用于动物识别、物流管理、工具识别、资产管理、汽车电子防盗、制造业工序管理、酒店门锁管理和门禁安全管理等方面。低频电子标签可以采用如图 2-8 所示的形式。

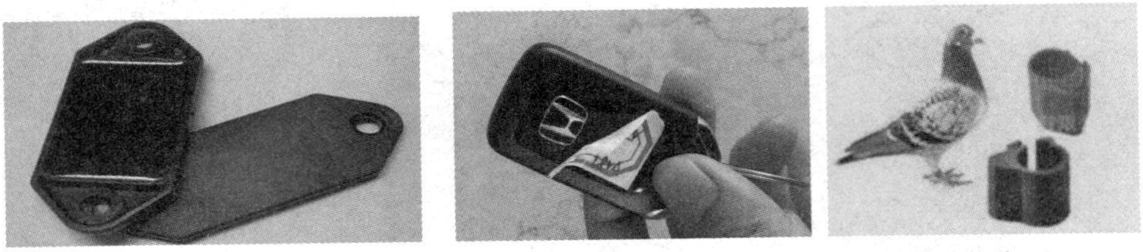

(a) 物流管理　　(b) 汽车钥匙　　(c) 动物脚环

图 2-8　低频电子标签

① 低频电子标签的优点。

低频频率使用自由，工作频率不受无线电管理委员会的约束；低频电波穿透力强，可以穿透弱导电性物质，能在水、木材和有机物质等环境中应用；低频电子标签一般采用普通 CMOS 工艺，具有省电、廉价的特点；低频电子标签有不同的封装形式，好的封装形式有 10 年以上的使用寿命。

② 低频电子标签的缺点。

低频电子标签存储数据量小，只适合对数据量要求少的应用场合；低频电子标签识别距离近，数据传输速率比较慢，只适合近距离、低速度的应用场合。低频电子标签与读写器的距离一般小于 1 米；低频电子标签采用的环状天线用线圈绕制而成，线圈的圈数较多，价格相对较贵。

(2) 高频电子标签的工作特点。

高频电子标签的工作原理与低频电子标签基本相同。高频电子标签通常为无源标签，电子标签与读写器传输数据时，电子标签需要位于读写器天线的近场区，电子标签的工作能量通过电感耦合方式从读写器中获得。高频电子标签常做成卡片形状，典型的应用是我国的第二代身份证、电子车票、电子门票和物流管理等。高频电子标签可以采用如图 2-9 所示的形式。

(a) 纸质的 RFID 火车票　　(b) 物流标签

图 2-9　高频电子标签

① 高频电子标签的优点。与低频电子标签相比，高频电子标签存储的数据量增大；由于频率的提高，高频电子标签可以用更高的传输速率传送信息；该频率电子标签的天线不再需要线圈绕制，可以通过腐蚀印刷的方式制作，所以电子标签天线的制作更为简单；

这种系统具有防冲撞特性，可以同时读取多个电子标签。

② 高频电子标签的缺点。除了金属材料外，该频率的波长可以穿过大多数的材料，但会降低读取距离；识别距离近。电子标签与读写器的距离一般小于 1.5 米；高频频段除特殊频点外，受无线电管理委员会的约束，在全球有许可限制。

(3) 微波电子标签的工作特点。

微波电子标签是采用电磁反向散射的 RFID 系统，发射出去的电磁波遇到目标后反射，同时，携带回来目标的信息。微波电子标签可以为有源或无源电子标签。电子标签与读写器传输数据时，电子标签位于读写器天线的远场区，读写器天线的辐射场为无源电子标签提供射频能量，或将有源电子标签唤醒。

微波电子标签的典型参数为是否无源、无线读写距离、是否支持多标签同时读写、是否适合高速物体识别、电子标签的价格以及电子标签的数据存储容量等。

微波电子标签的数据存储容量一般限定在 2KB 以内，典型的数据容量有 1KB、128B、96B 和 64B 等。微波电子标签可以采用如图 2-10 所示的形式。

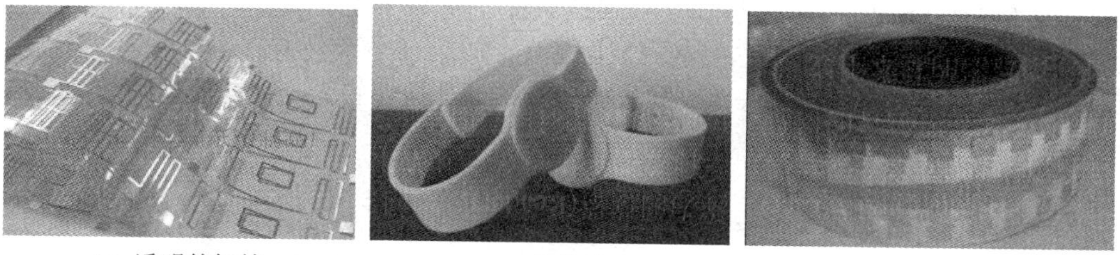

(a) 透明的标签　　(b) 腕带式　　(c) 批量生产的标签

图 2-10　微波电子标签

① 微波电子标签的优点。微波电子标签与读写器的距离较远，一般大于 1 米，典型情况为 4~7 米，最大可达 10 米以上；有很高的数据传输速率，在很短的时间可以读取大量的数据；可以读取高速运动物体的数据；可以同时读取多个电子标签的信息。

② 微波电子标签的缺点。微波穿透力弱，水、木材和有机物质对电波传播有影响，微波穿过这些物质会降低读取距离；微波不能穿透金属，电子标签需要与金属分开；灰尘、雾等对微波的传播有影响。

4. 电子标签的技术参数

(1) 标签激活的能量要求。

当电子标签进入读写器的工作区域后，受到读写器发出的射频信号的激励，标签进入工作状态。标签的激活能量是指激活电子标签芯片电路所需的能量，这要求电子标签与读写器在一定的距离内，读写器能够提供电子标签所需的足够射频场强。

(2) 标签信息的读写速度。

标签的读写速度包括读出速度和写入速度。读出速度是指电子标签被读写器识读的速度，写入速度是指电子标签信息写入的速度，一般要求标签信息的读写速度为毫秒级。

(3) 标签信息的传输速率。

标签信息的传输速率包括两方面，一方面是电子标签向读写器反馈数据的传输速率，另一方面是来自读写器写入数据的速率。

(4) 标签信息的容量。

标签信息的容量是指电子标签可供写入数据的内存量。标签信息容量的大小，与电子标签是“前台”式还是“后台”式有关。

① “后台”式电子标签。

“后台”式电子标签通过读写器采集到数据后，便可以借助网络与计算机数据库连接。一般来说，只要电子标签的内存有 200 多位(bit)，就能够容纳物品的编码了。如果需要查找物品更详尽的信息，这种电子标签需要通过后台数据库来提供。

② “前台”式电子标签。

在实际使用中，现场有时不易与数据库联机，这必须加大电子标签的内存量，例如加大到几千位到几十千位。这样，电子标签可以独立使用，不必再查数据库信息，这种电子标签可称为“前台”式电子标签。

(5) 标签的封装尺寸。

标签的封装尺寸主要取决于天线的尺寸和供电情况，在不同场合，对封装尺寸有不同的要求，封装尺寸小的为毫米级，大的为分米级。

如果电子标签的尺寸小，它的适用范围就比较宽，不管大物品还是小物品都能设置。但是，一味追求尺寸小并不是好事。如果电子标签设计得比较大，就可以加大天线的尺寸，能有效地提高电子标签的识读率。

(6) 标签的读写距离。

标签的读写距离是指标签与读写器的工作距离。标签的读写距离，近的为毫米级，远的可达 10 米以上。另外，大多数系统的读取距离与写入距离是不同的，写入距离大约是读取距离的 40%~80%。

(7) 标签的可靠性。

标签的可靠性与标签的工作环境、大小、材料、质量、标签到读写器的距离等相关。例如，在传送带上时，当标签暴露在外并且是单个读取时，读取的准确度很高。但是，许多因素都可能降低标签读写的可靠性，一次同时读取的标签越多、标签的移动速度越快、就越有可能出现误读或漏读。

在某项应用中的调查表明，使用 10000 个电子标签时，一年中有 60 个电子标签受到损坏，受损坏的比例低于 0.1%。为了防止电子标签损坏而造成的不便，条码与电子标签共同使用是一种有效的补救办法，这样可以根据条码记载的信息迅速复制出一个电子标签。另外，在一个物品上放两个电子标签以防万一也是一种方法，但这样做的成本较高。

(8) 标签的工作频率。

标签的工作频率是指标签工作时采用的频率，可以为低频、高频或微波频率。

(9) 标签的价格。

目前，某些电子标签大量订货的价格低于 30 美分。

智能电子标签的价格较高，一般在 1 美元以上。

5. 电子标签的封装

对电子标签的硬件来说，封装在成本中占据了一半以上的比重，因此，封装是射频识别产业链中重要的一环。由于射频识别应用的领域越来越多，对电子标签的封装也提出了不同的要求。下面只从材料方面介绍电子标签的封装情况。

(1) 纸标签。

纸质的电子标签一般由面层、芯片电路层、胶层和底层组成。这种电子标签价格便宜，一般具有自粘贴的功能，可以直接粘贴在被识别物品的表面。

(2) 塑料标签。

塑料电子标签采用特定的工艺和塑料基材，将芯片和天线封装成不同的标签形式。塑料电子标签可以采用不同的颜色，封装材料耐高温。

(3) 玻璃标签。

玻璃电子标签将芯片和天线用特殊的物质植入一定大小的玻璃容器内，封装成玻璃管标签。玻璃管标签可以注射到动物体内，用于动物的识别和跟踪。美国埃克森石油公司的结算卡也是一种玻璃电子标签，这种标签被设计成胶囊状，用来挂在钥匙环上。

6. 电子标签的发展趋势

电子标签有多种发展趋势，以适应不同的应用需求。以电子标签在商业上的应用为例，由于有些商品的价格较低，为使电子标签不过多提高商品的成本，要求电子标签的价格尽可能低。又以物联网为例，物联网希望电子标签不仅具有标识的功能，而且有感知的功能。总地来说，电子标签具有以下发展趋势。

(1) 体积更小。

由于实际应用的限制，一般要求电子标签的体积比标记的物品小，这就对标签提出了更小、更易于使用的要求。现在带有内置天线的最小射频识别芯片，其芯片厚度仅有 0.1 毫米左右，可以嵌入纸币。

(2) 成本更低。

在商业上应用电子标签，当使用数量以 10 亿计时，很多公司希望每个电子标签的价格低于 5 美分。

(3) 作用距离更远。

无源射频识别系统的工作距离主要限制在标签的供电能量上，随着低功耗设计技术的发展，电子标签所需的功耗可以降低到很低，这就使得无源系统的作用距离可以进一步加大，达到几十米以上的作用距离。

(4) 无源可读写性能更加完善。

应用系统为了适应多次改写标签数据的场合，需要让电子标签的读写性能更加完善，使其误码率和抗干扰性能达到可以接受的程度。

(5) 适合高速移动物体的识别。

针对高速移动的物体，如火车和高速公路上行驶的汽车，电子标签与读写器之间的通信速度会提高，使高速物体可以准确快速地识别。

(6) 多标签的读/写功能。

在物流领域中，会涉及大量物品需要同时识别，因此，必须采用适合这种应用的通信协议，以实现快速、多标签的读/写功能。

(7) 电磁场下的自我保护功能更完善。

电子标签处于读写器发射的电磁辐射中，如果电子标签接收的电磁能量很强，会在标签上产生很高的电压。为保护标签芯片不受损害，必须加强标签在强辐射下的自保护功能。

(8) 智能性更强、加密特性更完善。

在某些安全性要求较高的领域，需要智能性更强、加密特性更完善的电子标签，使电子标签在“敌人”出现的时候能够更好地隐藏自己，并且数据不会未经授权而被获取。

(9) 带有其他附属功能。

在某些应用领域中，需要准确寻找某一个标签，这时，标签需要有某些附属功能，如蜂鸣器或指示灯，这样就可以在大量的目标中寻找特定的标签了。

(10) 具有杀死功能。

为了保护隐私，在标签的设计寿命到期或者需要终止标签的使用时，读写器可发出杀死命令或者让标签自行销毁。

(11) 新的生产工艺。

为了降低标签天线的生产成本，人们开始研究新的天线印制技术，可以将 RFID 天线以接近于零的成本印制到产品包装上，比传统的金属天线成本低、印制速度快。

(12) 带有传感器功能。

将电子标签与传感器相连，将大大扩展电子标签的功能和应用领域。物联网的基本特征之一是全面感知，全面感知不仅要求识别物体，而且要求感知物体。

2.2.3 读写器

读写器(Reader and Writer)又称为阅读器(Reader)、询问器、识读器，是读取和写入电子标签内存信息的设备。读写器是一种数据采集设备，其基本作用就是作为数据交换的一环，将前端电子标签所包含的信息，传递给后端的计算机网络。

1. 读写器的基本组成

读写器通过天线与电子标签进行无线通信。读写器可以看成一个特殊的收发信机；同时，读写器也是电子标签与计算机网络的连接通道。读写器的各组成部分如下。

(1) 读写器由射频模块、控制处理模块和天线组成。读写器可以工作于一个或多个频率，可以读写一种或多种型号的电子标签，并可以与计算机网络进行通信。

(2) 读写器天线可以是一个独立的部分，也可以内置到读写器中。

(3) 射频模块用于将射频信号转换为基带信号。

(4) 控制模块是读写器的核心，对发射信号进行编码、调制等各种处理，对接收信号进行解调、解码等各种处理，执行防碰撞算法，并实现与后端应用程序的接口规范。

2. 读写器的结构形式

读写器没有一个确定的模式，根据数据管理系统的功能和设备制造商的生产习惯，读写器具有各种各样的结构和外观形式。根据读写器天线与读写器模块是否分离，读写器可以分为集成式读写器和分离式读写器；根据读写器的外形和应用场合，读写器可以分为固定式读写器、OEM 模块式读写器、手持式便携读写器、工业读写器和发卡器等。

(1) 固定式读写器。

固定式读写器一般是指天线、读写器与主控机分离，读写器和天线可以分别安装在不同位置，读写器可以有多个天线接口和多种 I/O 接口。固定式读写器将射频模块和控制处理模块封装在一个固定的外壳里。固定式读写器可以采用如图 2-11 所示的形式。

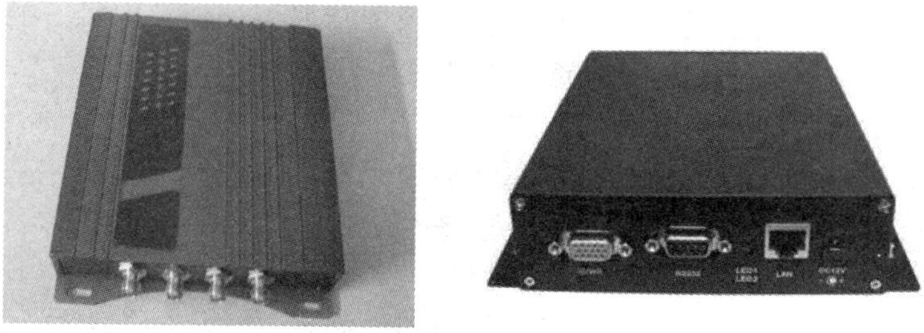

图 2-11　两种固定式读写器

(2)　OEM 模块式读写器。

在很多应用中，读写器并不需要封装外壳，只需要将读写器模块组装成产品，这就构成了 OEM 模块式读写器。OEM 模块式读写器的典型技术参数与固定式读写器相同。

(3)　手持便携式读写器。

手持便携式读写器是将天线、射频模块和控制处理模块封装在一个外壳中，适合用户手持使用的电子标签读写设备。

手持便携式读写器一般带有液晶显示屏，并配有输入数据的键盘，常用于巡查、识别和测试等场合。手持便携式读写器一般采用充电电池供电，可以通过通信接口与服务器进行通信，可以工作在不同的环境中，并可以采用 Windows CE 或其他操作系统。与固定式读写器不同的是，手持便携式读写器可能会对系统本身的数据存储量有要求，并要求防水和防尘等。手持便携式读写器可以采用如图 2-12 所示的形式。

(a) 表面接触式身份证读写器

(b) 带手柄的读写器

图 2-12　手持便携式读写器

(4)　工业读写器。

工业读写器是指应用于矿井、自动化生产或畜牧等领域的读写器。工业读写器一般有现场总线接口，很容易集成到现有设备中。工业读写器一般需要与传感设备组合在一起，例如矿井读写器应具有防爆装置。

(5)　发卡器。

发卡器主要用于电子标签对具体内容的操作，包括建立档案、消费纠错、挂失、补卡和信息修正等。发卡器可以与计算机放在一起，与读卡管理软件结合使用。发卡器实际上是小型电子标签读写装置，具有发射功率小、读写距离近等特点。

3. 读写器的工作特点

读写器的基本功能，是触发作为数据载体的电子标签，与这个电子标签建立通信联系。电子标签与读写器非接触通信的一系列任务，均由读写器来处理，同时，读写器在应用软件的控制下实现在系统网络中的运行。读写器的工作特点如下。

(1) 电子标签与读写器之间的通信。

读写器以射频方式向电子标签传输能量，对电子标签完成基本操作。基本操作主要包括对电子标签进行初始化、读取或写入电子标签内存的信息、使电子标签功能失效等。

(2) 读写器与计算机网络之间的通信。

读写器将读取到的电子标签信息传递给计算机网络，计算机网络对读写器进行控制和信息交换，完成特定的应用任务。

(3) 防碰撞识别能力。

读写器不仅能识别静止的单个电子标签，而且能同时识别多个移动的电子标签。在识别范围内，读写器可以完成多个电子标签信息的同时存取，具备读取多个电子标签信息的防碰撞能力。

(4) 对电子标签能量的管理。

对无源电子标签，读写器通过无线电波向电子标签提供能量；对有源电子标签，读写器能够标识电子标签电池的相关信息，如电量等。

(5) 读写器的适应性。

读写器兼容最通用的通信协议。单一的读写器能够与多种电子标签进行通信。读写器在现有的网络结构中非常容易安装，并能够被远程维护。

(6) 应用软件的控制作用。

读写器的所有行为可以由应用软件来控制，应用软件作为主动方，对读写器发出读写指令，读写器作为从动方，对读写指令进行响应。

4. 读写器的技术参数

(1) 工作频率。

射频识别的工作频率是由读写器的工作频率决定的，读写器的工作频率也要与电子标签的工作频率保持一致。

(2) 输出功率。

读写器的输出功率不仅要满足应用的需要，还要符合国家和地区对无线发射功率的许可，符合人类健康的要求。

(3) 输出接口。

读写器的接口形式很多，具有 RS-232、RS-485、USB、Wi-Fi、GSM 和 3G 等多种接口，可以根据需要选择几种输出接口。

(4) 读写器的形式。

读写器有多种形式，包括固定式读写器、手持式读写器、工业读写器和 OEM 读写器等，选择时，还需要考虑天线与读写器模块分离与否。

(5) 工作方式。

工作方式包括全双工、半双工和时序三种方式。

(6) 读写器优先与电子标签优先。

读写器优先，是指读写器首先向电子标签发射射频能量和命令，电子标签只有在被激活且接收到读写器的命令后，才对读写器的命令做出反应。

电子标签优先，是指对于无源电子标签，读写器只发送等幅度、不带信息的射频能量，电子标签被激活后，反向散射电子标签数据信息。

5. 读写器的发展趋势

随着射频识别应用的日益普及，读写器的结构和性能在不断更新，价格也不断降低。从技术角度来说，读写器的发展趋势体现在以下几个方面。

(1) 兼容性。

现在射频识别的应用频段较多，采用的技术标准也不一致，因此，希望读写器可以多频段兼容、多制式兼容，实现读写器对不同频段的电子标签的兼容读写，对不同标准的电子标签的兼容读写。

(2) 接口多样化。

读写器要与计算机通信网络连接，因此，希望读写器的接口多样化。

(3) 采用新技术。

① 采用智能天线。采用多个天线构成的阵列天线，形成相位控制的智能天线，实现多输入多输出(Multiple-Input Multiple-Output，MIMO)的天线技术。

② 防碰撞技术是读写器的关键技术，采用新的防碰撞算法，使防碰撞的能力更强，多标签读写更有效、更快捷。

③ 采用读写器管理技术。随着射频识别技术的广泛使用，由多个读写器组成的读写器网络越来越多，这些读写器的处理能力、通信协议、网络接口及数据接口均可能不同，读写器从传统的单一读写器模式发展为多读写器模式。所谓读写器管理技术，是指读写器的配置、控制、认证和协调技术。

(4) 模块化和标准化。

随着读写器射频模块和基带信号处理模块的标准化和模块化日益完善，读写器的品种将日益丰富，读写器的设计将更简单，功能将更完善。

2.2.4 系统高层

对于某些简单的应用，一个读写器可以独立完成应用的需要。但对于多数应用来说，射频识别系统是由许多读写器构成的信息系统，系统高层是必不可少的。系统高层可以将许多读写器获取的数据有效地整合起来，完成查询、管理和数据交换等功能。

在 RFID 系统中，存在如何将读写器与计算机网络相连的问题。例如，企业通常会提出“我的计算机网络系统如何与读写器设备相连？”这就需要中间件。中间件是介于 RFID 读写器与后端应用程序之间的独立软件，中间件可以与多个读写器和多个后端应用程序相连，应用程序通过中间件，就能连接到读写器，读取电子标签的数据。中间件的好处在于，当电子标签的数据库软件改变、后端应用程序软件改变，或读写器的种类增加时，应用端不需要修改也能工作，减轻了设计与维护的复杂性。

伴随着经济全球化的进程，RFID 的应用与日俱增，加之计算机技术、RFID 技术与无线通信技术的飞速发展，对全球每个物品进行识别、跟踪与管理将成为可能。RFID 必将通过网络整合起来，计算机网络将成为 RFID 系统的高层。借助于 RFID 技术，物品信息将传送到计算机网络的信息控制中心，构成一个全球统一的物品信息系统，构造一个覆盖全球万事万物的物联网体系，实现全球信息资源共享、全球协同工作的目标。

2.3 耦合方式

RFID 操作中的一个关键技术是通过天线进行耦合，实现数据的传输转换。从 RFID 电子标签与读写器之间的通信及能量感应方式来看，其耦合方式大致上可以分为两种，即电感耦合(Inductive Coupling)和后向散射耦合(Backscatter Coupling)。一般低频段的 RFID 大都采用第一种方式，而较高频段的大多采用第二种方式。

2.3.1 电感耦合方式

电感耦合方式也叫作近场工作方式。电感耦合方式的电路结构如图 2-13 所示。前面介绍过，电感耦合方式一般适合于高、低频工作的近距离 RFID 系统。典型的工作频率有 125kHz、225kHz 和 13.56MHz。标签与读写器之间的工作距离一般在 1 米以下，典型作用距离为 10~20 厘米。

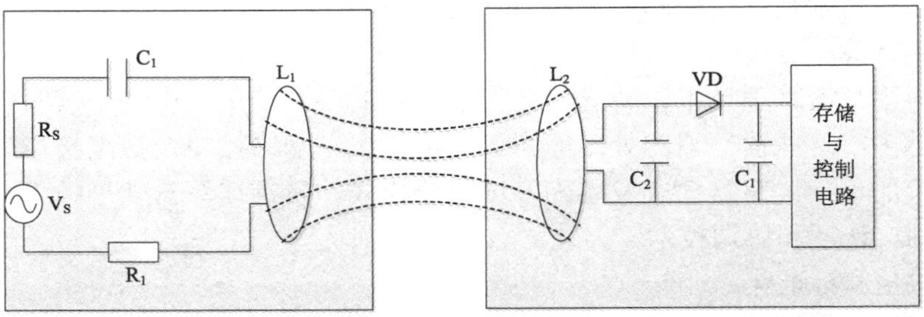

图 2-13 电感耦合方式的电路结构

1. 标签的能量供给

电感耦合方式的标签几乎都是无源的，其能量是从读写器所发送的电波中获取的。由于读写器产生的磁场强度受到电磁兼容性能有关标准的限制，所以系统的工作距离较近。

在图 2-13 所示的耦合方式中，V_S 是读写器的射频源，L_1、C_1 构成谐振回路，R_s 是射频源的内阻，R_1 是电感线圈 L_1 的损耗电阻。V_s 在 L_1 上产生高频电流，在谐振时，电流最大。高频电流产生的磁场穿过线圈，并有部分磁力线穿过距读写器电感线圈 L_1 一定距离的标签电感线圈 L_2。由于所用工作频率范围内的波长比读写器与标签之间的距离大得多，所以两线圈间的电磁场可以当作简单的交变磁场。

穿过标签电感线圈 L_2 的磁力线通过电磁感应，在 L_2 上产生电压 V_2，将其整流以后，就可以产生标签工作所需要的直流电压。电容 C_2 的选择应使 L_2、C_2 构成对工作频率谐振的回路，以使电压 V_2 达到最大值。

电感线圈 L_1 和 L_2 也可以看作一个变压器的初、次级线圈，只不过它们之间的耦合很弱。

由于电感耦合系统的效率不高，所以这种工作方式主要适用于小电流电路，标签的功耗大小对读写距离有很大的影响。

2. 标签向读写器的数据传输

一般来说，标签(应答器)向读写器的数据传输可以采用多种数字调制方式，通常是较为容易实现的幅移键控(ASK)调制方式。

标签向读写器的数据传输采用负载调制的方法。负载调制实质上是一种振幅调制，也称调幅(AM)。

如果在应答器中以二进制数据编码信号控制开关 S(芯片上的开关器件)，则应答器线圈上的负载电阻(图 2-14 中的 R_2)将按二进制数据编码信号的高低电平变化而接通和断开。负载的变化通过 L_2 映射到 L_1，使 L_1 上的电压也按此规律变化。该电压变化通过解调、滤波和放大电路，恢复为应答器端控制开关的二进制数据编码信号，经解码后，就可获得存储在应答器中的数据信息了。这样，二进制数据信息就从应答器(标签)传到了读写器。

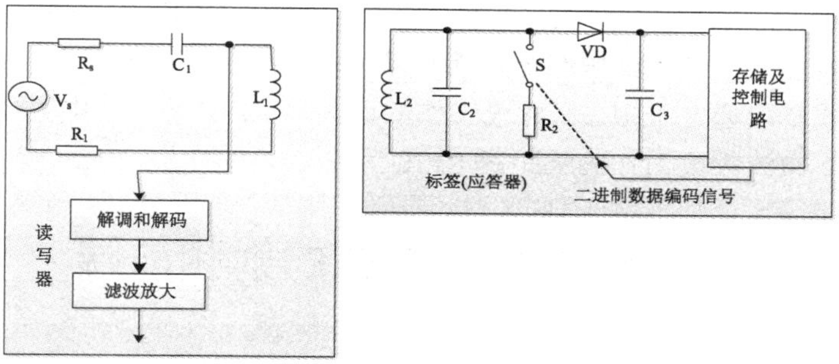

图 2-14　负载调制的原理

图 2-14 中的负载调制方式称为电阻负载调制，其实质上是一种振幅调制，也称为调幅(AM)，通过调节常接入电阻 R_2 的大小，可改变调制度的大小。

3. 读写器向标签的数据传输

读写器向标签的数据传输可以采用多种数字调制方式，通常为幅移键控(ASK)。有关调制、编码、解码的原理，将在第 3 章介绍。

2.3.2 反向散射耦合方式

反向散射耦合方式也叫作远场工作方式。

电磁反向散射耦合根据雷达原理模型，发射出去的电磁波碰到目标后反射，同时，携带回目标信息，依据的是电磁波的空间传播规律。

由于目标的反射性能随着频率的升高而增强，所以 RFID 反向散射耦合方式采用超高频(UHF)和特高频(SHF)，标签和读写器的距离大于 1 米，典型工作距离为 3~10 米。

RFID 反向散射耦合方式的原理如图 2-15 所示。

(1) 标签的能量供给。

无源标签的能量由读写器提供，读写器天线发射的功率为 P_1，经自由空间传播后到达标签，设到达功率为 P_1'，则 P_1' 中被吸收的功率经标签中的整流电路，形成标签的能量供给。

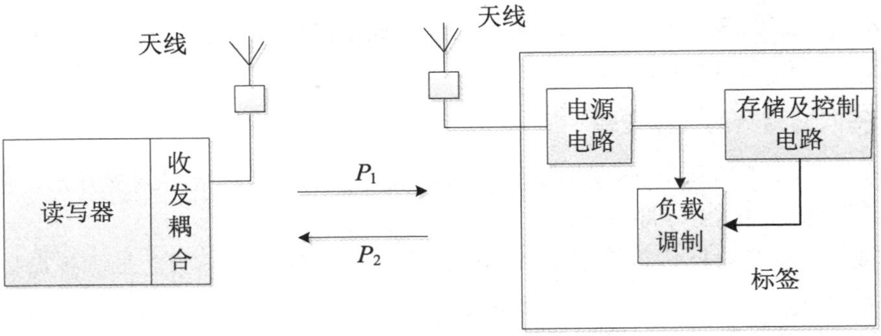

图 2-15　RFID 反向散射耦合方式的原理

(2)　读写器到标签的数据传输。

读写器到标签的命令及数据传输应根据 RFID 相关的标准来进行编码和调制。

(3)　标签到读写器的数据传输。

反射功率 P_2 经自由空间传播到读写器，被读写器的天线接收。接收信号经收发耦合器电路传输至读写器的接收端，经电路处理后，获得相关的有用信息。

电感耦合方式一般适合于中、低频段工作的近距离 RFID 系统。电磁反向散射耦合方式一般适合于高频、微波频段工作的远距离 RFID 系统。

2.4　电感耦合方式的射频前端

2.4.1　读写器的功能与分类

1．读写器的功能

RFID 读写器具有发送和接收功能，用来与标签和分离的单个物品进行通信；对接收的信息进行初始化处理；连接服务器，来将信息传送到主机的数据交换与管理系统。视具体应用的不同，RFID 可具有不同频道的读写、Wi-Fi/GPRS/蓝牙无线数据传输、GPS 定位、摄像头摄像、条形码扫描、指纹识别等功能。

2．读写器的分类

RFID 读写器的分类有以下几种。

(1)　按照工作频率划分。

①　低频读写器。C5000W-L 低频 RFID 读写器支持 125~134.2kHz 频段的 RFID 读写。

②　高频读写器。C5000W-A、C5000W-I 高频 RFID 读写器支持 13.56MHz 频段的 RFID 读写。

③　超高频读写器。C5000U 超高频 RFID 读写器支持超高频段的 RFID 读写。

④　双频读写器。C5000W-AI 双频 RFID 读写器支持 ISO 14443、ISO 15693 双协议的 RFID 读写。

(2)　按照结构和制造方式划分。

①　小型读写器。小型读写器的天线尺寸比较小，其主要特征是通信距离短，因此适

合用在零售店等不能设置较大天线的场所，用于读取商品标签的地方。

② 手持式读写器。手持式读写器是由操作人员手工读取标签信息的设备。手持式读写器可在内部文件系统中记录所读取的标签信息，并在读取标签信息的同时，通过无线局域网等手段，将接收到的信息发送给主机。手持式读写器的内部，常装有用于发射射频信号的电池。为了延长使用寿命，此类设备输出功率比较低，通信距离也比较短。

③ 平板式读写器。由于平板式读写器的天线大于小型读写器的天线，因此通信距离相对较远。多用于运货托盘管理、工程管理等常需要自动读取标签信息的场合。

④ 隧道式读写器。一般情况下，当标签与读写器成 90° 时读写困难，而隧道式读写器在内壁的不同方向设置了多个天线，从各个方向发射电波，因此能够正确读取隧道内各个角度的标签信息。

2.4.2 标签的功能与类别

1. 标签的功能

电子标签是一个微型的无线收发装置，在其内存中保存有数据，当读写器查询它时，就会发送数据给读写器。

2. 标签的分类

(1) 按能量供应划分。

标签根据能量供应方式，分为被动式、半主动式(也称作半被动式)和主动式三类。

① 被动式标签。被动式标签没有内部供电电源。其内部集成电路通过接收到的电磁波进行驱动。这些电磁波是由读写器发出的。当标签接收到足够强度的信号时，可以向读写器发出数据。这些数据不仅包括 ID 号(全球唯一标识 ID)，还可以包括预先存在于标签内 EEPROM 中的数据。

由于被动式标签具有价格低廉、体积小巧、无须电源的优点，因此，目前市场上的标签主要是被动式的。

② 半主动式标签。一般而言，被动式标签的天线有两个任务。第一，接收读写器所发出的信号，以驱动标签内的电路；第二，标签回传信号时，需要靠天线的阻抗做切换，才能产生 0 与 1 的变化。问题是，若想要有最好的回传效率，则天线阻抗必须设计于“开路与短路”方式，这样又会使信号完全反射，无法被标签内的电路接收。半主动式标签就是为了解决这样的问题。半主动式标签类似于被动式标签，不过它多了一个小型电池，电力恰好可以驱动标签内的电路 IC，使得 IC 处于工作状态。这样的好处在于，天线可以不用管接收电磁波的任务，充分用于回传信号。比起被动式标签，半主动式标签有更快的反应速度和更好的效率。

③ 主动式标签。与被动式标签和半主动式标签不同的是，主动式标签本身具有内部电源供应器，用以供应内部 IC 所需电源，以产生对外的信号。一般来说，主动式标签拥有较长的读取距离和较大的记忆体容量，可以用来储存读取器所传送来的一些附加信息。

标签主要由存有识别代码的大规模集成线路芯片和收发天线构成，目前主要为无源式，使用时的电能取自天线接收到的无线电波能量。

(2) 按工作频率划分。

按照工作频率的不同，标签可分为低频、高频、超高频和微波等不同种类。不同频段的 RFID 工作原理不同。低频和高频频段标签一般采用电磁耦合原理，而超高频及微波频段的标签一般采用电磁发射原理。

目前，国际上广泛采用的频率分布于 4 种频段：低频(125kHz)、高频(13.54MHz)、超高频(850~910MHz)和微波(2.45GHz)。每一种频率都有它的特点，被用在不同的领域，因此，要正确应用，就要先选择合适的频率。

RFID 的频率范围非常广泛。在图 2-16 中，可以看见 RFID 的频率划分非常宽广，应用的类型覆盖也很广。

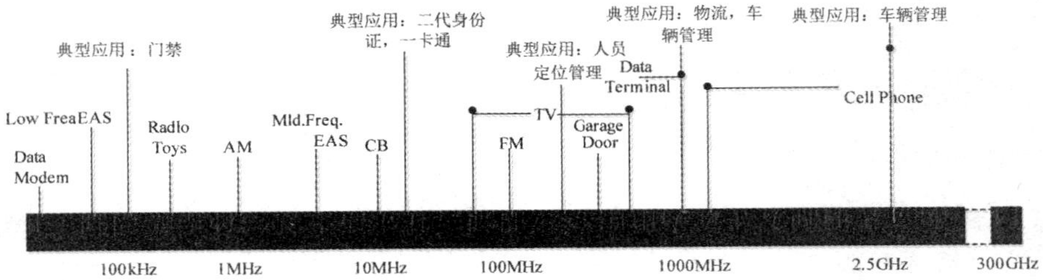

图 2-16　频率划分

① 低频段射频标签。简称为低频标签，其工作频率范围为 30~300kHz。典型的工作频率有 125kHz 和 133kHz。低频标签一般为无源标签，其工作能量通过电感耦合方式从读写器耦合线圈的辐射近场中获得。低频标签与读写器之间传送数据时，低频标签需位于读写器天线辐射的近场区内。低频标签的阅读距离一般情况下小于 1 米。低频标签的典型应用有动物识别、容器识别、工具识别、电子闭锁防盗(带有内置应答器的汽车钥匙)等。

② 中高频段射频标签。中高频段射频标签的工作频率一般为 3~30MHz。典型的工作频率为 13.56MHz。一方面，该频段的标签，因其工作原理与低频标签完全相同，即采用电感耦合方式工作，所以，宜将其归为低频标签类中。另一方面，根据无线电频率的一般划分，其工作频段又称为高频，所以也常将其称为高频标签。鉴于该频段的标签可能是实际应用中最大量的一种标签，因而，我们只要将高、低理解成为一个相对的概念，就不会造成理解上的混乱了。为了便于叙述，我们将其称为中频射频标签。中频标签一般也采用无源方式，其工作能量跟低频标签一样，也是通过电感(磁)耦合方式从读写器耦合线圈的辐射近场中获得。标签与读写器进行数据交换时，标签必须位于读写器天线辐射的近场区内。中频标签的阅读距离一般情况下也小于 1 米。中频标签由于可方便地做成卡状，广泛应用于电子车票、电子身份证、电子闭锁防盗(电子遥控门锁控制器)、小区物业管理、大厦门禁系统等。

③ 超高频与微波频段的射频标签。简称为微波射频标签，这种标签典型工作频率通常为 433.92 MHz、862(902)~928MHz、2.45GHz、5.8GHz。微波射频标签可分为有源标签与无源标签两类。工作时，射频标签位于读写器天线辐射场的远场区内，标签与读写器之间的耦合方式为电磁耦合方式。读写器天线辐射场为无源标签提供射频能量，将有源标签唤醒。相应的射频识别系统阅读距离一般大于 1 米，典型情况为 4~6 米，最大可达 10 米。读写器天线一般均为定向天线，只有在读写器天线定向波束范围内的射频标签可被读/写。由于阅读距离增加了，应用中，有可能在阅读区域中同时出现多个射频标签的情况，从而提

出了多标签同时读取的需求。目前，先进的 RFID 系统均将多标签识读问题作为系统的一个重要特征。超高频标签主要用于铁路车辆自动识别、集装箱识别，还可用于公路车辆识别，以及自动收费系统。

以目前的技术水平来说，无源微波射频标签比较成功的产品相对集中在 902~928MHz 工作频段上。2.45GHz 和 5.8GHz 的 RFID 系统多以半无源微波射频标签产品面世。

半无源标签一般采用纽扣电池供电，具有较远的阅读距离。微波射频标签的典型特点主要集中在是否无源、无线读写距离、是否支持多标签读写、是否适合高速识别应用、读写器的发射功率容限、射频标签及读写器的价格等方面。对于可无线写的射频标签而言，通常情况下，写入距离要小于识读距离，其原因在于，写入要求更大的能量。

微波射频标签的数据存储容量一般限定在 2kbit 以内，再大的存储容量似乎没有太大的意义，从技术及应用的角度来说，微波射频标签并不适合作为大量数据的载体，其主要功能在于标识物品并完成无接触的识别过程。典型的数据容量指标有 1kbit、128bit、64bit 等。由 Auto - ID 中心制定的产品电子代码 EPC 的容量为 90bit。微波射频标签的典型应用包括移动车辆识别、电子闭锁防盗(电子遥控门锁控制器)、医疗科研等行业。

不同频率的标签有不同的特点。例如，低频标签比超高频标签便宜，穿透金属物体的能力强，工作频率不受无线电频率管制的约束，最适合用于含水分较高的物体，如水果等；超高频标签的作用范围广，传送数据速度快，但比较耗能，穿透力较弱，作业区域不能有太多干扰，适用于监测港口、仓储等物流领域的物品；而高频标签属中短距识别，读写速度居中，产品价格也相对便宜，比如应用在电子票证一卡通上。

目前，不同的国家对于相同波段，使用的频率也不尽相同。欧洲使用的超高频是 868MHz，美国则是 915MHz，日本目前不允许将超高频用到射频技术中。

目前在实际应用中，比较常用的是 13.56MHz、860~960MHz、2.45GHz 等频段。近距离 RFID 系统主要使用 125kHz、13.56MHz 等低频和高频频段，技术最为成熟；远距离 RFID 系统主要使用 433MHz、860~960MHz 等超高频频段，以及 2.45GHz、5.8GHz 等微波频段，目前还多在测试中，没有大规模应用。

我国在低频和高频频段标签芯片设计方面的技术比较成熟，高频频段方面的设计技术接近国际先进水平，已经自主开发出符合 ISO 14443 TYPE A、TYPE B 和 ISO 15693 标准的 RFID 芯片，并成功地应用于交通一卡通和第二代身份证等。

(3) 按读写性划分。

根据标签的读写性，分为只读、一次写入多次读与多次读写标签。

① 只读标签。只读标签内部只有只读存储器(ROM)和随机存储器(RAM)。ROM 用于存储发射器操作系统程序和安全性要求较高的数据，它与内部的处理器或逻辑处理单元完成内部的操作控制功能，如响应延迟时间控制、数据流控制、电源开关控制等。RAM 用于存储标签响应和数据传输过程中临时产生的数据。只读标签中，除了 ROM 和 RAM 外，一般还有缓冲存储器，用于临时存储调制后等待天线发送的信息。

② 可多次读写标签内部的存储器除了 ROM、RAM 和缓冲存储器外，还有非活动可编程记忆存储器。非活动可编程记忆存储器有许多种，EEPROM(电可擦除可编程只读存储器)是比较常见的一种。这种存储器在加电的情况下，可以实现对原有数据的擦除，以及重新写入。

2.5 天　　线

2.5.1 天线的工作模式

与 RFID 系统的耦合方式相对应，天线的工作方式分为近场天线工作模式和远场天线工作模式。

1. 近场天线工作模式

感应耦合模式主要是指读写器天线和标签天线都采用线圈形式。当读写器在阅读标签的时候，会发出未经调制的信号，处于读写器天线近场中的标签天线接收到该信号并激活标签芯片之后，由标签芯片根据内部存储的全球唯一识别号(ID)控制标签天线中电流的大小。这一电流的大小进一步增强或者减小了读写器天线发出的磁场。这时，读写器的近场分量展现出被调制的特性，读写器内部电路检测到这个由于标签而产生的调制量，并解调，得到标签信息。

当 RFID 的线圈天线进入读写器产生的交变磁场中时，RFID 天线与读写器天线之间的相互作用就类似于变压器，两者的线圈相当于变压器的一次绕组和二次绕组。

由 RFID 的线圈天线形成的谐振回路，包含 RFID 天线的线圈电感 L、寄生电容 C_p 和并联电容 C_r，其谐振频率为：

$$f=\frac{1}{2\pi\sqrt{LC}}$$

式中：C 为 C_p 和 C_r 的并联等效电容。

RFID 应用系统就是通过这一频率载波实现双向数据通信的。常用的 ID-1 型非接触式 IC 卡的外观为一小型塑料卡(85.72mm×54.03mm×0.76mm)，天线线圈谐振工作频率通常为 13.56MHz。目前已研发出线圈天线面积最小为 0.4mm×0.4mm 的短距离 RFID 实用系统。

某些应用要求 RFID 天线线圈外形很小，且需一定的工作距离，如用于动物识别的 RFID，但如若线圈外形(即面积)小，RFID 与读写器间的天线线圈互感不能满足实际需要，作为补救措施，通常在 RFID 天线线圈内插入具有较高磁导率的铁氧体，以增大互感，从而可以补偿因线圈横截面减小而产生的缺陷。

2. 远场天线工作模式

在反向散射工作模式中，读写器和标签之间采用电磁波来进行信息的传输。当读写器对标签进行阅读识别时，首先发出未经调制的电磁波，此时，位于远场的标签天线接收到电磁波信号，并在天线上产生感应电压，标签内部电路将这个感应电压进行整流，并放大，用于激活标签芯片。当标签芯片被激活后，用自身的全球唯一标识号对标签芯片阻抗进行变换，当标签天线和标签芯片之间的阻抗匹配较好时，基本不反射信号；而阻抗匹配不好时，则将几乎全部反射信号，这样，反射信号就出现了振幅的变化，这种情况类似于对反射信号进行幅度调制处理。读写器通过接收到经过调制的反射信号，判断该标签的标识号并进行识别。

远场天线主要包括微带贴片天线、偶极子天线和环形天线。

微带贴片天线是由贴在带有金属底板的介质基片上的辐射贴片导体所构成的。根据天线辐射特性的需要，可把贴片导体设计为各种形状。通常，贴片天线的辐射导体与金属底板的距离为几十分之一波长。

假设辐射电场沿导体的横向与纵向两个方向没有变化，仅沿约半波长的导体长度方向变化，则微带贴片天线的辐射基本上是由贴片导体开路边沿的边缘场引起的，辐射方向基本确定，因此一般适用于通信方向变化不大的 RFID 应用系统中。

在远距离耦合的 RFID 应用系统中，最常用的是偶极子天线(又称对称振子天线)。偶极子天线由处于同一直线上的两段粗细和长度均相同的直导线构成，信号由位于其中心的两个端点馈入，使得在偶极子的两臂上产生一定的电流分布，从而在天线周围空间激发出电磁场。求取辐射场电场的公式为：

$$E_\theta = \int_{-l}^{l} \mathrm{d}E_\theta = \int_{-l}^{l} \frac{60\alpha I_z}{r} \sin\theta \cos(\alpha z \cos\theta) \mathrm{d}z$$

式中，I_z 为沿振子臂分布的电流；α为相位常数；r 是振子中观察点的距离；θ为振子轴到 r 的夹角；l 为单个振子臂的长度，z 为沿振子到原点的平行距离。同样，也可以得到天线的输入阻抗、输入回波损耗、带宽和天线增益等特性参数。

当单个振子臂的长度 $l = \lambda/4$ 时(半波振子)，输入阻抗的电抗分量为零，天线输出为一个纯电阻。在忽略电流在天线横截面内不均匀分布的条件下，简单的偶极子天线设计可以取振子的长度 l 为 $\lambda/4$ 的整数倍，如对于工作频率为 2.45GHz 的半波偶极子天线，其长度约为 6 厘米。

2.5.2 天线的基本参数

1. 方向图

天线的方向图又称波瓣图，是天线辐射场大小在空间的相对分布随方向变化的图形。天线的辐射场都具有方向性，方向性就是在相同距离条件下天线辐射场的相对值与空间方向(子午角θ、方位角φ)的关系，常用下面的归一化函数 $F(\theta,\varphi)$ 表示：

$$F(\theta,\varphi) = \frac{f(\theta,\varphi)}{f_{\max}(\theta,\varphi)} = \frac{|E(\theta,\varphi)|}{|E_{\max}|}$$

式中，$f_{\max}(\theta,\varphi)$ 为方向函数的最大值；$E_{\max}$ 为最大辐射方向上的电场强度；$E(\theta,\varphi)$ 为同一距离和方向上的电场强度。

天线方向性系数的一般表达式为：

$$D = \frac{4\pi}{\int_0^{2\pi} |F(\theta,\varphi)|^2 \sin\theta \mathrm{d}\theta \mathrm{d}\varphi}$$

其中，$D \geqslant 1$，对于无方向性天线才有 $D=1$。D 越大，天线辐射的电磁能量就越集中，方向性就越强。它与天线增益密切相关。

实际天线因为导体本身和其绝缘介质都要产生损耗，导致天线的实际辐射功率 P_r 小于发射机提供的输入功率 P_{in}，因此，定义其比值为天线的工作效率：

$$\eta = \frac{P_r}{P_{in}}$$

2．增益

增益是指在输入功率相等的条件下，实际天线与理想辐射单元在空间同一点处所产生的信号功率密度之比，它定量地描述了天线把输入功率集中辐射的程度。增益 G 定义为方向性数与效率的乘积：

$$G = D\eta$$

3．天线的极化

极化特性是指天线在最大辐射方向上电场矢量的方向随时间变化的规律。具体就是在空间某一固定位置上电场矢量的末端随时间变化所描绘的图形。该图形如果是直线，就称为线极化；如果是圆，就称为圆极化。

线极化又可以分成垂直极化和水平极化；圆极化可分成左旋和右旋圆极化。当电场矢量绕传播方向左旋变化时，称为左旋圆极化；当电场矢量绕传播方向右旋变化时，称为右旋圆极化。圆极化波入射到一个对称目标上时，反射波是反旋向的。假如沿波的方向看去，当它的电场矢量矢端轨迹是椭圆时，则称该天线为椭圆极化波，它同样分左右旋，区分方法同圆极化波。

如图 2-17 所示为天线的极化方式。

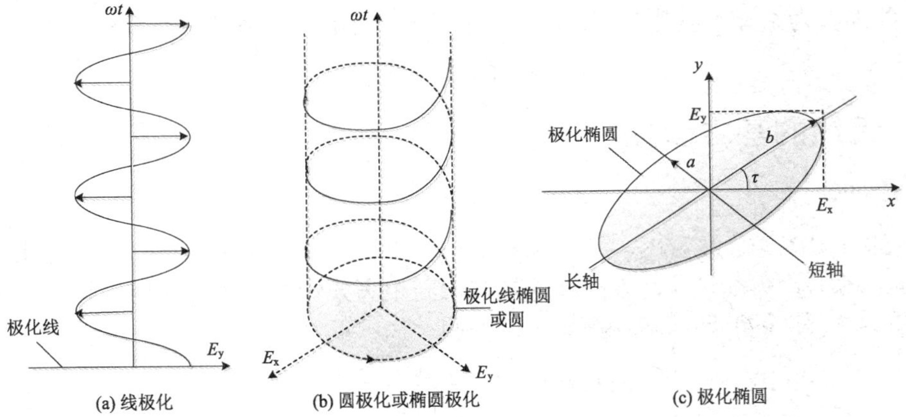

图 2-17　天线的极化方式

4．频带宽度

当天线工作频率变化时，天线的有关电参数变化的程度在所允许的范围内，所对应的频率范围称为频带宽度(Band Width)。它有两种不同的定义。

(1)　在 VSWR(驻波比)≤2 的条件下，天线的工作频带宽度。

(2)　天线增益下降 3dB 范围内的频带宽度。

根据频带宽度的不同，可以把天线分为窄频带天线、宽频带天线和超宽频带天线。

若天线的最高工作频率为 $f_{\max}$，最低工作频率为 $f_{\min}$，对于窄频带天线，一般采用相对带宽，即用 $|(f_{\max}-f_{\min})/f_0|\times 100\%$ 来表示其频带宽度；而对于超宽频带天线，常用绝对带宽，即 $f_{\max}/f_{\min}$ 来表示其频带宽度。

2.5.3 天线的设计要求

1. 读写器天线

对于近距离 13.56MHz 的 RFID 应用，比如门禁系统，天线一般与读写器集成在一起，对于远距离 13.56MHz 或者超高频频段的 RFID 系统，天线与读写器采用分离式结构，并通过阻抗匹配的同轴电缆连接到一起。由于结构、安装和使用环境的多样性，以及小型化的要求，天线设计面临新的挑战。读写器天线的设计要求低剖面、小型化以及宽频段覆盖。

2. 应答器天线

标签应答器天线的目标，是传输最大的能量进入标签芯片，这需要仔细地设计，以便与标签芯片相匹配，当工作频率增加到尾端频段时，天线与标签芯片间的匹配问题比较重要。

RFID 应用中，芯片的输入阻抗可能是任意值，并且很难在工作状态下准确测试，缺少准确的参数，天线设计难以达到最佳。相应的小尺寸以及低成本等要求也对天线的设计带来挑战，天线的设计面临许多问题。标签天线的特性受所标识物体的形状及物理特性的影响，而标签到贴标签的物体的距离、贴标签物体的介电常数、金属表面的发射和辐射模式等，都将影响到天线的设计。

本章小结

RFID 系统由读写器、标签和应用软件系统(系统高层)三部分组成。读写器发射一特定频率的无线电波能量给标签应答器，用以驱动应答器电路将内部的数据送出，然后，读写器便依序接收并解读数据，送给应用程序做相应的处理。

RFID 操作中的一个关键技术，是通过天线进行耦合。天线的耦合主要分为电感耦合和反向散射耦合。电感耦合方式的标签几乎都是无源的，其能量是从读写器所发送的电波中获取的，且工作距离比较近，典型的作用距离为 10~20 厘米。电磁反向散射耦合依据的是电磁波的空间传播规律，典型工作距离为 3~10 米。

本章还着重介绍了电感耦合方式的射频前端，包括读写器的功能与分类、标签的功能与分类，以及天线的工作模式和基本工作参数等。

习　题

(1) 详细说明 RFID 的工作原理。

(2) 什么是自动识别技术？条码、磁卡和 IC 卡的识别原理是什么？简述条码、磁卡和 IC 卡的应用现状。

(3) 什么是 RFID 技术？为什么说 RFID 是物联网的基石？

(4) 简述射频识别的发展历史，简述射频识别的主要应用领域，简述物联网 RFID 应用的现状与未来。

(5) 射频识别系统的基本组成是什么？简述射频识别系统的分类方法。

(6) 电子标签的基本组成是什么？电子标签有哪些常用的结构形式？电子标签的发展趋势是什么？简述电子标签的工作特点、技术参数和封装方法。

(7) 读写器的基本组成是什么？读写器有哪些常用的结构形式？读写器的发展趋势是什么？简述读写器的工作特点和技术参数。

(8) RFID 为什么需要系统高层？在物联网中，RFID 的系统高层是什么？

(9) 简述天线的工作机理。

(10) 标签一般分为几类？有什么区别？

(11) 读写器的功能有哪些？可以分成几类？

第3章 编码与调制

学习目标

1. 掌握数据、信号、编码和信道的有关基本概念。

2. 学习 RFID 系统中常用的曼彻斯特码、密勒码、修正密勒码的编/解码技术。

3. 掌握数字脉冲调制解调和数字正弦调制解调的原理及在 RFID 技术中的应用。

知识要点

无线信道、带宽、频谱、曼彻斯特码、密勒码、修正密勒码、ASK、PSK、副载波调制、负载调制、相干解调、非相干解调、包络检波。

3.1 信号和编码

3.1.1 数据和信号

1. 数据

数据可定义为表意的实体。数据可分为模拟数据和数字数据两种。模拟数据在某些时间间隔上取连续的值，如语音、温度、压力等。数字数据取离散值，如文本或字符串。在射频识别应答器中，存放的数据是数字数据，如身份标识、商品标识的数字数据。

2. 信号

(1) 模拟信号和数字信号。

在通信系统中，数据以电气信号的形式从一点传向另一点。信号是数据的电气或者电磁形式的编码。信号可以分为模拟信号和数字信号。

模拟信号是连续变化的电磁波，可通过不同的介质传输，如有线信道和无线信道。模拟信号在时域表现为连续的变化，在频域其频谱是离散的。模拟信号用来表示模拟数据。

数字信号是一种电压脉冲序列，可通过有线介质传输。数字信号用于表示数字数据。

例如，二进制数字数据用数字信号表示，通常，可用信号的两个稳态电平来表示，一个表示二进制数的 0，另一个表示二进制数的 1。

(2) 信号的频谱和带宽。

信号的分析可以从时域和频域两个角度来进行。在时域中，通常对信号的波形进行观测，研究电压与时间之间的关系。在频域中，通常分析研究电压在频率轴上的分布，即频谱分布的情况。在数据传输技术中，对信号频域的研究比对时域的理解重要得多。

信号的带宽是指信号频谱的宽度。很多信号具有无限的带宽，但是，信号的大部分能量往往集中在较窄的一段频带中，这个频带称为该信号的有效带宽或带宽。

3.1.2 信道

与信号可分为模拟信号和数字信号相似，信道也可以分为传送模拟信号的模拟信道和传送数字信号的数字信道两大类。

但应注意的是，数字信号经数模变换后，可以在模拟信道上传送，而模拟信号在经过模数变换后，也可以在数字信道上传送。

1. 传输介质

(1) 传输介质的分类。

传输介质是数据传输系统里发送器和接收器之间的物理通路。传输介质可以分为两大类，即导向传输介质和非导向传输介质。在导向传输介质中，电磁波沿着固态介质传送，如双绞线、同轴电缆和光纤。而非导向传输介质是指自由空间，在非导向传输介质中，电磁波的传输常称为无线传输。导向传输介质构成的信道也称为有线信道，非导向传输介质构成的信道称为无线信道。

(2) 无线传输。

无线传输所用的频段很广，包括无线电、微波、红外线和可见光等。按照国际电信联盟(ITU)对波段的划分，可分为低频(LF)、中频(MF)、高频(HF)、甚高频(VHF)、超高频(UHF)、特高频(SHF)和极高频(EHF)。

射频识别所用的频率为低于 135kHz 的低频(LF)以及 ISM 频段的 13.56MHz(HF)、433MHz(UHF)、869MHz(UHF)、915MHz(UHF)、2.45GHz(UHF)和 5.8GHz(SHF)，其电磁波的频谱如图 3-1 所示。

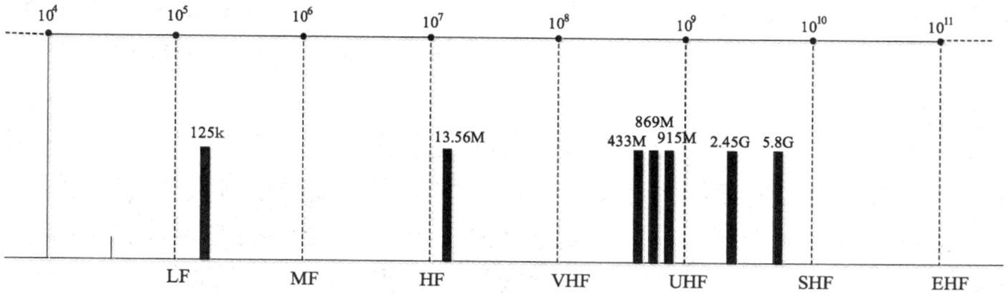

图 3-1 电磁波的频谱

微波的频率范围为 300MHz~300GHz，射频识别应用的 UHF 和 SHF 波段内的频率都在此范围内。微波在遇到建筑物或其他障碍物时，将出现明显的衰减和反射。

对于无线传输，发送和接收是通过天线完成的。在无线传输时，天线向介质辐射出电磁能量，而接收天线从周围介质中检出电磁波。在无线传输中，发送天线产生的信号带宽比介质特性更为重要。天线产生信号的关键属性是方向性。一般来说，在较低频率上的信号是全向性的，能量向四面八方辐射。而高频率的信号才有可能聚焦成有方向性的波束。高频天线的设计是射频识别的关键技术之一。

2. 传输损耗与失真

由于存在各种传输损耗与失真，任何通信系统接收到的信号和传送的信号都会有所不同。对模拟信号而言，这些损耗与失真导致了各种随机的改变，从而降低了信号的质量。对数字信号而言，它们可能会引起位串错误，如二进制数 1 变成了二进制数 0 或相反。

(1) 衰减。

在任何传输介质上，信号强度都会因传输损耗衰减，这种衰减随距离的增加而变大。

对于有线类介质，衰减具有对数函数性；对于无线类介质，衰减与距离、空气成分及电波频率有关。

针对信号强度衰减的问题，在一些通信系统中，可以通过放大器或中继器来解决。然而，在射频识别中，应答器和读写器之间是直接进行通信的，信号衰减限制了读写器的最大作用距离。

(2) 延迟变形。

① 传播速度不同引起的失真。

信号通过传输介质时，除受到损耗外，还会产生失真。由于信号中不同频率的成分在传输介质中传播速度不同而使信号变形的现象，称为延迟变形。

在有线介质中，延迟变形的影响表现为，在一个有限的信号频带中，中心频率附近的信号速度最高，而频带两边的信号速度较低，因而信号的各种频率成分将在不同的时间到达接收器。对于以位串序列传送的数字信号来说，由于延迟变形，一个位元的信号成分可能溢出到其他位元，从而引起串扰。

对于无线信道，载有信息的无线电信号(已调信号)总是有一定带宽的，各频率成分的传播速度不同，会使到达接收点的相位关系发生变化，从而引起失真，这种失真通常称为色散效应。对于 RFID 系统，色散效应的影响通常可以忽略。

② 多径效应。

在无线信道中，由于无线电波可以从空中任何不连续点反射和绕射，这些反射和绕射在收、发地点之间产生不同的传输路径，即多径传播。多径传播给无线传播带来不少困难的问题，即多径效应。

多径效应的一个重要影响，是接收信号的时延扩展。由于各个路径的时延不同，所以信号沿若干路径的传播造成信号到达接收点的时间不同，接收信号发生时延扩展。

时延扩展会引起位间干扰。除了时延扩展外，由于各个路径的时延和衰减不同，接收器处从各路径到达的信号，载波会具有不同的振幅和相移，造成合成的信号强度剧烈变化。当应答器周围有其他反射体时，会产生上述影响。因此，在射频识别应用中，应注意尽可能减弱这些不利因素。

(3) 噪声。

① 白噪声和热噪声。

在信号传输过程中，经常遇到的干扰是噪声。理想的白噪声是由大量宽度为无限窄的脉冲随机叠加而成的，其概率分布服从高斯分布规律，所以一般称为高斯白噪声。从频域角度分析，它占有无限的带宽，而且它的能量均匀地分布在整个频域。

热噪声是由导体中电子的热振动引起的。它出现在所有电子器件和导体中，并且是温度的函数。它的功率谱均匀分布于大约 $0\sim10^{13}$Hz 的范围，是典型的白噪声。

热噪声的量值在任何器件或导体的 1Hz 带宽中表示为：

$$N_0 = kT \tag{3.1}$$

式中，N_0 为噪声功率谱密度(W/Hz)；k 为玻尔兹曼常数，k=1.38×10^{-23}(J/K)；T 为热力学温度(K)。

因此，BW 赫兹带宽中的热噪声功率(W)可表示为：

$$N = kt\text{BW} \tag{3.2}$$

② 脉冲噪声。

脉冲噪声是非连续的，具有突发性。在短时间里，它具有不规则的脉冲或噪声峰值，并且幅值较大。它产生的原因，包括各种意外的电磁干扰(如闪电)，以及系统中的故障和缺陷。脉冲噪声会造成数字信号传输中的一串位错误，也称突发错误。

3. 信道的最大容量

(1) 信道容量。

对于给定条件、给定通信路径或信道上的数据传输速率，称为信道容量。数据传输速率是指每秒钟传送数据的位数，用比特率(bps 或 b/s)来度量。

信道容量与传输带宽成正比关系。实际所用的带宽都有一定的限制，这往往是考虑到不要对其他的信号源产生干扰，从而有意对带宽进行了限制。因此，必须尽可能高效率地使用带宽，以便能在有限的带宽中获得最大的数据传输速率。制约带宽使用效率的主要因素是噪声。

(2) 信道的最大容量。

任何实际的信道都不是理想的，在传输信号时，会产生各种失真，并会受多种干扰的影响，这使得信道上的数据传输速率有一定的上限。早在 1924 年，奈奎斯特(Nyquist)就推导出一个有限带宽无噪声信道的最大容量公式。1948 年，香农(Shannon)进一步把计算公式扩展到有随机噪声影响的信道。下面简要介绍相关的结论。

① 具有理想低通矩形特性的信道。

对于具有理想低通矩形特性的信道，最高码元传输速率(波特)为：

$$V=2\mathrm{BW} \tag{3.3}$$

式中，BW 为理想低通信道的带宽(Hz)；波特是码元传输速率的单位，1 波特为每秒传送 1 个码元。

码元传输速率用波特表示，它说明每秒传送多少个码元。码元传输速率也称为调制速率、波形速率、符号速率或波特率。码元传输速率与数据传输速率(比特率)的关系为：

$$\text{数据传输速率}=\text{码元传输速率}\times\log_2 M \tag{3.4}$$

式中，M 表示离散信号或电平的个数，即一个码元所包含的状态数。$\log_2 M$ 为 1 个码元携带的信息量的位数。

因此，根据信道容量的定义，信道的最大容量为：

$$C=2\mathrm{BW}\log_2 M \tag{3.5}$$

② 具有理想带通矩形特性的信道。

对于具有理想带通矩形特性的信道，信道的最大容量为：

$$C=\mathrm{BW}\log_2 M \tag{3.6}$$

③ 带宽受限且有高斯白噪声干扰的信道。

香农公式给出了带宽受限且有高斯白噪声干扰的信道最大容量，表示为：

$$C=\mathrm{BW}\log_2(1+S/N) \tag{3.7}$$

式中，C 是以 bps 为单位的信道最大容量，BW 是带宽(Hz)，S/N 是信噪比。

信噪比通常用分贝(dB)来表示，它们的关系为：

$$(S/N)\mathrm{dB}=10\log(\text{噪声能量}/\text{信号能量}) \tag{3.8}$$

或：

$$(S/N)\mathrm{dB}=20\log(\text{噪声电压}/\text{信号电压}) \tag{3.9}$$

从香农公式可以看出，若信道带宽 BW 或信噪比 S/N 没有上限(实际信道总是不可能如此的)，则信道最大容量 C(即数据传输速率)也就没有上限。香农公式的意义在于，它指出了信道的最大容量，使我们可以采取各种技术措施去尽可能地逼近它。

3.1.3 编码

数据编码是实现数据通信的一项最基本的重要工作。数据编码可以分为信源编码和信道编码。信源编码是对信源信息进行加工处理，模拟数据要经过采样、量化和编码，变换为数字数据。为降低需要传输的数据量，在信源编码中，还采用了数据压缩技术。信道编码是将数字数据编码成适合于在数字信道上传输的数字信号，并具有所需的抵抗差错的能力，即通过相应的编码方法，使接收端能具有检错或纠错能力。数字数据在模拟信道上传送时，除需要编码外，还需要调制。

1．基带信号和宽带信号

对于传输数字信号来说，最普遍而且最容易的方法是用两个电压电平来表示二进制数字 1 和 0。这样形成的数字信号的频率成分从零开始一直扩展到很高，这个频带是数字电信号本身所具有的，这种信号称为基带信号。直接将基带信号送入信道传输的方式称为基带传输方式。

当在模拟信道上传输数字信号时，要将数字信号调制成模拟信号才能传送，而宽带信号则是将基带信号进行调制后形成的可以实现频分复用的模拟信号。基带信号进行调制后，其频谱搬移到较高的频率处，因而，可以将不同的基带信号搬移到不同的频率处，实现多路基带信号的同时传输，以实现对同一传输介质的共享，这就是频分多路复用技术。

表示模拟数据的模拟信号在模拟信道上传输时，根据传输介质的不同，可以使用基带信号，也可以采用调制技术。例如，语音可以在电话线上直接传输，而无线广播中的声音是通过调制后在无线信道中传输的。

2．数字基带信号的波形

最常用的数字信号波形为矩形脉冲，矩形脉冲易于产生和变换。以下以矩形脉冲为例来介绍几种常用的脉冲波形和传输码型。如图 3-2 所示为 4 种数字矩形码的脉冲波形。

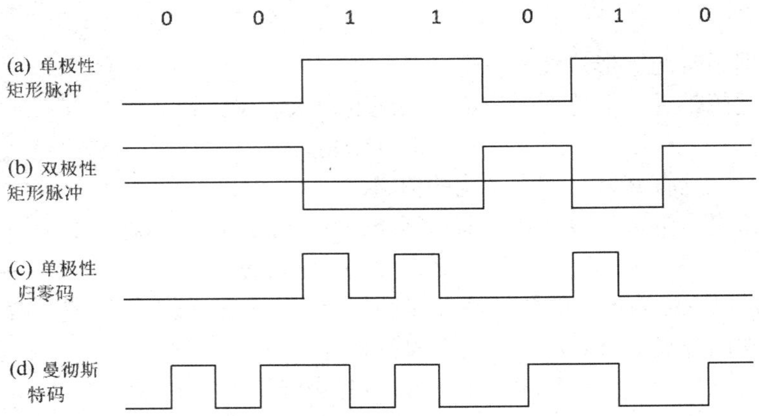

图 3-2　数字矩形码的脉冲波形

(1)　单极性矩形脉冲(NRZ 码)。

这是一种最简单的基带数字信号波形，此波形中的零电平和正(或负)电平分别代表 0 码和 1 码，如图 3-2(a)所示。这就是用脉冲的有和无来表示 1 码和 0 码，这种脉冲极性单一，具有直流分量，仅适合于近距离传输信息。这种波形在码元脉冲之间无空隙间隔，在全部码元时间内传送码脉冲，称为不归零码(NRZ 码)。

(2)　双极性矩形脉冲。

这种信号用脉冲电平的正和负来表示 0 码和 1 码，如图 3-2(b)所示。从信号的一般统计特性来看，由于 1 码和 0 码出现的概率相等，所以波形无直流分量，可以传输较远的距离。

(3) 单极性归零码。

这种信号的波形如图 3-2(c)所示，码脉冲出现的持续时间小于码元的宽度，即代表数码的脉冲在小于码元的间隔内电平回到零值，所以又称为归零码。它的特点是码元间隔明显，有利于码元定时信号的提取，但码元的能量较小。

(4) 曼彻斯特码。

曼彻斯特码的波形如图 3-2(d)所示，在每一位的中间有一个跳变。位中间的跳变既作为时钟，又作为数据：从高到低的跳变表示 1，从低到高的跳变表示 0。曼彻斯特码也是一种归零码。

3. 数字基带信号的频谱

为了分析各种数字码型在传输过程中可能受到的干扰及其对接收端正确识别数字基带信号的影响，需要了解数字基带信号的频谱特性。

(1) 单个数字码的频谱。

设有数字码 $G(t)$，其持续时间为 τ，幅度为 A，如图 3-3(a)所示。该数字码可表示为：

$$G(t)=\begin{cases} A & |t|\leqslant \dfrac{\tau}{2} \\ 0 & \text{其他} \end{cases} \tag{3.10}$$

由傅里叶变换，得 $G(t)$的频谱为：

$$G(\omega)=\int_{-\infty}^{+\infty} g(t)\mathrm{e}^{-\mathrm{j}\omega t}\mathrm{d}t = A\tau\frac{\sin(\omega\tau/2)}{\omega\tau/2}=A\tau\mathrm{Sa}(\frac{\omega\tau}{2}) \tag{3.11}$$

式中，Sa()为取样函数。$G(\omega)$ 的频谱如图 3-3(b)所示。各过零点的频率为：

$$\frac{\omega\tau}{2}=\pm n\pi \quad (n=1,2,3,\dots)$$

即

$$\omega=\pm\frac{2n\pi}{\tau} \tag{3.12}$$

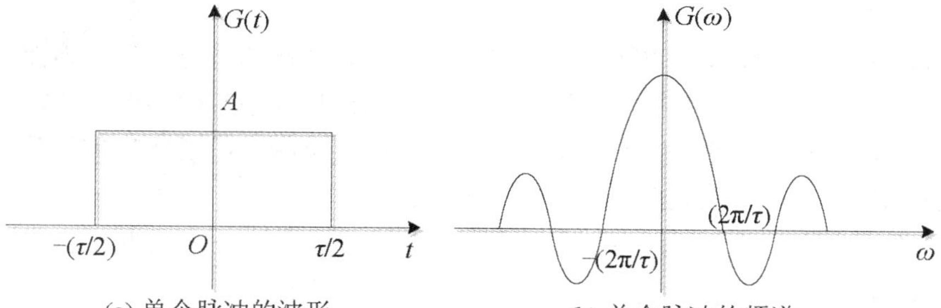

图 3-3 单个脉冲的时域和频域波形

(2) 脉冲序列的频谱。

数字基带信号的码元 1 和 0 的出现是随机的，随机数字序列的功率谱由三部分组成。第一部分为随机序列的交流分量，属连续型频谱；第二部分为随机序列的直流分量，频谱为冲激型函数；第三部分为随机序列的谐波分量，属离散型的频谱。

连续型的频谱说明了随机数字序列的功率分布情况，并且由此项的分布，可以找出数字序列的有效带宽，通常以第一个过零点的频率作为估算值。直流分量说明数字序列中 1、0 取值的大小及概率分布情况，离散型频谱则反映了随机序列中含有的谐波分量，在 0 和 1 出现的概率各为 0.5 时，这两项的值为 0。因此，数字序列的频谱为连续谱，其有效带宽为 $1/\tau$ 伪码的位宽度。

3.2　RFID 中常用的编码方式和编/解码器

在 RFID 中，为使读写器在读取数据时能更好地解决同步的问题，往往不直接使用数据的 NRZ 码对射频进行调制，而是将数据的 NRZ 码进行编码变换后，再对射频进行调制。

所采用的变换编码主要有曼彻斯特码、密勒码和修正密勒码等，本节介绍它们的编码方式和编/解码器电路。

3.2.1　曼彻斯特码和密勒码

1. 曼彻斯特(Manchester)码

(1) 编码原理。

曼彻斯特编码，也叫作相位编码(PE)，是一种同步时钟编码技术，在以太网媒介系统中，被物理层用来编码一个同步位流的时钟和数据。它的每一个数据比特都是由至少一次电压转换的形式表示的。曼彻斯特编码因此被认为是一种自定时码。自定时，意味着数据流的精确同步是可行的。每一个比特都准确地在一个预先定义的时期的时间中被传送。这样的编码方式，可以在长时间没有电平跳变的情况下，仍然对任意的二进制数据进行编码，并且可以防止在这种情况下同步时钟信号的丢失，以及防止低通模拟电路中低频直流飘移所引起的比特错误。同时，如果保证传送的编码交流信号的直流分量为零，并且能够防止中继信号的基线漂移，那么，就很容易实现信号的恢复和防止能量的浪费。另外，曼彻斯特码还具有丰富的位定时信息。

曼彻斯特编码是一种常用的基带信号编码。它具有内在的时钟信息，因而，能使网络上的每一个系统保持同步。在曼彻斯特编码中，时间被划分为等间隔的小段，其中，每小段代表一位数据。每一小段时间本身又分为两半，前半个时间段所传的信号是该时间段传送比特值的反码，后半个时间段传送的是比特值本身。

可见，在一个时间段内，其中间点总有一次信号电平的变化，因此，携带有信号传送的同步信息，而不需要另外传送同步信号。

曼彻斯特码是通过电平的跳变来对二进制数据“0”和“1”进行编码的，对于何种电平跳变对应何种数据，实际上，有两种不同的数据约定：第一种约定是由 G. E. Thomas、Andrew S. Tanenbaum 等人在 1949 年提出的，它规定“0”用由低到高的电平跳变来表示，而“1”用由高到低的电平跳变来表示；第二种约定则是在 IEEE 802.4(令牌总线)以及 IEEE 802.3(以太网)中的规定，按照其中的说法，由低到高的电平跳变表示“1”，由高到低的电平跳变表示“0”。

(2) 编码方式。

在曼彻斯特码中，1 码是前半(50%)位为高，后半(50%)位为低；0 码是前半(50%)位为低，后半(50%)位为高。

NRZ 码同数据时钟进行异或，便可得到曼彻斯特码，如图 3-4 所示。同样，曼彻斯特码与数据时钟异或后，便可得到数据的 NRZ 码。

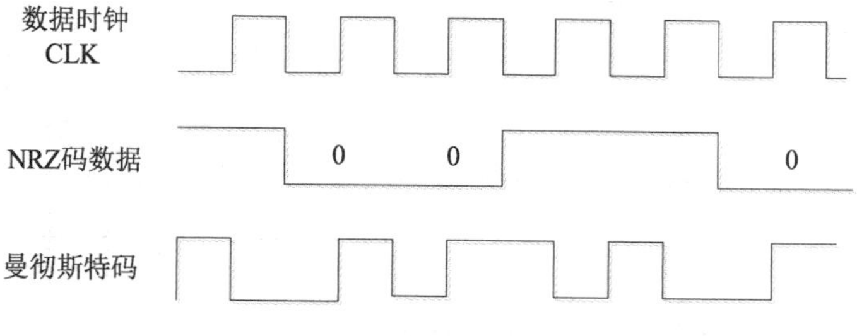

图 3-4 NRZ 码与曼彻斯特码

(3) 编码器。

虽然可以简单地采用 NRZ 码与数据时钟异或(模 2 加)的方法来获得曼彻斯特码，但简单的异或方法具有缺陷。如图 3-5 所示，由于上升沿和下降沿的不理想，在输出中会生尖峰脉冲 P，因此需要改进。

改进后的电路如图 3-6 所示，该电路的特点是采用了一个 D 触发器 74HC74，从而消除了尖峰脉冲的影响。在图 3-6 所示的电路中，需要一个数据时钟的 2 倍频信号 2CLK。在 RFID 中，2CLK 信号可以从载波分频获得。

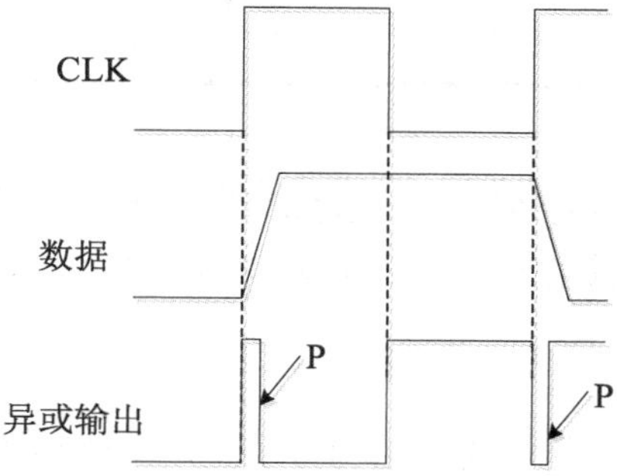

图 3-5 简单异或的缺陷

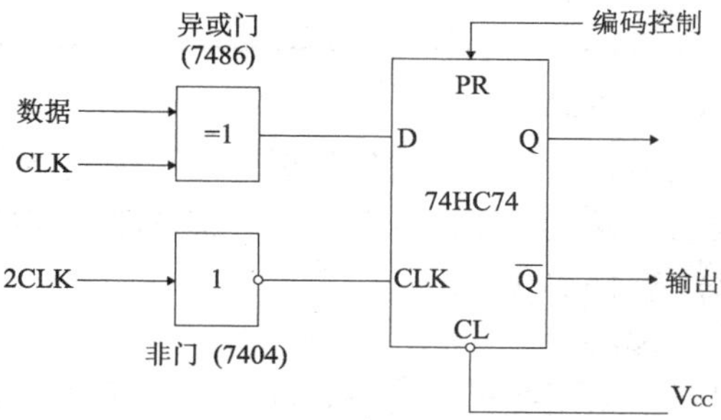

图 3-6 编码器电路

74HC74 的 PR 端接编码器控制信号，为高时，编码器工作；为低时，编码器输出为低电平(相当于无信息传输)。通常，曼彻斯特码编码器用于应答器芯片，若应答器上有微控制器(MCU)，则 PR 端电平可由 MCU 控制；若应答器芯片为存储卡，则 PR 端电平可由存储器数据输出状态信号控制。

起始位为 1，数据为 00 的时序波形如图 3-7 所示。D 触发器采用上升沿触发，74HC74 的功能如表 3-1 所示。由图 3-7 可见，由于 2CLK 被倒相，使其下降沿对 D 端(异或输出)采样，避开了可能会遇到的尖峰 P，所以消除了尖峰 P 的影响。

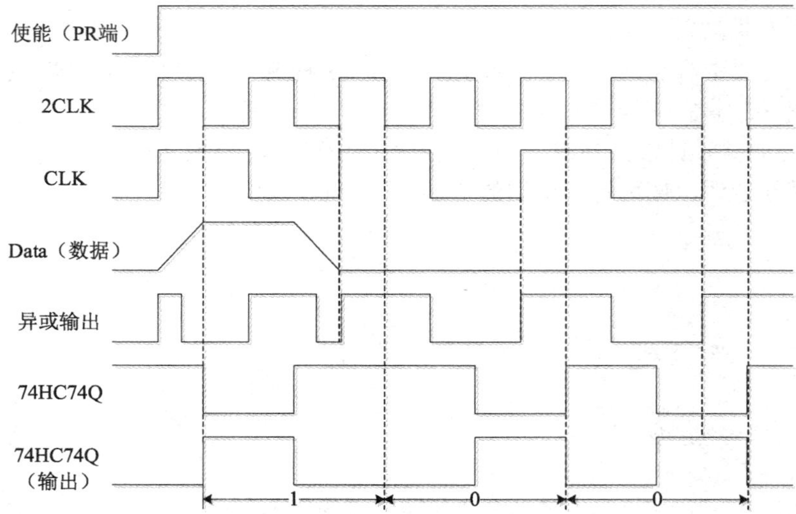

图 3-7　曼彻斯特码编码器时序波形图示例

表 3-1　74HC74 的功能

输　入				输　出	
P	RCL	CLK	D	Q	$\bar{Q}$
L	H	×	×	H	L
H	L	×	×	L	H
H	H	↑	H	H	L
H	H	↑	L	L	H

(4) 解码器。

曼彻斯特码与数据时钟异或，便可恢复出 NRZ 码数据信号，对此不再介绍。曼彻斯特码解码工作是读写器的任务，读写器中都有 MCU，其解码工作可由 MCU 的软件程序实现。

(5) 软件实现方法。

① 编码。

通常，采用曼彻斯特码传输数据信息时，信息块的格式如图 3-8 所示，起始位采用 1 码，结束位采用无跳变低电平。

起始位	信息位流	结束位

图 3-8　数据传输的信息块格式

因此，当 MCU 的时钟频率较高时，可将曼彻斯特码与 2 倍数据时钟频率的 NRZ 码相对应，其对应关系如表 3-2 所示。

表 3-2　曼彻斯特码与 2 倍数据时钟频率的 NRZ 码

曼彻斯特码	1	0	结束位
NRZ 码	10	01	00

当输出数据 1 的曼彻斯特码时，可输出对应的 NRZ 码 10；当输出数据 0 的曼彻斯特码时，可输出对应的 NRZ 码 01；结束位的对应 NRZ 码为 00。

从上述描述可见，在使用曼彻斯特码时，只要编好 1、0 和结束位的子程序，即可方便地由软件实现曼彻斯特码的编码。

② 解码。

解码时，MCU 可以采用 2 倍数据时钟频率对输入数据的曼彻斯特码进行读入。首先判断起始位，其码序为 10；然后将读入的 10、01 组合转换成为 NRZ 码的 1 和 0；若读到 00 组合，则表示收到了结束位。从表 3-2 可知，11 组合是非法码，出现的原因可能是传输错误或产生了碰撞冲突。因此曼彻斯特码可用于碰撞冲突的检测，而 NRZ 码不具有此特性。

【例 3.1】曼彻斯特码的读入串为 10 1001 0110 0100，求 NRZ 码值。

解：将该读入串按图 3-9 所示的方法划分，则 NRZ 码的数据为 10010。

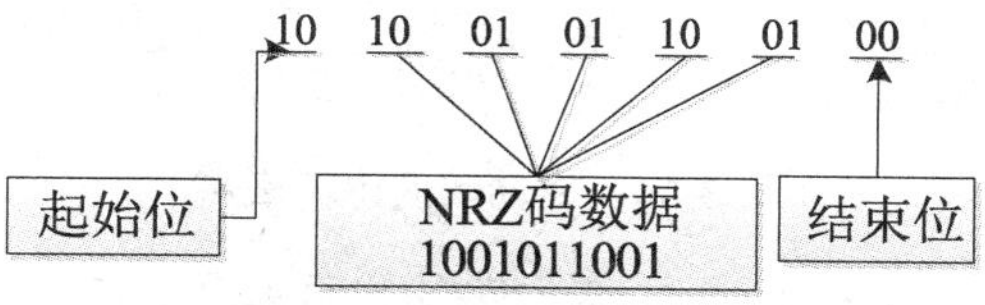

图 3-9 曼彻斯特码解码方法

2．密勒(Miller)码

(1) 编码原理。

密勒码又称延迟调制码，它是双相码的一种变形。它的编码规则如下：“1”码用码元中心点出现跃变来表示，即用“10”或“01”来表示。“0”码有两种情况：单个“0”时，在码元持续时间内不出现电平跃变，且与相邻码元的边界处也不跃变，连“0”时，在两个“0”码的边界处出现电平跃变，即“00”与“11”交替。

密勒码可由双相码的下降沿触发双稳电路产生，最初用于气象卫星和磁记录，现在也用于低速基带数传机。

(2) 编码方式。

密勒码的编码规则如表 3-3 所示。密勒码的逻辑 0 的电平与前位有关，逻辑 1 虽然在位中间有跳变，但是，上跳还是下跳，取决于前位结束时的电平。

表 3-3 密勒码的编码规则

Bit(i-1)	Bit i	编码规则
×	1	Bit i 的起始位置不变化，中间位置跳变
0	0	Bit i 的起始位置跳变，中间位置不跳变
1	0	Bit i 的起始位置不跳变，中间位置不跳变

密勒码的波形如图 3-10 所示，图中同时还给出了它与 NRZ 码、曼彻斯特码的波形关系。

(3) 编码器。

密勒码的传输格式如图 3-11 所示，起始位为 1，结束(停止)位为 0，数据位流包括传送的数据和它的检验码。

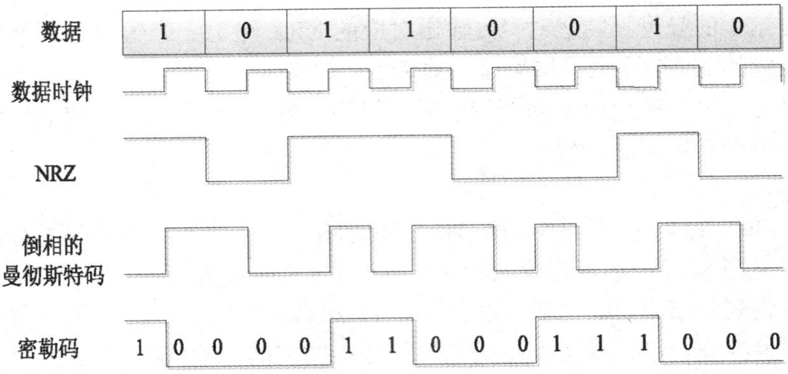

图 3-10　密勒码的波形及其与 NRZ 码、曼彻斯特码的波形关系

图 3-11　密勒码的传输格式

密勒码的编码电路如图 3-12 所示，该电路的设计基于图 3-10 中的波形关系。

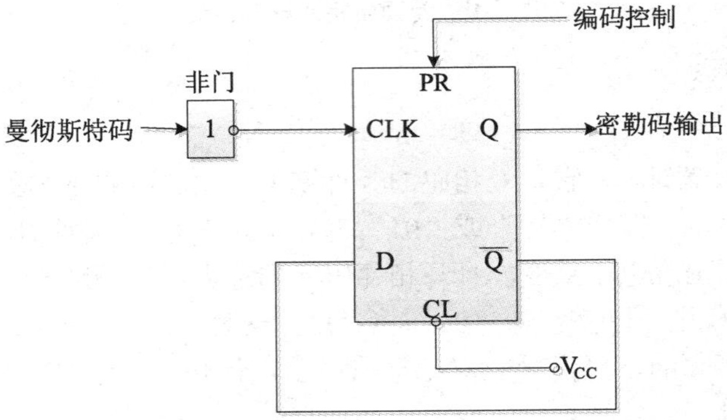

图 3-12　用曼彻斯特码产生密勒码的电路

从图 3-10 中可以发现，倒相的曼彻斯特码的上跳沿正好是密勒码波形中的跳变沿，因此由曼彻斯特码来产生密勒码，编码器电路就十分简单。

在图 3-12 中，倒相的曼彻斯特码作为 D 触发器 74HC74 的 CLK 信号，用上跳沿触发，触发器的 Q 输出端输出的是密勒码。

(4)　软件编码。

从密勒码的编码规则可以看出，NRZ 码可以转换为用两位 NRZ 码表示的密勒码值，其转换关系如表 3-4 所示。

表 3-4　密勒码的两位表示法

密 勒 码	二位表示法的二进制数
1	10 或 01
0	11 或 00

密勒码的软件编码流程如图 3-13 所示，图 3-10 中的码串 1011 0010 转换后为 1000 0110 0011 1000。在存储式应答器中，可将数据的 NRZ 码转换为用两位 NRZ 码表示的密勒码，存放于存储器中，但存储器的容量需要增加一倍，数据时钟频率也需要提高一倍。

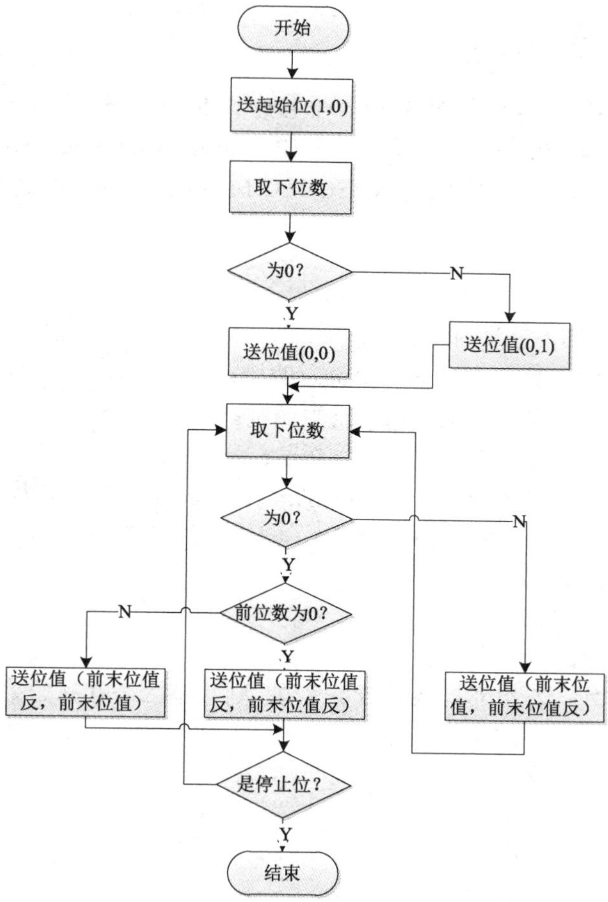

图 3-13　密勒码的软件编码流程

(5) 解码。

解码功能由读写器完成，读写器中都有 MCU，因此，采用软件解码方法最为方便。

软件解码时，首先应判断起始位，在读出电平由高到低的跳变沿时，便获取了起始位。然后对以 2 倍数据时钟频率读入的位值进行每两位一次的转换：01 和 10 都转换为 1，00 和 11 都转换为 0。这样便获得了数据的 NRZ 码。

【例 3.2】设读入的密勒码为 1000 0110 0011 1000，求其 NRZ 码值。

解：将该位串按图 3-14 所示方法划分，则其 NRZ 码值为 1011 0010，去掉起始位和停止位，数据信息位为 01 1001。

还需要说明的是，密勒码停止位的电位是随其前位的不同而不同的，既可能为 00，也可能为 11。在判别时，为保证正确，应预知传输的位数或传输以字节为单位。此外，为保证起始位的一致，停止位后，应有规定位数的间歇。

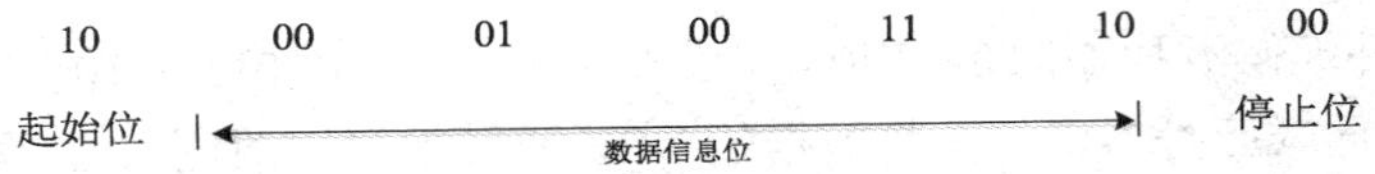

图 3-14　密勒码的解码

3.2.2　修正密勒码

在 RFID 的 ISO/IEC 14443 标准(近耦合非接触式 IC 卡标准)中规定：载波频率为 13.56 MHz；数据传输速率为 106kbps；在从读写器(Proximity Coupling Device，PCD)向应答器(Proximity IC Card，PICC)的数据传输中，ISO/IEC 14443 标准的 TYPE A 中采用修正的密勒码方式对载波进行调制。

1．编码规则

TYPE A 中定义了如下三种时序。

- 时序 X：在 $64/f_c$ 处，产生一个 Pause(凹槽)。
- 时序 Y：在整个位期间($128/f_c$)不发生调制。
- 时序 Z：在位期间的开始产生一个 Pause。

在上述时序说明中，载波频率为 13.56MHz，Pause 脉冲的底宽为 0.5~3.0μs，90%幅度宽度不大于 4.5μs。这三种时序用于对帧编码，即修正的密勒码。

修正密勒码的编码规则如下。

(1)　逻辑 1 为时序 X。

(2)　逻辑 0 为时序 Y。

但有两种情况除外：若相邻有两个或更多 0，则从第二个 0 开始采用时序 Z；直接与起始位相连的所有 0，用时序 Z 表示。

(3)　通信开始用时序 Z 表示。

(4)　通信结束用逻辑 0 加时序 Y 表示。

(5)　无信息用至少两个时序 Y 表示。

2．编码器

修正密勒码编码器的原理如图 3-15(a)所示，假设输入数据为 01 1010，则图 3-15(a)所示的原理框图中，有关部分的波形如图 3-15(b)所示，其相互关系如下。

使能信号 e 激活编码器电路，使其开始工作，修正密勒码编码器位于读写器中，因此使能信号 e 可由 MCU 产生，并保证在其有效后的一定时间内数据 NRZ 码开始输入。

图 3-15(b)中的波形 a 为数据时钟，由 13.56MHz 经 128 分频后产生，其数据的速率为 $13.56\times10^6/128$=106kbps。波形 b 为示例数据的 NRZ 码，第 1 位为起始位 0，第 2~7 位为数据信息(011010)，其后是结束位(以 NRZ 码 0 给出)。编码电路要将 NRZ 码 0011 0100 编码为修正密勒码。

在图 3-15(b)所示的波形中，a 和 b 异或(模 2 加)后形成的波形 c 有一个特点，即其上升沿正好对应于 X、Z 时序所需要的起始位置。用波形 c 控制计数器开始，对 13.56MHz 时钟计数，若按模 8 计数，则波形 d 中 Pause 脉宽为 8/13.56，即 0.59μs，满足 TYPE A 中凹槽脉冲底宽的要求。波形 d 中注出相应的时序为 ZZXXYXYZY，完成了修正密勒码的编码。

当送完数据后，拉低使能电平，编码器停止工作。以上介绍的就是最基本的原理。

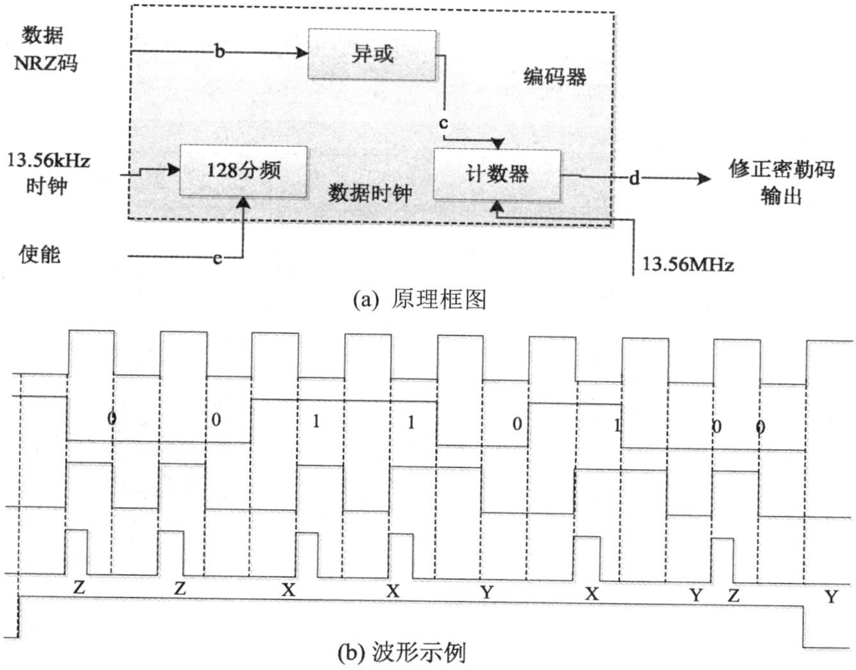

图 3-15 修正密勒码编码器

细心一点就会发现，波形 c 实际上就是曼彻斯特码的反相波形。用它的上升沿使输出波形跳变，便产生了密勒码，而用其上升沿产生一个凹槽，就是修正密勒码。

3．解码器

修正密勒码的解码电路比较复杂，它位于应答器中，即解码电路被集成在应答器芯片内，因此，它的设计是由芯片制造厂商完成的。对于芯片应用者，虽然在读写器应用设计时可以不考虑修正密勒码是如何被解码的，但了解其解码器的实现原理也是有益处的。下面介绍一种解码电路的基本原理。

(1) 解码器的原理框图。

解码器的原理如图 3-16 所示。

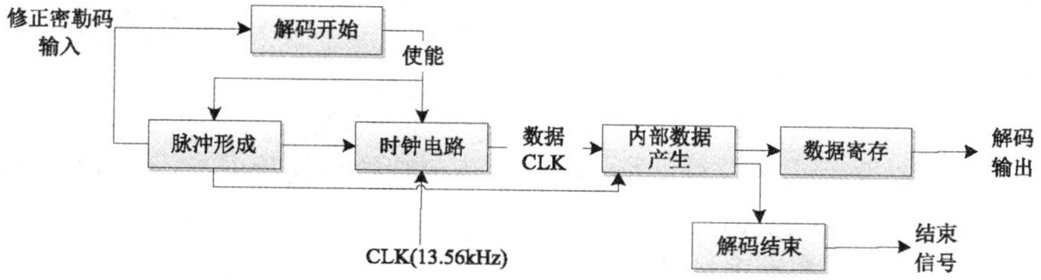

图 3-16 修正密勒码解码器的原理

由解码器得到的修正密勒码是应答器模拟电路解调以后得到的载波包络。由于载波受数据信号的调制，凹槽出现时，没有 13.56MHz 载波，因此，对应答器中的 13.56MHz 载波要做相应的处理，以得到正常的 128 分频的数据时钟，这是问题的关键所在。

(2) 解码器的工作原理。

如图 3-17 所示，以 001 1010(含起始位和通信结束逻辑 0 加时序 Y)为例，解码时序波形图可以清楚地解释解码器的解码过程。

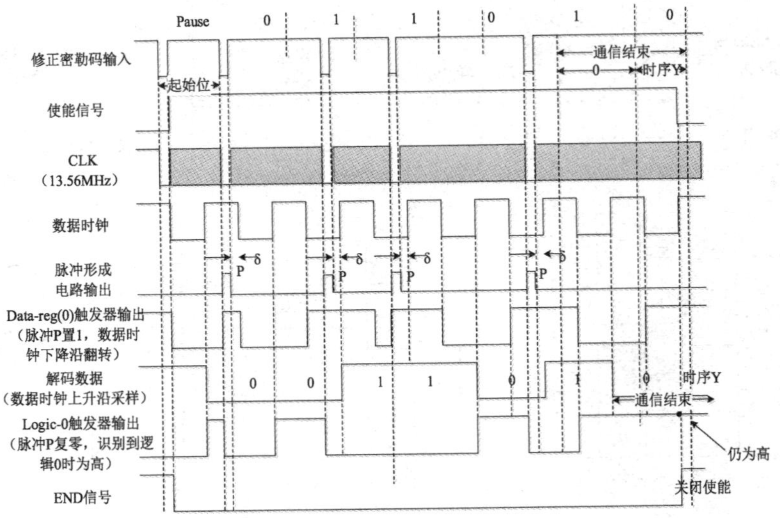

图 3-17　解码时序波形图示例

解码开始，电路检测修正密勒码流中的第一个凹槽，判断它是读写器向应答器通信的开始标志，因而产生一个上跳脉冲，使能信号输出变高，表示解码开始。

在传输修正密勒码时，应答器中的载波波形如 CLK 波形，此时，凹槽中没有载波时钟。时钟电路用于产生 128 分频的数据时钟信号。具体的做法是，每当凹槽出现时，对计数器的低四位复位，余下的三位中的低两位置位，最高位不变，使凹槽不会处于数据时钟的跳变沿上。数据时钟电路的输出平时为高，仅在使能信号有效(为高时)时其输出才发生变化。

脉冲形成电路用于识别凹槽并产生相应的脉冲。从第二个凹槽起，对每个凹槽产生一个正脉冲，脉冲宽度为 8 个时钟周期。原理框图中的时钟电路由 7 位二进制计数器构成，计数器在遇到凹槽时会停止计数，但在脉冲 P 的作用下，其低 4 位置 0，第 5、6 位置 1，因此会在其后 16 个载波时钟时翻转。因为 128 分频的数据时钟在使能信号有效后开始跳变，所以其跳变沿不会出现在凹槽处，而是滞后了一个 δ(见图 3-17 中的数据时钟波形)。

从图 3-17 可见，脉冲 P 对于数据 0 出现在数据时钟下降沿前 16 个时钟周期，而对于数据 1 则出现在数据时钟上升沿前 16 个时钟周期。

内部数据产生模块主要记录当前解码所得的数据，并对通信结束时的逻辑 0 状态进行跟踪。其中使用了两个触发器：Data-reg(0)触发器反映数据的状态，Logic-0 触发器反映通信结束时的逻辑 0 加时序 Y 状态。

Data-reg(0)触发器总在数据时钟下降沿发生一次翻转，而在每一个脉冲 P 时置 1。数据采样在数据时钟上升沿时进行，数据时钟对 Data-reg(0)触发器的输出进行采样，获得解码的数据(NRZ 码)。

按照通信协议，通信的第一位总是 0(起始位)，因此，在数据时钟的第一个下降沿位置，

Data-reg(0)输出为 0，在数据时钟上升沿采样，得到数据位为 0，这就是起始位。

对于逻辑 1，脉冲 P 总位于数据时钟上升沿前，因此，在数据时钟上升沿对 Data-reg(0)触发器的输出进行采样时，数据位为 1。

对于在逻辑 1 后，无凹槽的数据 0 的情况，在相应的数据采样的两个上升沿之间，有一个数据时钟下降沿，将 Data-reg(0)触发器从逻辑 1 变为逻辑 0，因此，当数据时钟上升沿采样时，数据位为 0。

对于前一位为 0 的数据 0，因为脉冲 P 总在数据时钟下降沿前将 Data-reg(0)触发器置为 1，在数据时钟下降沿到达时，该触发器翻转为 0，所以，在数据时钟上升沿采样时，得到的数据位值为 0。

根据编码规则，通信结束时，采用逻辑 0 后跟一个时序 Y 表示。在此处，用 Logic-0 触发器输出为高，来表示已经识别到一个逻辑 0，但仍需对紧跟位进行判别，才能确定其是否为通信结束。为此，采用脉冲 P 对 Logic-0 触发器复位(复零)。若后跟位为 1，则脉冲 P 在数据时钟上升沿前，将 Logic-0 触发器复位；若后跟位为 0，则后一个 0 位为时序 Z(在位开始处有一个凹槽)，脉冲 P 将在数据时钟下降沿前，将 Logic-0 触发器输出变为 0，采样时仍为低电平。若后跟的是时序 Y，则在时序 Y 开始时，Logic-0 触发器输出变高，在时序 Y 对应的半周期内，由于没有脉冲 P，所以在下一个数据时钟上升沿到来时，logic-0 触发器的输出仍维持为高，从而可以判断此后跟位为时序 Y，即通信结束。此时，输出表示解码结束，即图 3-17 中的 END 信号为高，用此跳变将使能信号变低，结束解码。

3.3 脉冲调制

脉冲调制是指将数据的 NRZ 码变换为更高频率的脉冲串，该脉冲串的脉冲波形参数受 NRZ 码的值 0 和 1 调制。主要的调制方式为频移键控(FSK)和相移键控(PSK)。

3.3.1 FSK 方式

1. FSK 波形

FSK 是指对已调脉冲波形的频率进行控制，FSK 调制方式用于频率低于 135kHz(射频载波频率为 125kHz)的情况。如图 3-18 所示为 FSK 方式的一个例子。

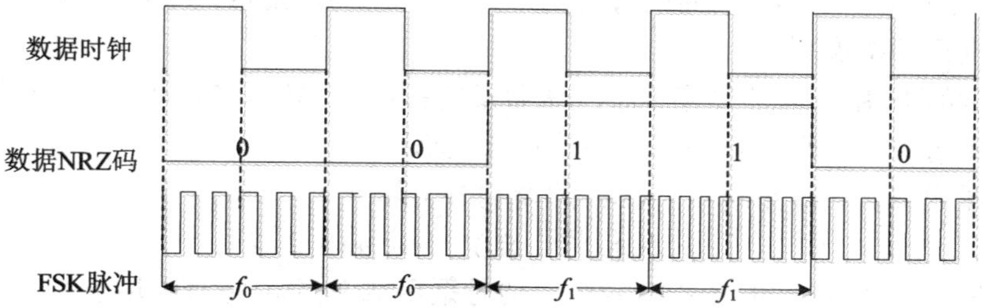

图 3-18 FSK 脉冲调制波形

数据传输速率为 $f_c/40$，f_c 为射频载波频率。FSK 调制时对应数据 1 的脉冲频率 $f_1=f_c/5$，对应数据 0 的脉冲频率 $f_0=f_c/8$。

2. FSK 调制

FSK 方式的实现很容易，如图 3-19 所示，图中频率为 $f_c/8$ 和 $f_c/5$ 的脉冲可由射频载波分频获得，数据的 NRZ 码对两个门电路进行控制，便可获得 FSK 波形输出。

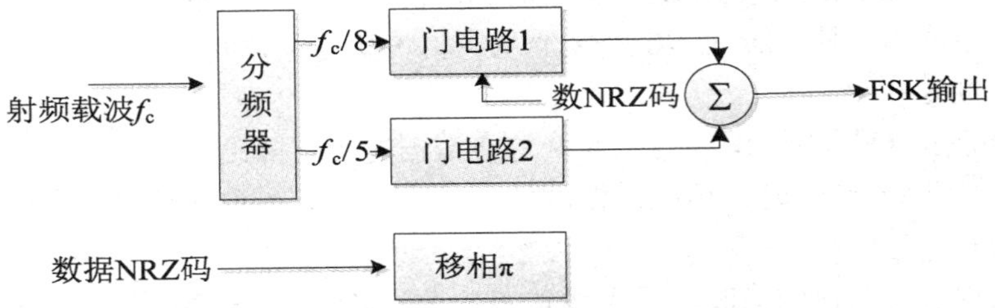

图 3-19 FSK 实现的原理

3. FSK 调制原理

FSK(Frequency-shift keying)是信息传输中使用得较早的一种调制方式，它的主要优点是：实现起来较容易，抗噪声与抗衰减的性能较好。在中低速数模拟传输中得到了广泛的应用。

最常见的是用两个频率承载二进制 1 和 0 的双频 FSK 系统。此技术上的 FSK 有两个分类，非相干的 FSK 和相干的 FSK。

在数字化时代，电脑通信在数据线路(电话线、网络电缆、光纤或者无线媒介)上进行的传输，就是用 FSK 调制信号进行的，即把二进制数据转换成 FSK 信号传输，反过来，又将接收到的 FSK 信号解调成二进制数据，并将其转换为用高、低电平表示的二进制语言，这是计算机能够直接识别的语言。

在二进制频移键控中，幅度恒定不变的载波信号的频率随着输入码流的变化而切换(称为高音和低音，代表二进制的 1 和 0)。

产生 FSK 信号最简单的方法，是根据输入的数据比特是 0 还是 1，在两个独立的振荡器中切换。采用这种方法产生的波形，在切换的时刻相位是不连续的，因此，这种 FSK 信号称为不连续 FSK 信号。

由于相位的不连续会造成频谱扩展，这种 FSK 的调制方式在传统的通信设备中采用较多。随着数字处理技术的不断发展，越来越多地采用连续相位 FSK 调制技术。

目前较常用的产生 FSK 信号的方法是：首先产生 FSK 基带信号，利用基带信号对单一载波振荡器进行频率调制。

相位连续的 FSK 信号的功率谱密度函数最终按照频率偏移的负四次幂衰落。如果相位不连续，功率谱密度函数按照频率偏移的负二次幂衰落。

在通信原理综合实验系统中，FSK 的调制方案如下。

$$\text{FSK 信号：} S(t) = \cos(\omega_0 t + 2\pi f_i t)$$

在通信信道 FSK 模式的基带信号中，传号采用 f_H 频率，空号采用 f_L 频率。在 FSK 模式下，不采用汉明纠错编译码技术。调制器提供的数据源如下。

(1) 外部数据输入：可来自同步数据接口、异步数据接口和 m 序列。

(2) 全 1 码：可测试传号时的发送频率(高)。

(3) 全 0 码：可测试空号时的发送频率(低)。
(4) 0/1 码：0101...交替码型，用作一般测试。
(5) 特殊码序列：周期为 7 的码序列；以便于用常规示波器进行观察。
(6) m 序列：用于对通道性能进行测试。

4. FSK 解调

FSK 解调 NRZ 码的电路如图 3-20 所示，它用于读写器中，其工作原理如下。

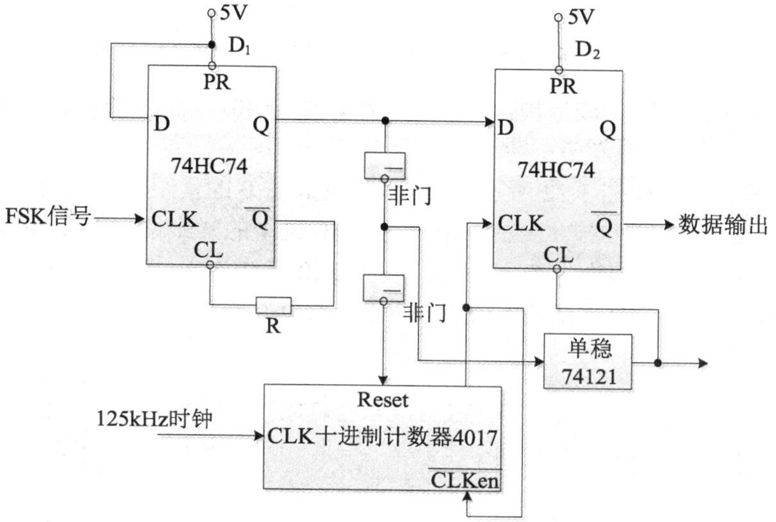

图 3-20 FSK 解调电路

触发器 D_1 将输入 FSK 信号变为窄脉冲。触发器 D_1 采用 74HC74，其功能参见表 3-1。

当 $\overline{Q}$ 端为高时，FSK 上跳沿将 Q 端置高，但由于此时 $\overline{Q}$ 为低，故 CL 端为低，又使 Q 端回到低电平。Q 端的该脉冲使十进制计数器 4017 复零，并可重新计数。

为更好地说明计数器 4017、触发器 D2 和单稳电路 74121 的作用，现设输入射频载波频率为 125kHz，且数据 0 的对应脉冲调制频率 $f_0=f_c/8$，数据 1 的对应脉冲调制频率 $f_1=f_c/5$。

4017 是十进制计数/分配器，其引脚如图 3-21 所示。$\overline{\text{CLKen}}$ 端是计数使能端，低电平有效；Reset 端是复位端，让计数器复零；CLOCK 端是时钟端，即计数输入；V_{DD} 是电源正端，V_{SS} 是电源负端(地)；其余引脚 Q_0~Q_9 为计数 0~9 的输出端。

4017 计数器对 125kHz 时钟计数，由于数据宽为 $40/f_c=40T_c$(T_c 为载波周期)，所以对于数据 0，FSK 方波周期 $T_0=8T_c$。当计至第 7 个时钟时，Q_7 输出为高，使 $\overline{\text{CLKen}}$ 为高，计数器不再计第 8 个时钟，此时 Q_7 为高，当触发器 D_1 的 Q 输出端在下一个 FSK 波形上跳时，触发器 D_2 的 $\overline{Q}$ 端输出为低。FSK 波形上跳的同时，也将为计算器复零并重新计数。

因此，在数据 0 的对应 FSK 波形频率下，触发器 D_2 的 $\overline{Q}$ 输出端为低，即数据 0 的 NRZ 码电平。

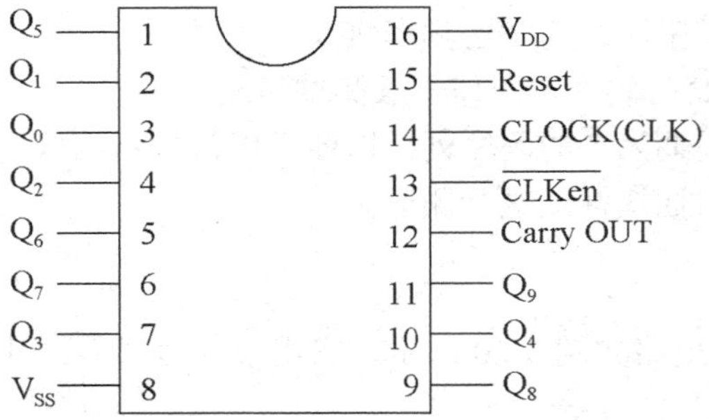

图 3-21　4017 十进制/分配器的引脚

对于数据 1，由于 FSK 波形周期 $T_1=5T_c$，故计数器 4017 的 Q_7 脚始终为低，在这期间，触发器 D_2 的 $\overline{Q}$ 输出端保持为高，即数据 1 的 NRZ 电平。

数据 0 的解调波形如图 3-22 所示，从图中可见，若 0 的紧跟位为 0，则其位宽为 $40T_c$；若紧跟位为 1，则其位宽为 $37T_c$，少了三个时钟周期。位 1 的紧跟位为 1，其位宽保持为 $40T_c$；若其紧跟位为 0，则其位宽为 $43T_c$。因此，位值 0 和 1 的交错，不会造成位宽误差的传播，而是进行了补偿。±3 个时钟误差不会影响 MCU 对位判断的正确性。

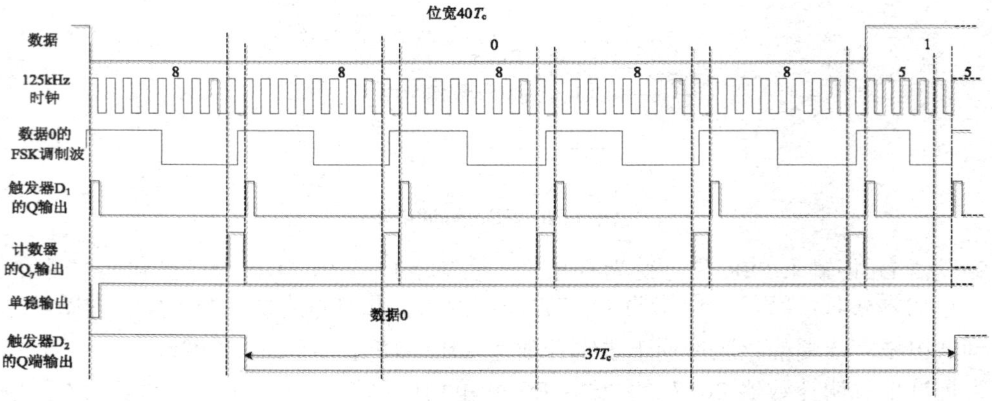

图 3-22　数据 0(后跟位 1)的解调波形

单稳电路产生的上跳变化为触发器 D_2 提供了正常工作的 CL 端电平，同时，也通知 MCU 此后触发器 D2 的输出数据有效。单稳电路用于启动和关闭该解调器。

RFID 芯片中，FSK 通常有多种模式，如 e5551 芯片中有 4 种模式。前面对该电路的分析描述对应于 FSK1。对于 FSK1，只需要将输出端改为触发器 D_2 的 Q 端；对于 FSK2，则计数器的输出端改用 Q_9 即可。

对于不同的数据速率，只是位宽不同，不影响解调的结果。

3.3.2　PSK 方式

1. PSK 波形

PSK 调制方式通常有两种：PSK1 和 PSK2。当采用 PSK1 调制时，若数据位的起始处出现上升沿或下降沿(即出现 1/0 或 0/1 交替)，则相位将于位起始处跳变 180°。当采用 PSK2

调制时，在数据位为 1 时，相位从位起始处跳变 180°，在数据位为 0 时相位不变。

PSK1 是一种绝对码方式，PSK2 是一种相对码方式。PSK1 和 PSK2 调制的波形如图 3-23 所示，图中假设 PSK 速率为数据位速率的 8 倍。

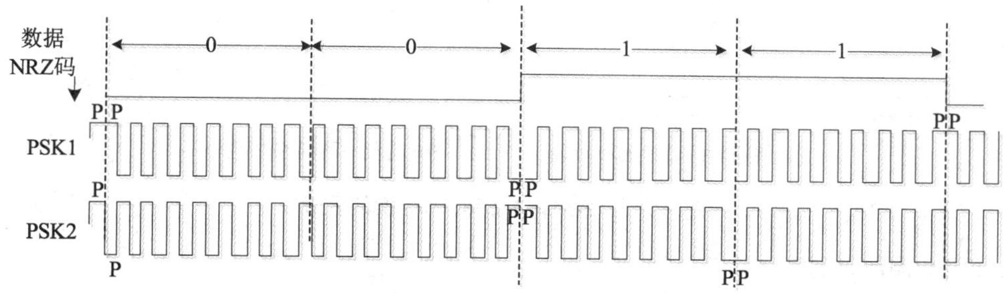

图 3-23 PSK 调制波形

对于二进制，绝对调相记为 2PSK，相对调相记为 2DPSK。在 PSK 中，是以一个固定的参考相位脉冲波为基准的，解调时，要有一个参考相位的脉冲波。若参考相位出现“倒相”，则恢复的 NRZ 码就会发生 0 码和 1 码反向。而在 DPSK 系统中，编码只与相对相位有关，而与绝对相位无关，故在解调时不存在 0 码和 1 码反向的问题。也就是说，DPSK 方式可以消除相位“模糊”。

2. PSK 调制

二进制绝对移相信号的产生有两种方式：直接相位法和选择相位法。在采用选择相位法时，需要将两种不同相位(反相)的脉冲波准备好，由数据 NRZ 信号去选择相应相位的脉冲波输出。

如图 3-24 所示为选择相位法的电路框图。

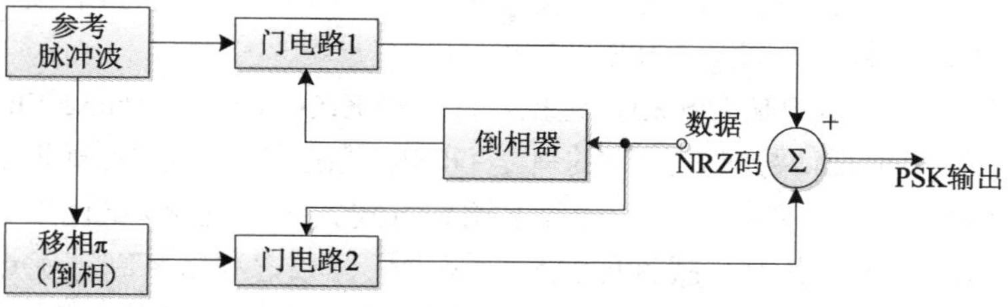

图 3-24 选择相位法的电路框图

如果数据 NRZ 码是由绝对码转换来的相对码，则输出为相对调相的脉冲波。

设 $\{a_n\}$ 为绝对码序列，$\{b_n\}$ 为相对码序列，a_n、b_n 分别是 $\{a_n\}$ 与 $\{b_n\}$ 中的第 n 位码元，b_{n-1} 为 b_n 的前一位码元，则有：

$$b_n = a_n \oplus b_{n-1} \tag{3.13}$$

$$a_n = b_n \oplus b_{n-1} \tag{3.14}$$

式中，$\oplus$ 表示异或。

如图 3-25 所示，可由模 2 加法器和延迟一个码元时间 T 的延时元件实现绝对码和相对码之间的相互转换。由式(3.13)和式(3.14)可以看出：当绝对码 $a_n=1$ 时，相对码 b_n 与 b_{n-1} 极性相反；当绝对码 $a_n=0$ 时，相对码 b_n 与 b_{n-1} 极性相同。相反地，若 b_n 与 b_{n-1} 极性不同，则表示 $a_n=1$；若 b_n 与 b_{n-1} 极性相同，则表示 $a_n=0$。

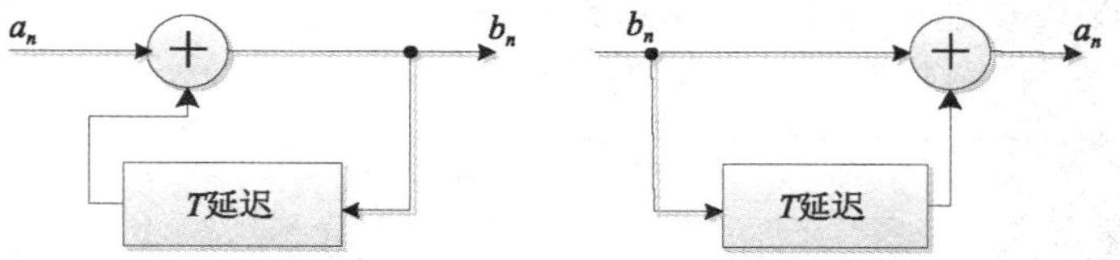

(a) 将绝对码转换为相对码　　(b) 将相对码转换为绝对码

图 3-25　绝对码与相对码转换的原理

3. PSK 调制原理

在 PSK 调制时，载波的相位随调制信号状态的不同而改变。如果两个频率相同的载波同时开始振荡，这两个频率同时达到正最大值，同时达到零值，同时达到负最大值，此时，它们就处于“同相”状态；如果一个达到正最大值时，另一个达到负最大值，则称为“反相”。一般把信号振荡一次(一周)作为 360 度。如果一个波比另一个波相差半个周期，则两个波的相位差 180 度，也就是反相。当传输数字信号时，“1”码控制发 0 度相位，“0”码控制发 180 度相位。

PSK 相移键控调制技术在数据传输中，尤其在中速和中高速的数传机(2400~4800b/s)中得到了广泛的应用。

相移键控有很好的抗干扰性，在有衰落的信道中也能获得很好的效果。

PSK 也可分为二进制 PSK(2PSK 或 BIT/SK)和多进制 PSK(MPSK)。在二进制 PSK 调制技术中，载波相位只有 0 和 π 两种取值，分别对应于调制信号的“0”和“1”。传“1”信号时，发起始相位为 π 的载波；当传“0”信号时，发起始相位为 0 的载波。由“0”和“1”表示的二进制调制信号通过电平转换后，变成由“-1”和“1”表示的双极性 NRZ(不归零)信号，然后与载波相乘，即可形成 2PSK 信号。

在 MPSK 中，最常用的是四相相移键控，即 QPSK(Quadrature Phase Shift Keying)，在卫星信道中传送数字电视信号时，采用的就是 QPSK 调制方式。4PSK 即四进制移向键控，又叫 QPSK，意为正交相移键控，是一种数字调制方式。19 世纪 80 年代中期以后，四相绝对移相键控(QPSK)技术以其抗干扰性能强、误码率低、频谱利用率高等优点，广泛应用于数字微波通信系统、数字卫星通信系统、宽带接入、移动通信及有线电视系统中。

4PSK 利用载波的 4 种不同相位来表示数字信息，由于每一种载波相位代表两个比特信息，因此，每个四进制码元可以用两个二进制码元的组合来表示。

4. PSK 解调

PSK 解调电路是读写器正确地将 PSK 调制信号变换为 NRZ 码的关键电路。PSK 信号携带变化信息的部位是相位，可以用极性比较的方法解调。下面以 125kHz 的 RFID 系统中读写器的 PSK 解调电路为例进行说明，解调器电路如图 3-26 所示。

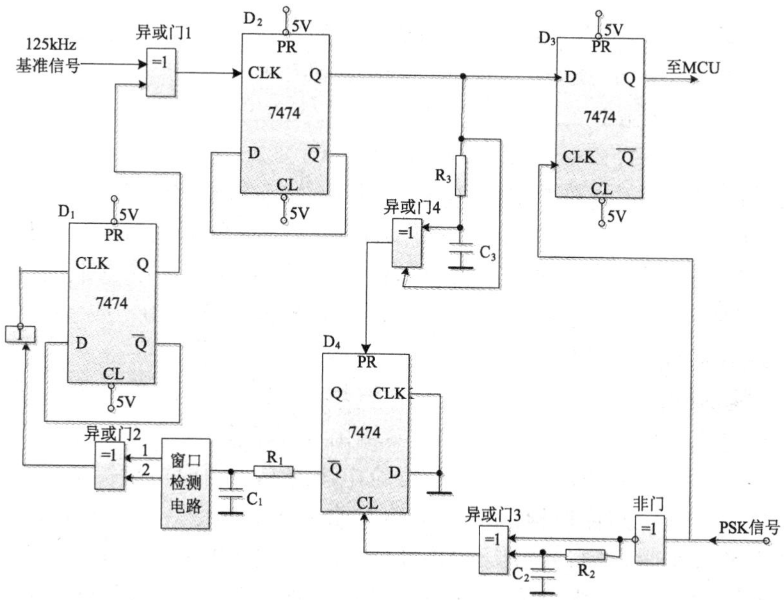

图 3-26　解调器电路

设 PSK 信号的数据速率为 $f_c/2$(f_c 为射频载波，即 125kHz)，则加至解调器的 PSK 信号是 125/2=62.5kHz 的方波信号。该 PSK 信号进入解调器后分为两路：一路加至触发器 D_3 的时钟输入端(CLK)，触发器 D_3 是位值判决电路；另一路用于形成相位差为 90° 的基准信号。触发器 D_3 的输入端 D 加入的是由 125kHz 载波基准形成的 62.5kHz 基准方波信号，这样，若触发器 D_3 的时钟与 D 输入端两信号相位差为 90° (或不偏至 0° 或 180° 附近)，则触发器 D_3 的 Q 端输出信号即为 NRZ 码，可供 MCU 读入。判别电路的波形关系如图 3-27(a)所示。

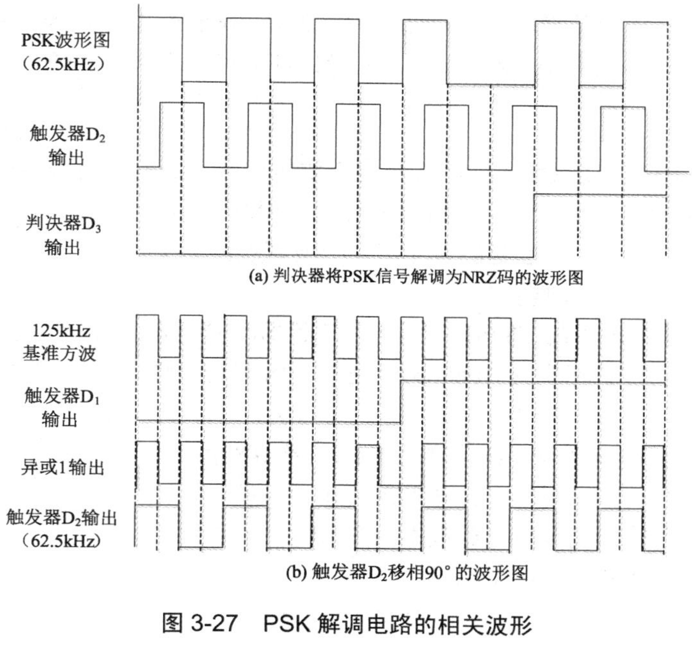

图 3-27　PSK 解调电路的相关波形

125kHz 方波基准信号经触发器 D_2 变换为 62.5kHz 的方波，而异或门 1 利用触发器 D_1 输出的高低电平变化，使加至触发器 D_2 的 125kHz 基准信号相位改变 180°，该 180°的相位变化在触发器 D_2 的 Q 输出端产生 90°相移。图 3-27(b)所示为相应的波形。

异或门 4 的输入为 62.5kHz 基准方波和经 R_3、C_3 延迟后的信号，异或后，产生 125kHz 脉冲信号。同样，62.5kHz 的数据 PSK 信号在经 R_2、C_2 和异或门 3 后，也形成 125kHz 脉冲信号。这两个信号在触发器 D_4 中进行相位比较，触发器 D_4 的 $\bar{Q}$ 端输出的 125kHz 信号的占空比正比于两信号的相位差。当两个 62.5kHz 信号的相位差为 90°时，其占空比为 50%，这对于 PSK 解调是理想的。若它们之间的相位差偏离 90°而向 0°或 180°偏移，则其占空比也将同时减小或增大。

由 R_1 和 C_1 构成的滤波电路输出的直流电平大小正比于相位差，该直流电压加至窗口检测电路。若直流电平靠近中间，则窗口检测器输出 1 为高，输出 2 为低，异或非后为低，因而不改变触发器 D_1 的 Q 端输出状态。若直流电平过高，则窗口检测器的 1 和 2 输出端都为高，若直流电平较低，则窗口检测器的 1 和 2 输出端都为低。也就是说，当触发器 D_4 输出的占空比过大或过小时，窗口检测器的输出会使触发器 D_1 的时钟(CLK)输入端产生上跳变化，从而引起触发器 D_1 输出 Q 的电平发生变化，而使触发器 D_2 的输出发生 90°相移，最终使触发器 D_3 达到最佳的 PSK 解调状态。

3.3.3 副载波调制和调解

1. 副载波

在无线电技术中，副载波得到了广泛的应用，如彩色模拟电视中的色副载波。在 RFID 系统中，副载波的调制方法主要应用在频率为 13.56MHz 的 RFID 系统中，而且仅是在从应答器向读写器的数据传输过程中采用。

副载波频率是通过对载波的二进制分频产生的，对载波频率为 13.56MHz 的 RFID 系统，使用的副载波频率大多为 847kHz、424kHz 或 212kHz(对应于 13.56MHz 的 16/32/64 分频)。

2. 副载波调制

在 13.56MHz 的 RFID 系统中，应答器将需要传送的信息首先组成相应的帧，然后将帧的基带编码调制到副载波频率上，最后再进行载波调制，实现向读写器的信息传输。

下面以 ISO/IEC 14443 标准为例，介绍副载波调制的有关问题。

(1) TYPE A 中的副载波调制。

ISO/IEC 14443 标准中的 TYPE A 规定：应答器(PICC)向读写器(PCD)通信采用的编码是曼彻斯特码，数据传输速率为 106kbps，副载波频率 f_s=847kHz。在数据传输时，位的表示和编码方法如下。

- 时序 D：载波被副载波在位宽度的前半部(50%)调制。
- 时序 E：载波被副载波在位宽度的后半部调制。
- 时序 F：在整位宽度内，载波不被副载波调制。
- 逻辑 1：时序 D。
- 逻辑 0：时序 E。
- 通信结束：时序 F。

- 无信息：无副载波。

TYPE A 中有三种帧结构：短帧、标准帧和防碰撞帧。标准帧的结构如图 3-28 所示，它以起始位 S 开头(S 为时序 D)，以停止位 E(时序 F)结束，中间为数据，P 为一个字节(8 位)的奇偶检验位，CRC 检验码为 16 位，CRC 检验的部分不包括 P、S、E 位及自身。另外，两种帧(短帧和防碰撞帧)虽然结构不同，但都以 S 位开始，以 E 位结束。

S	字节(8 位)	P	字节	P	...	CRC-1	P	CRC-2	P	E

图 3-28　标准帧的结构

从上面的内容可知，在 TYPE A 中，PICC 向 PCD 传输信息时，仅需要将所传送的帧结构的 NRZ 码转换为曼彻斯特码，并用曼彻斯特码调制副载波，即可实现副载波调制。

将副载波信号(频率为f_s)与曼彻斯特码相乘，即可实现副载波调制，其波形关系如图 3-29 所示，副载波是周期方波脉冲。

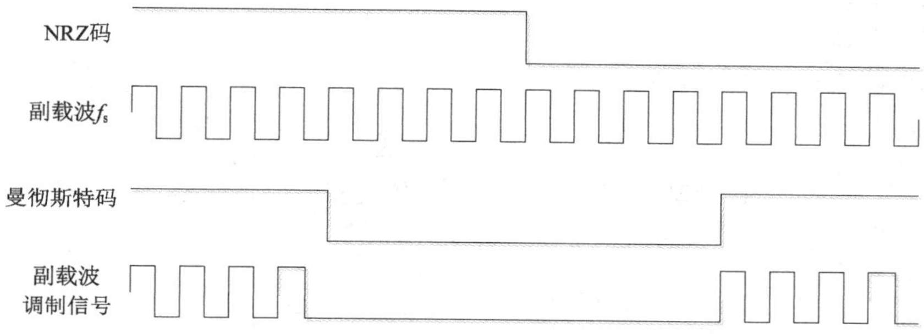

图 3-29　副载波调制波形

(2) TYPE B 中的副载波调制。

ISO/IEC 14443 标准中的 TYPE B 规定：位编码采用 NRZ 码编码，副载波调制采用 BPSK 方式，逻辑状态的转换用副载波相移 180° 来表示，θ_0 表示逻辑 1，θ_0+180° 表示逻辑 0，副波频率 Z=847kHz，数据传输速率为 106kbps。

如图 3-30 所示为副载波调制后再进行负载调制的波形，载波的包络是 NRZ 码对副载波进行调制后的副载波调制信号的波形。

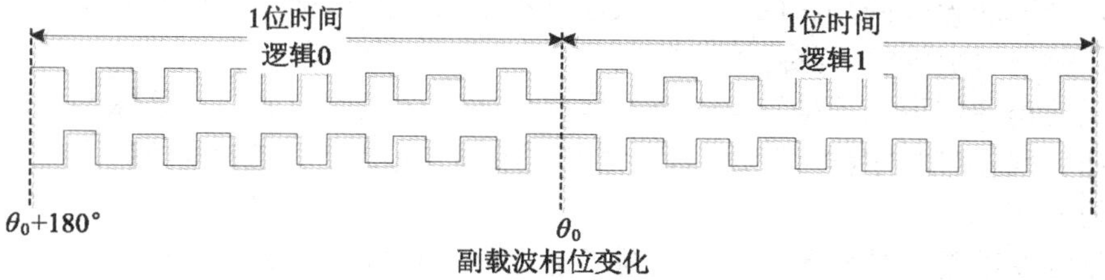

图 3-30　副载波调制后再进行负载调制的波形

二进制相移键控(BPSK)的实现，可参阅前述的 PSK 调制的有关内容。

(3) 副载波调制的好处。

与直接用数据基带信号进行负载调制相比，采用副载波调制信号的好处如下。

① PICC 是无源的，其能量靠 PCD 的载波提供，采用副载波调制信号进行负载调制时，

调制管每次导通时间较短，对 PICC 电源影响较小。

② 调制管的总导通时间减少，总功率损耗下降。

③ 有用信息的频谱分布在副载波附近，而不是在载波附近，便于读写器对传送数据信息的提取，但射频耦合回路应有较宽的频带。

3. 副载波解调

副载波解调是指在读写器中将载波解调后获得的副载波调制信号恢复为数据基带信号的过程。下面仍以 ISO/IEC 14443 标准的 TYPE A 和 TYPE B 为例，介绍副载波解调的原理和方法。

(1) TYPE A 中的副载波解调。

在 TYPE A 中，副载波解调应实现从已调副载波信号中恢复出曼彻斯特码。

在 TYPE A 中的副载波调制是采用 ASK 方式的调制，因此，其解调可以用相干解调或非相干解调的方式来实现。

① 相干解调。

相干解调的原理框图如图 3-31 所示。

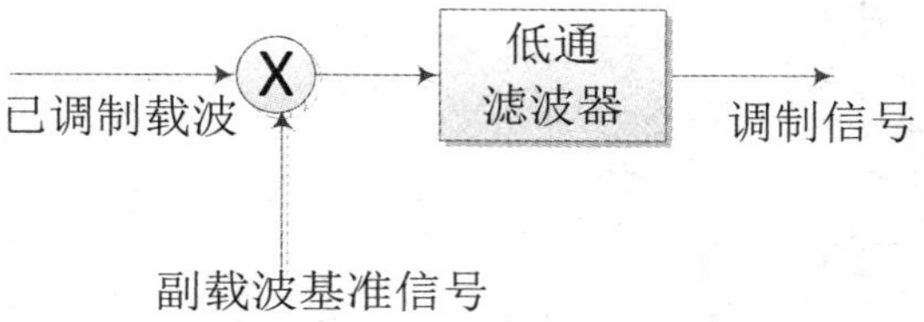

图 3-31 相干解调的原理

采用这种解调方式时，在读写器中必须有一个基准信号，它应与应答器中的副载波信号同频率、同相位，因此，相干解调也称为同步解调。

在读写器中，通过对载波(13.56MHz)分频可以方便地获得副载波频率的信号，但要同相，则必须进行相位比较和调节，比较复杂。

② 非相干解调。

由于 ASK 调制时，其包络线与基带信号成正比，因此，采用包络检波，就可以复现基带信号。这种方法无须同频、同相的副载波基准信号，所以称为非相干解调。这种方法简单方便，在射频识别技术中获得了较多应用。

非相干解调通常可以用检波器电路来实现。由于这里副载波信号是脉冲方波，调制信号是曼彻斯特码基带数字信号，所以，下面介绍一种使用可重复触发单稳态触发器实现副载波解调的方法。

可重复触发单稳态触发器，是指在暂稳态定时时间内 t_w，若有新的触发脉冲输入，触发器可被新的输入脉冲重新触发，如图 3-32 所示。在输入脉冲 A 触发后，电路进入暂稳态，在暂稳态 t_w 态期间，T_Δ 时间后($T_\Delta < T_w$)，又受到输入脉冲 B 的触发，电路的暂稳态时间又将从受脉冲 B 触发开始算起。因此，输出信号的脉冲宽度将从受脉冲 B 触发开始，输出信号的脉冲宽度将为 $T_\Delta + T_w$。采用可重复触发单稳态触发器，只要在受触发后输出的暂态持续期 t_w 结束前，再输入触发脉冲，就可以方便地产生持续时间很长的输出脉冲。

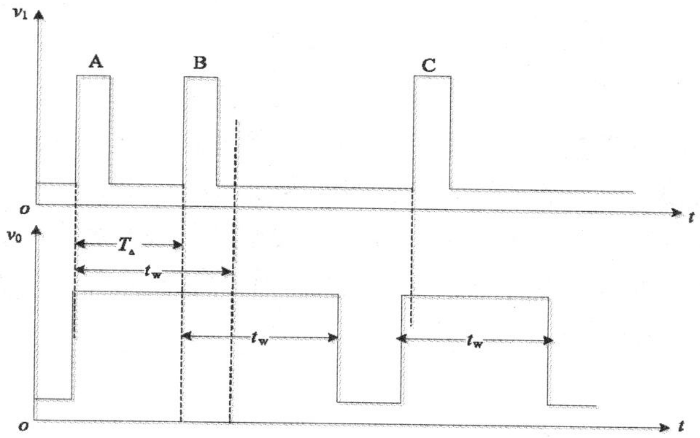

图 3-32 可重复触发单稳态触发器的波形

利用上述原理，就可利用可重复触发单稳态触发器实现副载波调制信号的解调。

如图 3-33 所示为解调原理及相关的波形。但应注意的是，可重复触发单稳态触发器的暂态时间 t_W 应比副载波周期 T_S 略长一点，不能小于副载波周期，但也不能长得太多。如选择合适时，虽然当曼彻斯特码的双比特码序列为 10 时，后面 0 的持续时间略短一些，但这并不影响对曼彻斯特码的解码。

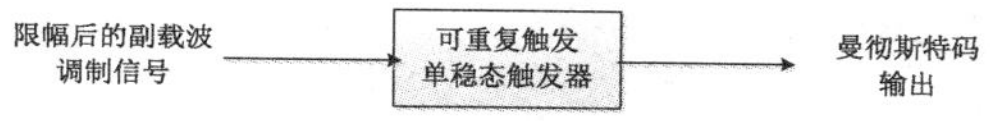

(a) 解调原理框图

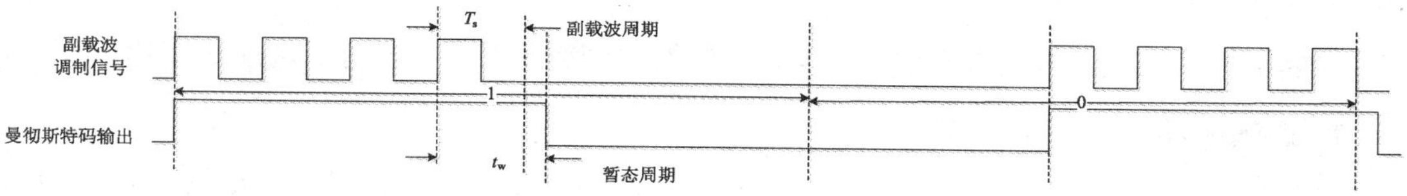

(b) NRZ 码数据 10 的波形

图 3-33 解调器的工作原理

(2) TYPE B 中的副载波解调

TYPE B 的副载波调制方式为 BPSK。对于 PSK 方式的解调，只能用相干解调方法，关于 PSK 方式的解调方法，可参阅 3.3.2 小节中的介绍。

3.4 正弦波调制

在正弦波调制中，载波采用正弦高频信号，而不是前述的脉冲调制中的脉冲信号。类似地，经过调制后的高频振荡信号称为已调波信号。例如，如果受控参数是高频振荡的振幅，则这种调制称为振幅调制(AM)，简称为调幅，而已调波信号就是调幅波信号。如果受控参数是高频振荡的频率或相位，则这种调制称为频率调制或相位调制，简称为调频(FM)或调相(PM)，并统称为调角。而已调波信号就是调频波信号或调相波信号，并统称为调角波信号。通常，正弦波调制又分为模拟(连续)调制和数字调制两种。

解调是调制的逆过程，它的作用是将已调波信号变换为携有信息的调制信号。

3.4.1 载波

载波通常是一个高频正弦震荡信号，它是信息的载体。在无线通信中，携有信息的电信号的频率较低。例如，声音信号的频率范围约为 20Hz ~ 20kHz，如果直接发送，则需要非常大的天线。这是因为，天线的几何尺寸与无线电波的波长相关，只有馈送到天线上的信号波长与天线的尺寸可以比拟时，天线才能有效地辐射和接收电磁波。

波长λ与频率f的关系为：

$$\lambda = \frac{C}{f} \tag{3.15}$$

式中，C 为光速，$C=3\times10^8$(m/s)。

因此，无线广播中，需要将声音信号“搭乘”到高频波上传输，如f_c=700kHz，频率为f_c的高频信号为载波。不同的载波频率可以使多个无线通信系统同时工作，避免相互干扰。

对于正弦震荡的载波信号，可以表示为：

$$v(t) = A\cos(\omega_c t + \varphi) = A\cos(2\pi f_c t + \varphi) \tag{3.16}$$

式中，ω_c为载波$v(t)$的角频率，f_c为$v(t)$的振幅，φ为载波的相位角。

在 RFID 系统中，与通常无线通信情况不同的是，正弦载波除了是信息的载体外，在无源应答器中，还具有提供能量的作用。

3.4.2 调幅

调幅是指载波的频率与相位角不变，载波的振幅按照调制信号的变化规律变化。

1. 调幅原理

调幅(Amplitude Modulation，AM)是一种基带调制方式，既通常所说的中波。这是把声音的高低变为幅度变化的无线电信号，频率范围是 503~1060kHz，传输距离较远，但受天气因素影响较大，适合广播电台使用。早期 VHF 频段的移动通信电台大都采用调幅方式，由于信道衰落会使模拟调幅产生附加调幅，造成失真，在传输的过程中也很容易被窃听，目前已很少采用。目前在简单通信设备中还有采用的，如收音机中的 AM 波段就是调幅波，音质与 FM 波段的调频波相比较差。调频制在抗干扰和抗衰落性能方面优于调幅制，对移动信道有较好的适应性，现在世界上几乎所有模拟蜂窝系统都使用频率调制。

调幅是使高频载波信号的振幅随调制信号的瞬时变化而变化。也就是说，通过用调制信号来改变高频信号的幅度大小，使得调制信号的信息包含到高频信号中，通过天线把高频信号发射出去，然后就把调制信号也传播出去了。这时候，在接收端可以把调制信号解调出来，也就是把高频信号的幅度解读出来，就可以得到调制信号了。

2. 模拟调制

(1) 调幅波的数学表示与调制模型。

设调制信号为正弦波$f(t)$，其直流分量为A_0，则调制信号为：

$$A_0 + f(t) = A_0 + A_m\cos(\Omega t)$$

式中，Ω为调制信号的角频率，A_m为调制信号的幅度。则产生的调幅波v_{AM}表示为：

$$v_{AM}=[A_0+f(t)]v(t) \tag{3.17}$$

为简化推导起见，设式(3.16)中 $v(t)$ 的相位角 $\varphi=0$ (这不影响最终结果)，则：

$$v_{AM}=[A_0+A_m\cos(\Omega t)]A\cos(\omega_c t) \tag{3.18}$$

利用三角函数积化和差公式，可得：

$$v_{AM}=A_0 A\cos(\omega_c t)+A_m A[\cos(\omega_c+\Omega)t+\cos(\omega_c-\Omega)t] \tag{3.19}$$

若令 $m_A=A_m/A_0$，则式(3.19)可以改写为：

$$v_{AM}=A_0 A\cos(\omega_c t)+m_A A_0 A[\cos(\omega_c+\Omega)t+\cos(\omega_c-\Omega)t] \tag{3.20}$$

式中，m_A 称为调幅指数或调幅度，它通常以百分数表示。

根据前面的描述，标准的振幅调制模型如图 3-34 所示。

(2) 调幅波的频域表示。

式(3.20)描述了调幅波的频域性能。由正弦波调制的调幅波由三个不同频率的正弦波组成：第一项为未调幅的载波；第二项的频率等于载波频率与调制频率之和，称为上边频；第三项的频率等于载波频率与调制频率之差，称为下边频。这三个正弦波的相对振幅与频率的关系如图 3-35 所示，这就是正弦波调制的调幅波的频谱。

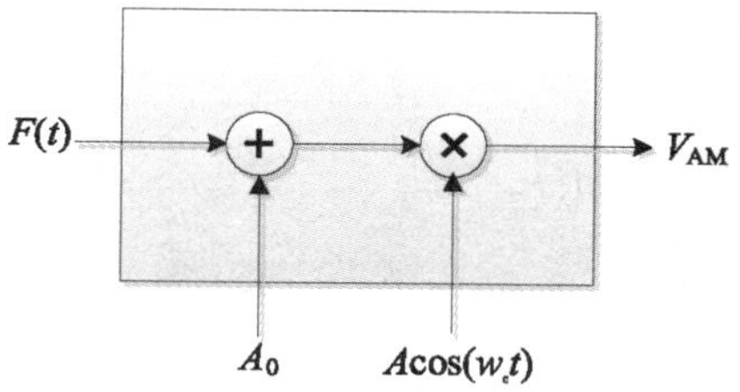

图 3-34 标准的振幅调制模型

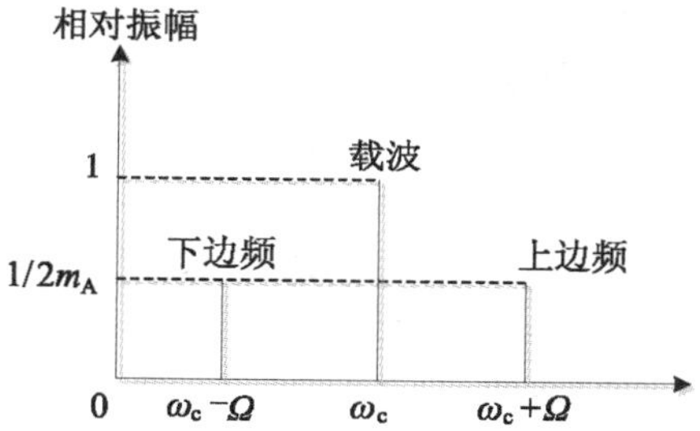

图 3-35 正弦波调制的调幅波频谱

由于 m_A 的最大值只能等于 1，因此，边频振幅的最大值不能超过载波振幅的 1/2。

由图 3-35 还可以知道，调幅波的带宽为调制频率 Ω 的 2 倍。

将调幅波送入频谱仪，可以看到如图 3-35 所示的频谱分布，从频谱仪上可读出边频幅度和载波幅度，则：

$$\frac{\text{边频幅度}}{\text{载波幅度}}=\frac{1}{2}m_A \tag{3.21}$$

由此可以测量出调幅度 m_A。不过应注意的是，频谱仪上的幅度值往往是以分贝(dB)值给出的。

(3) 调幅波的时域表示。

将调幅波输入示波器，在示波器的荧光屏上可以观测到如图 3-36 所示的波形。

图 3-36 中的包络即为调制信号 $f(t)$，包络内是载波。测出该波形两波峰间的最大值 A 和两波谷间的最小值 B，则调幅度 m_A 为：

$$m_A=\frac{A-B}{A+B}\times 100\% \tag{3.22}$$

(4) 调幅波中的功率关系。

如果将调幅波输出至电阻器上，则载波和两个边频的功率如下。

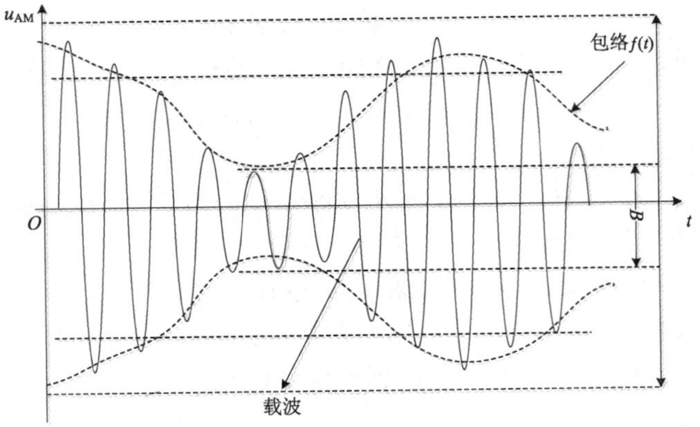

图 3-36 调幅波的时域波形

① 载波功率：

$$P_c = \frac{1}{2}\frac{(A_0 A)^2}{R} \tag{3.23}$$

② 下边频功率：

$$P_{下} = \frac{1}{2}\frac{\left(\dfrac{m_A A_0 A}{2}\right)^2}{R} = \frac{1}{4}m_A^2 P_C \tag{3.24}$$

③ 上边频功率：

$$P_{上} = \frac{1}{4}m_A^2 P_C \tag{3.25}$$

因此，在未调幅时，$m_A = 0$，$P = P_C$；在 100%调幅时，$m_A = 1$，$P = 1.5P_C$。由此可知，调幅波的输出功率随 m_A 的增大而增大，它所增加的部分，就是两个边频产生的功率 $m_A^2 P_C / 2$。由于调制信号包含在边频带内，因此，在调幅中应尽可能地提高 m_A 值，以增强边带功率，提高传输含有信息的信号的能力。

(5) 脉冲调幅波。

脉冲调幅波的波形和频谱如图 3-37 所示。

已调波的调制度(也称为键控度)计算方法同式(3.22)，即：

$$m_A = \frac{A-B}{A+B}\times 100\% \tag{3.26}$$

式中，A 和 B 的值如图 3-37(a)所示；m_A 表示了调制深度。当 m_A=100%时，载波信号出现断缺。

从图 3-37(c)所示的频谱可知，在理论上，脉冲调幅波的带宽为无限大，频谱分量是离散的。但实际上，因高次边频分量迅速下降，一般只考虑第一零点($f_c \pm 1/\tau$ 处，τ 调制信号的脉宽，T 为调制信号的周期)之间的各分量就够了。在 $f_c - 1/\tau$ 和 $f_c + 1/\tau$ 之间，各频谱分量的振幅分布为 $\sin x / x$ 的形式，谱线间的间隔为 1/T，谱线数 $n = T/\tau$，带宽为 $2/\tau$，脉宽 τ 越小，则所占的频带就越宽。

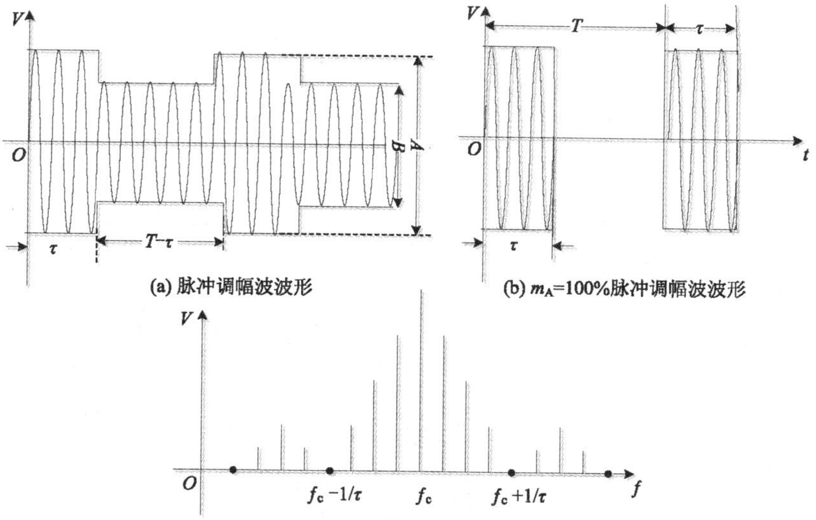

(a) 脉冲调幅波波形　(b) m_A=100%脉冲调幅波波形

(c) 脉冲调幅波的频谱

图 3-37　脉冲调幅波的波形和频谱

3．数字调制 ASK 方式的波形和频谱

RFID 系统通常采用数字调制方式传送信息，调制信号(包括数字基带信号和已调脉冲)对正弦载波进行调制。已调脉冲包括前面已介绍过的 NRZ 码的 FSK、PSK 调制波和副载波调制信号。数字基带信号包括曼彻斯特码、密勒码、修正密勒码信号等，这些信号包含了要传送的信息。

数字调制的方法有幅移键控(ASK)、频移键控(FSK)和相移键控(PSB)。而 ASK 是 RFID 系统中采用较多的方式。

数字调制 ASK 的时域波形可以参见图 3-37(a)和(b)，但不同的是，图 3-37(a)和(b)中的包络是周期脉冲波，而数字 ASK 调制的包络波形是数字基带信号或已调脉冲。

在数字 ASK 方式中，信号频谱分布在载频的两侧，与图 3-37(c)所示的情况相似，但其频谱分布是连续的。

4．数字调制 ASK 方式的实现

在 RFID 系统中，数字 ASK 调制在应答器和读写器之间的信息交互中被广泛采用。实现调幅的方法很多，如平方律调幅、模拟乘法器调幅、高电平调幅、斩波调幅、负载调制等，下面仅介绍在 RFID 系统中常用的方法。

(1)　负载调制。

①　应答器向读写器的信息传输。

当应答器向读写器传输信息时，负载调制是主要采用的方法。负载调制又可分为电阻负载调制和电容负载调制，它们的原理已在第 2 章介绍过。

图 3-38 所示为国际标准 ISO 14443 的负载调制测试用的应答器电路。应答器谐振回路由线圈 L 和电容器 C_{V1} 组成，其谐振电压经桥式整流器 VD_1~VD_4 整流，并用齐纳二极管 VD_5 稳压在 3V 左右。副载波信号(874kHz)可通过跳线选择 C_{mod1} 或 R_{mod1} 进行负载调制。由曼彻斯特码或 NRZ 码进行 ASK 或 BPSK 副载波调制。可调整元件的功能和数值如表 3-5

所示。

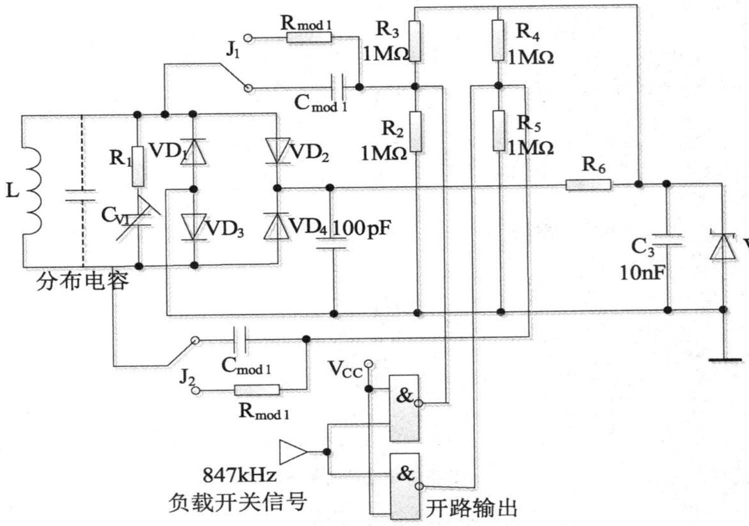

图 3-38　测试用的应答器电路

表 3-5　可调整元件的功能与数值

元　件	功　能	数　值
R_1	调整 Q 值	0~10(Ω)
C_{V1}	调整谐振	6~60(pF)
C_{mod1}	电容调整	3.3~10(pF)
R_{mod1}	电阻调制	400Ω~12kΩ

② 在读写器中的应用。

在读写器向应答器传输信息时，常需要一定调幅度的 ASK 调制。例如，在 ISO/IEC 14443 标准中，TYPE B 的读写器向应答器传输信息时，采用 10%调幅度的 ASK 调制，其调制波形如图 3-39 所示。用图 3-40 所示的负载调制方法可以实现图 3-39 所示的调制波形。

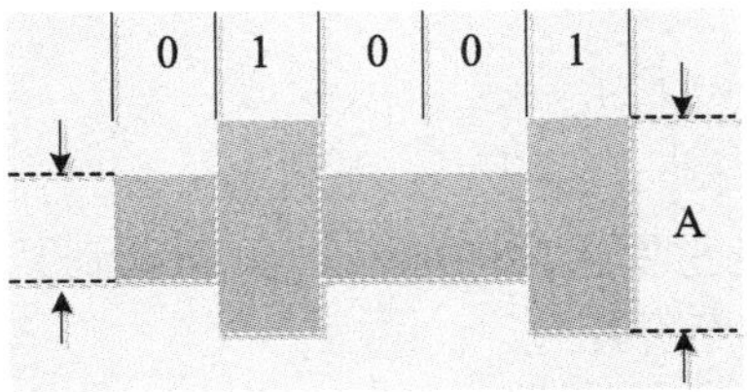

图 3-39　TYPE B 的调制波形(10%ASK，NRZ 码)

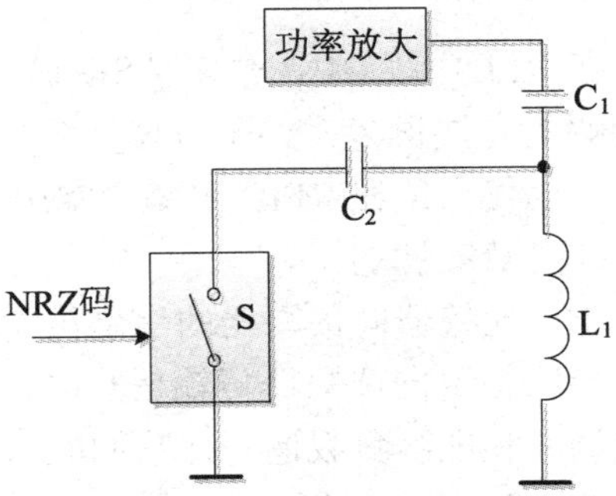

图 3-40　NRZ 码 10%ASK 调制的实现

在图 3-40 中，L_1C_1 为谐振回路，电容 C_2 的接入与否由 NRZ 码控制。当 C_2 和 L_1 并联时，谐振回路频率偏移，输出载波幅度降低。C_2 的大小可以调节调幅度，调幅度的值可根据图 3-39 所得波形由式(3.27)计算出。

(2) 100%调幅度的实现。

在 RFID 系统中，常需要 100%调幅度的调幅波，如在 ISO/IEC 14443 标准 TYPE A 中的读写器向应答器的信息传输。如图 3-41 所示为 100%ASK 调幅度的采用修正密勒码调制时所得到的波形。

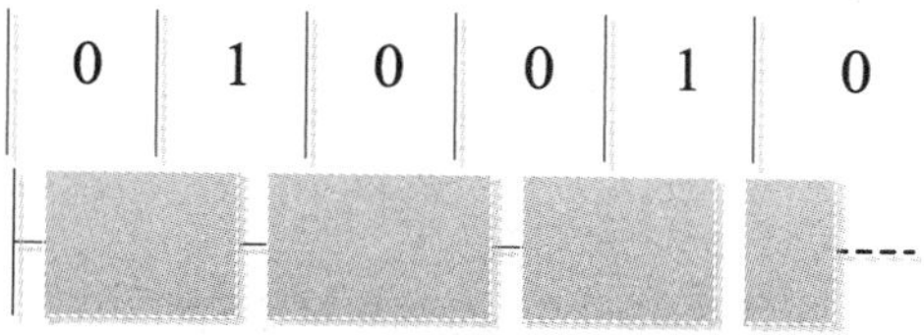

图 3-41 100%幅度的 ASK 采用修正密勒码调制的波形

为实现如图 3-41 所示的波形，可先用修正密勒码对载波脉冲串进行 100%ASK 调制，然后将已调波送至谐振式功率放大器放大，便可得到正弦载波的修正密勒码 100%调幅度的 ASK 调制波形。

5. 数字调制 ASK 方式的解调

这里仅介绍在读写器中非相干解调的包络检波方法。包络检波器的电路原理和波形如图 3-42 所示。R 为负载电阻，C 为负载电容。在高频信号正半周，二极管 VD 导通并对 C 充电。由于二极管 VD 的导通电阻 R_D 很小，所以充电电流很大，电容器 C 两端的电压 V_C 在很短时间内就接近高频电压的最大值。当高频电压下降到小于 V 时，二极管 VD 截止，电容 C 通过电阻 R 放电，由于放电时常数 RC 大于高频电压周期，故放电很慢。因此，V_C 很逼近高频调幅波的包络，所以称为包络检波。

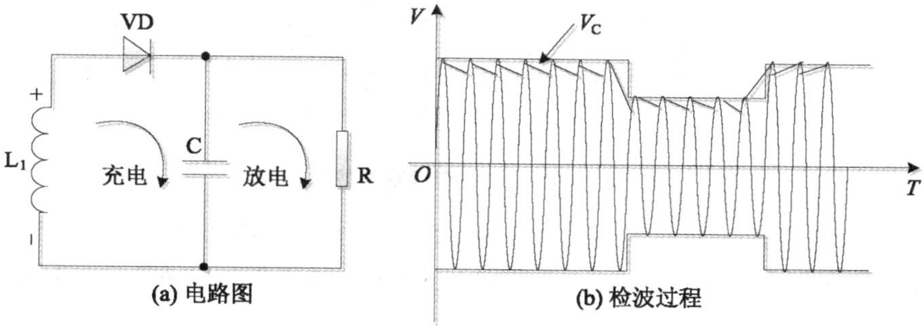

图 3-42 包络检波器的原理

包络检波器的电压传输系数(检波效率)接近于 1，等效输入电阻 $R_i \approx R/2$。虽然二极管检波器输入电阻与相连接的谐振回路电感线圈并联，但因检波二极管导通时间短，等效输入电阻 R_i 较大，所以通常可以忽略其影响。

如图 3-43 所示为三极管射极检波电路，它的输入电阻是二极管检波器的输入电阻的 $1+\beta$ 倍，β 是晶体管共发射极短路电流放大系数，并且该电路很容易集成。

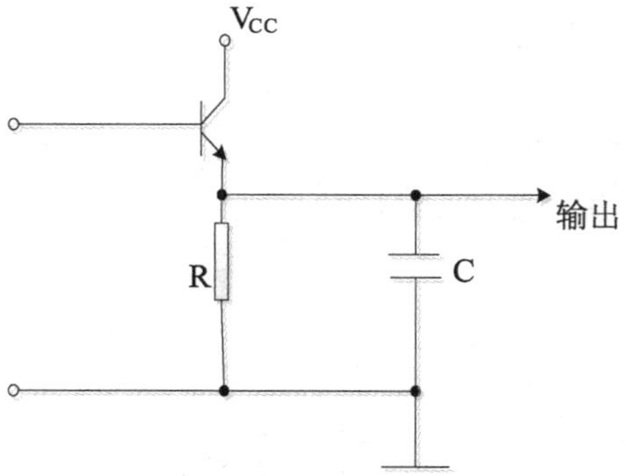

图 3-43　三极管射极检波电路

3.4.3　数字调频和调相

二进制调频(FSK)和调相(PSK)的波形如图 3-44 所示，图中同时给出了二进制码和数字调幅波的波形。

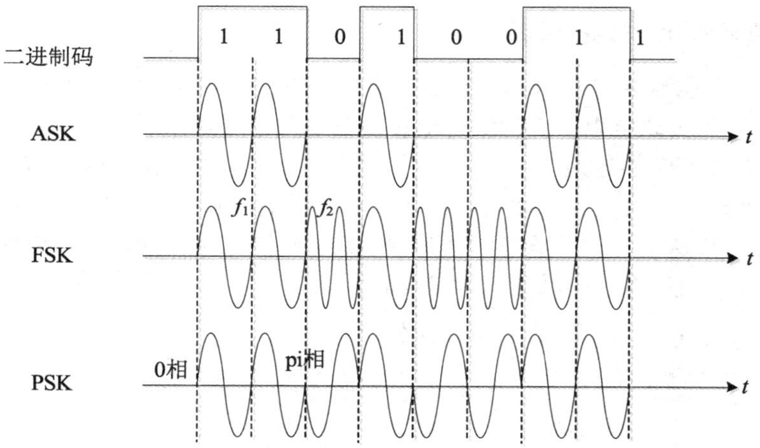

图 3-44　二进制数字调制波的波形图

FSK 是用不同频率的载波来传递数字信息的。对二进制频率键控是用两个不同的载波代替数字信号中的两种电平，而 M 进制则是用 M 个不同的载频代替数字信号中 M 个不同的电平。

PSK 是用数字脉冲信号控制载波的相位，而载波的幅度和频率不变。在二进制 PSK 中，若用初相 $\varphi_1=0$ 代表 1 码，$\varphi_1=0$ 代表 0 码，则受控载波在 0、π两个相位上变化。而多进制调相(MPSK)(如 4PSK、8PSK)中，载波具有对应的多个相位值。

PSK 系统的性能优于 ASK 和 FSK，具有较高的频带利用率，PSK 方式在误码率、信号平均功率等方面都具有比 ASK 更好的性能。但是，PSK 的解调只能采用比较复杂的相干解调技术，而不能采用简单的包络检波方法。因此，对于电感耦合方式的 RFID 系统，目前在低于 135kHz、ISO/IEC 14443 及 ISO/IEC 15693 的标准中，都采用 ASK 调制方式。

但是，在 ISO/IEC 18000-3 标准中的 MODE 2 对 13.56MHz 的 RFID 系统提出了相位抖动调制(Phase Jitter Modulation，PJM)方法，规定读写器向应答器的通信用修正频率编码

(MFM)对载波进行 PJM 调制。通常，BPSK 的两个相角是 0°和 180°，在编码变化时，会出现载波相位的跳变。相位的较大跳变使频谱展宽，使功率谱的旁瓣较大，衰减较慢。PJM 方式的两个相位角定义在 2°的范围，如图 3-45 所示。因此，相位的变化(即抖动)减小使信号谱旁瓣较小，且衰减较快。此外，PJM 的另一个好处是，在读写器向应答器的通信中，不会像 100%ASK 调制那样，因为有凹槽(Pause)而使能量场出现间隙。再者，PJM 可以支持全双工通信。

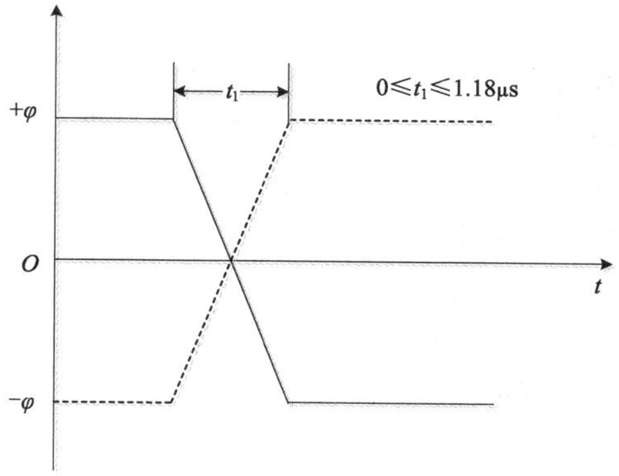

图 3-45 相位抖动调制(PJM)

本章小结

编码和调制是 RFID 系统信息交互的关键技术。

编码是指将信息变换为合适的数字信号。编码可分为信源编码、信道编码和信源、信道联合编码。信源编码的主要目的，是压缩信源的数据量；信道编码的目的，是选择适合于所用信道的编码，以达到最好的传输效果。信源、信道联合编码是结合信源与信道两者的特征，发挥出编码的最佳效果。

曼彻斯特码、密勒码和修正密勒码是 RFID 中最常用的信道编码码型，可以方便地从编码中提取出同步信息，从而实现解码。本章详细阐述了它们的编码与解码原理和实现的软、硬件方法，这是应该掌握的基本知识。

通信的目的在于传递信息。信息蕴藏于消息或数据中，而消息或数据总是通过信号的形式在系统中传输的。从消息或数据变换过来的原始信号通常均具有较低的频谱分量，因此，为了适合于在无线信道中传输，在 RFID 系统的信息发送端需要有调制过程，而在接收端则需要有解调过程。调制与解调的作用，在于通过某种方式对原始信号的频谱进行搬移，在接收端把已搬移的高频频谱再搬移至原始信号的频谱，以实现信息的传输。

调制就是按调制信号的变化规律去改变载波的某些参数的过程。调制可以分为两大类：一是用脉冲串或一组数字信号作为载波的脉冲调制信息，二是用正弦信号作为载波的调制信号。本章先介绍了 NRZ 码的 FSK、PSK 脉冲调制和曼彻斯特码的副载波调制(ASK 方式)、NRZ 码的副载波调制(BPSK 方式)，然后介绍了数字调制(调制信号为数字型的正弦波调制)。

习 题

(1) 波特率和比特率有什么不同？

(2) 信道带宽为 3kHz，波特率可以达到 8kbps 吗？若能，请给出实现方法。

(3) 画出 1 0011 0111 的曼彻斯特码波形。若曼彻斯特码的数据传输速率为 106kbps，则它的波特率是多少？

(4) 画出 01 1001 0110 的密勒码波形。

(5) 装调一个 NRZ 码转换为曼彻斯特码、密勒码的电路。

(6) 装调一个 NRZ 码和曼彻斯特码的副载波调制电路。

(7) 简述修正密勒码的编码规则。

(8) 什么是调制和解调？有哪些调制和解调技术，它们各有什么特点？

(9) 什么是副载波调制？副载波调制有什么优点？

(10) 简述在射频识别中载波的作用。

第 4 章

数据校验和防碰撞算法

学习目标

1. 掌握差错和检纠错码的概念。
2. 掌握奇偶检验和循环冗余检验的原理、防碰撞的概念。
3. 了解常用的防碰撞算法，以及 ISO/IEC 14443 中的 TYPE A 和 TYPE B 防碰撞协议。
4. 学习基于 MCRF250 芯片的 125kHz 防碰撞 RFID 系统的设计实例。

知识要点

差错、检纠错码、奇偶检验、循环冗余检验，防碰撞、Aloha 算法、时隙 Aloha 算法、二进制搜索算法、ISO/JEC 14443 中的 TYPE A 和 TYPE B 防碰撞协议，基于 MCRF250 芯片的防碰撞 RFID 系统。

在 RFID 系统中，数据传输的完整性存在两个方面的问题：一是外界的各种干扰可能使数据传输产生错误，二是多个应答器同时占用信道，使发送的数据产生碰撞。运用数据检验(差错检测)和防碰撞算法，可以分别解决这两个问题。

4.1 差 错 检 测

当数字信号在 RFID 系统中传输时，由于系统特性不理想和信道中有噪声干扰，信号的波形会产生失真，在接收判断时，可能误判而造成误码，最终导致传输错误。因此，RFID 系统中必须具有差错控制功能。

4.1.1 差错的性质和表示方法

1. 差错的性质

根据信道噪声干扰的性质，差错可以分为随机错误、突发错误和混合错误三类。

(1) 随机错误。

随机错误由信道中的随机噪声干扰引起。在出现这种错误时，前、后位之间的错误彼此无关。产生随机错误的信道称为无记忆信道或随机信道。

(2) 突发错误。

突发错误由突发的干扰引起。这种错误的特点是，当前面出现错误时，后面往往也会出现错误，它们之间有相关性。产生突发错误的信道称为有记忆信道或突发信道。

突发错误的影响可用突发长度来表征。突发长度 b 定义为：当产生某突发错误时，错误图样中最前面的 1 和最后出现 1 的间隔长度。例如，传输比特流为 0011 1000，接收到的比特流为 0110 0100，则错误图样为：

正确比特流	00111000	⊕异或
接收比特流	01100100	
错误图样	01011100	

所以，该例中，突发错误长度 b=5。

(3) 混合错误。

混合错误既包括随机错误，又包括突发错误，因而既会出现单个错误，也会出现成片的错误。

2. 差错的表示方法

差错的大小，通常用误比特率 P_b 或误码元率 P_s 来表示，即：

$$P_b = \frac{出现错误的比特数N_1}{传送总比特数N} \qquad (N \longrightarrow \infty) \tag{4.1}$$

$$P_s = \frac{出现错误的比特数C_1}{传送总比特数C} \qquad (C \longrightarrow \infty) \tag{4.2}$$

在有些应用场合，也可以采用误字率 P_w 来表示，即：

$$P_w = \frac{\text{出现错误的比特数} W_1}{\text{传送总比特数} W} \quad (W \longrightarrow \infty) \tag{4.3}$$

P_b、P_s 和 P_w 都反映了出现差错的概率。

4.1.2 差错控制

差错控制实现两部分功能：差错控制编码和差错控制解码。其基本思想，是在传输的信息数据(信息码元)中增加一些冗余编码(又称为监督码元)，使监督码元和信息码元之间建立一种确定的关系，在接收端可根据已知的特定关系来实现错误的检测与纠正。

在数字通信系统中，利用检纠错码进行差错控制的方法有三种：反馈重发(ARQ)、前向纠错(FEC)和混合纠错(HEC)。

(1) 反馈重发(ARQ)。

在 ARQ 方法中，发送端需要在得到接收端正确收到所发信息码元(通常以帧的形式发送)的确认信息后，才能认为发送成功，因此，该方法需要反馈信道。

ARQ 有两种方式：停一等方式和连续工作方式。

在停一等方式中，必须从反馈信道获得 ACK(确认)帧或 NAK(检测到错误需要重发)帧后，才能发送下一组信息。也就是说，收到 ACK 帧则可发送下一帧，收到 NAK 帧则需要重发出现错误的该帧。

在连续工作方式中，可发送多帧，仅重发出现错误的有关帧，或重发出现错误的帧及其以后(按帧序号的顺序)发送的帧，通常，采用滑动窗口协议以确定重发策略。

连续工作方式比停一等方式的传输效率高。

ARQ 方式对编码的纠错能力要求不高，仅需要有较高的检错能力。

(2) 前向纠错(FEC)。

在 FEC 方法中，接收端通过纠错解码，自动纠正传输中出现的差错，所以该方法不需要重传。这种方法需要采用具有很强纠错能力的编码技术，其典型应用是数字电视的地面广播。

(3) 混合纠错(HEC)。

HEC 方法是 ARQ 和 FEC 的结合，其设计思想是对出现的错误尽量纠正，对纠正不了的，则需要通过重发来消除差错。

4.1.3 检纠错码

从前面的分析可知，要实现差错控制，编码技术十分关键，下面介绍检纠错码的有关问题。

1. 检纠错编码的基本知识

(1) 信息码元与监督码元。

信息码元是发送的信息数据比特。当以几个码元为信息码元时，在二元码的情况下，总共有 2^k 种不同的信息码组。监督码元又称为检验码元，是为了检纠错而增加的冗余码元。通常对 k 个信息码元附加 r 个监督码元，因此，总码元数为 $n=k+r$，如图 4-1 所示。

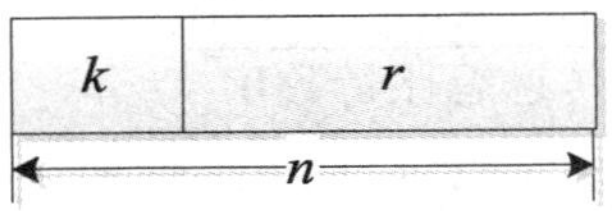

图 4-1　信息码元与监督码元

(2) 许用码组与禁用码组。

若码组中的码元数为 n(即码长)，则在二元码情况下，总码组数为 2^n 个，其中，信息码组为 $2k$ 个，称为许用码组，其余的 2^n-2^k 个码组不予传送，称为禁用码组。纠错编码的任务，就是从 2^n 个码组中，按某种算法选择出 2^k 个许用码组。

(3) 汉明距离。

汉明距离(码距)是指每两个码组间的距离，即两码组对应位取值不同的个数(异或后 1 的个数)。例如，1011101 与 1001001 之间的汉明距离是 2。

2. 检纠错码的分类

根据检纠错码对随机错误和突发错误的检错能力，可以对其分类，如图 4-2 所示。

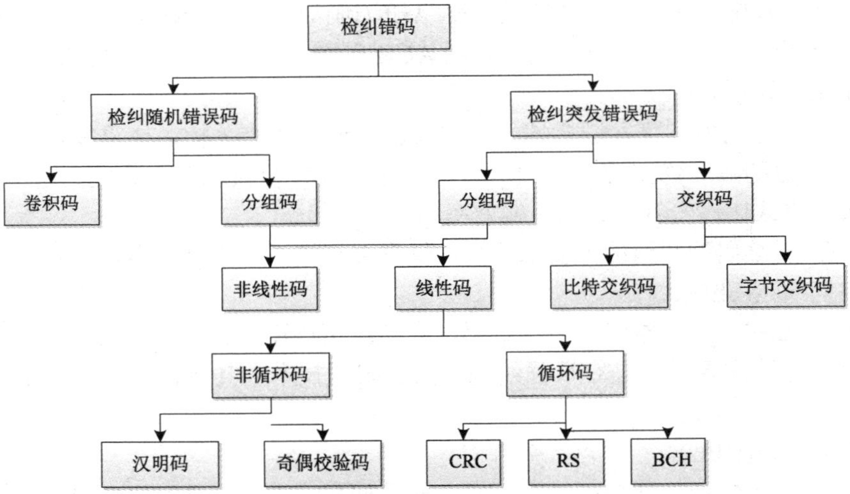

图 4-2　检纠错码的分类

若一个码组的监督码元仅与本码组的信息码元有关，而与其他码元组的信息码元无关，则这类码称为分组码。

若信息码元与监督码元之间的检验关系可用线性方程组表示，则称为线性码。反之，若不存在线性关系，则称为非线性码。

符合循环性的线性码称为循环码，循环码易于用简单的反馈移位寄存器来实现。常用的循环码有循环冗余检验码(CRC)、里德—所罗门(Reed-Solomon，RS)码及 BCH 码。非循环码不满足循环性，常用的如奇偶检验码、汉明码等。

若码组的监督码元不仅与本码组的信息码元相关，而且与本码组相邻的前面输入的码组的信息码元之间也具有约束关系，则称为卷积码。卷积码的纠错能力随约束长度的增加而提高。在编码效率与设备复杂性相同的前提下，卷积码的性能优于分组码，至少不低于分组码。

如果采用交织技术，把突发错误分散成随机的、独立的错误，那么，通过纠正随机错误的码来纠正突发错误就会获得较好的效果。利用交织技术构造出来的编码称为交织码。

例如，将发送比特流的比特序列构造成 8×8 的矩阵，发送时，改以按列的顺序发送(即 a_1，a_9，a_{17}，a_{25}，...)，这样就构成了最简单的比特交织，其原理如图 4-3 所示。

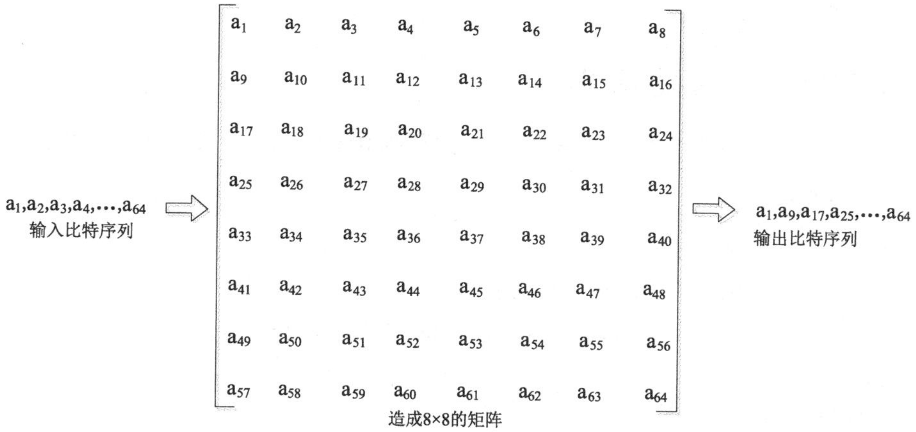

图 4-3 简单的比特交织的原理示意图

3. 编码效率

编码效率为信息码元数 k 与总码元数 n 之比，表示为：

$$\eta = \frac{k}{n} \tag{4.4}$$

编码效率反映了该码的信道利用率。

4.1.4 数字通信系统的性能

(1) 频谱效率和可靠性。

为判定一个数字通信系统的优劣，必须从频谱效率和可靠性两个方面进行比较。频谱效率(bps/Hz)是指经过数字调制后，每赫兹带宽所能传送的数据速率。一般来说，频谱效率高的通信系统，其传输信息的能力较强，但传输可靠性较差；频谱效率低的通信系统，其传输信息的能力较弱，但传输可靠性较高。

通常，采用 E_b/N_o 和误比特率(BER)的关系曲线可以较全面地反映数字通信系统的有效性和可靠性。

(2) E_b/N_o。

E_b/N_o 是信号和噪声间强弱关系的一种度量方法。

E_b 代表平均到每个比特上的信号能量，N_o 表示噪声的功率谱密度。实用的通信系统在一定的误比特率下即可正常工作，因此，用 E_b/N_o 和 BER 之间的关系曲线就可以比较不同数字通信系统的性能。E_b/N_o 表示方法的缺陷是，E_b 和 N_o 不是系统中可以直接测得的参数，必须通过运算得出。

(3) 载噪比(C/N)和信噪比(S/N)。

当需要直接了解数字通信系统的可靠性时，可使用载噪比(C/N)和 BER 的关系曲线，或信噪比(S/N)和 BER 的关系曲线，因为 C/N 和 S/N 可以通过测量直接得到。

C/N 和 S/N 的区别在于：C/N 是指已调制信号的平均功率(包括传输信号的功率和调制载波的功率)与加性噪声的平均功率之比，而 S/N 仅指传输信号的平均功率与加性噪声的平均功率之比，C/N 比 S/N 大。

4.1.5 RFID 中的差错检测

目前，RFID 中的差错检测主要采用奇偶检验码和 CRC 码，它们都属于线性分组码。

1. 线性分组码

(1) 构成。

线性分组码由 k 个信息码元和 r 个监督码元构成，总码元个数为 n(见图 4-1)。监督码元仅与所在码组中的信息码元有关，且通过预定的线性关系联系起来。这种线性分组码可记为(n，k)码。

(2) 封闭性和最小码距。

通过一定的算法，(n，k)码可以构成 2^k 个许用码组，这些码组的集合构成代数中的群，因此又称为群码或块码。它具有下列性质。

① 任意两个码组模 2 和仍为一个码组，即具有封闭性。

② 码的最小距离 d 等于非零码的重量，码的重量(简称码重)为码组中非零码元的数目。

例如，一个(7，3)码为：

0000000	1001110
0011101	1010011
0100111	1110100
0111010	1110100

其非零码的码重为 4，故最小距离 d=4，同时可以验证它具有封闭性。

(3) 循环码。

具有循环性的线性分组码称为线性分组循环码，简称循环码。所谓循环性，是指通过一个码组的循环移位即可构成另一个码组。在前例中，码 001 1101 左移成为 011 1010，右移成为 100 1110，其他码组的情况也类似，因此该(7，3)码是一个循环码。

(4) 检纠错能力。

在线性分组码中，检纠错能力与码的最小距离 d 有关，即：

- 若要检测码组中的一位误码，则需要 $d \geqslant e+1$。
- 若要纠正码组中的 t 位误码，则需要 $d \geqslant 2t+1$。
- 若要纠正码组中的 t 位误码，且同时检测 e 位误码($e \geqslant t$)，则需要 $d \geqslant t+e+1$。

2. 奇偶检验码

检验码中最简单的是奇偶检验码，它是在数据后面加上一个奇偶位(Parity Bit)的编码。奇偶检验位值的选取原则是使码字内 1 的数目为奇数或偶数。奇偶检验位的值是这样设定的：奇校验时，若字节的数据位中 1 的个数为奇数，则奇偶校验位的值为 0，反之为 1；偶校验时，若字节的数据位中 1 的个数为奇数，则奇偶校验位的值为 1，反之为 0。例如，当 1011 0101 通过在末尾加一位，以偶校验方式传送时，就变成了 1 0110 1011；以奇校验方式传送时，就变成了 1 0110 1010。奇偶校验码的汉明距离为 2，它只能检测单比特差错，检测错误的能力低。

3. CRC 码

CRC 码(循环冗余码)具有较强的检错能力，且硬件实现简单，因而在 RFID 中获得了广泛的应用。

(1) 算法步骤。

CRC 码是基于多项式的编码技术。在多项式编码中，将信息位串看成阶次从 X^{k-1} 到 X^0 的信息多项式 M(X)的系数序列，多项式 M(X)的阶次为 k−1。在计算 CRC 码时，发送方和接收方必须采用一个共同的生成多项式 G(X)，G(X)的阶次应低于 M(X)，且最高和最低阶的系数为 1。

在此基础上，CRC 码的算法步骤如下。

① 将几位信息写成 k-1 阶多项式 M(X)。

② 设生成多项式 G(X)的阶为 r。

③ 用模 2 除法计算 X^rM(X)/G(X)，获得余数多项式 R(X)。

④ 用模 2 减法求得传送多项式 T(X)，T(X)=X^rM(X)−R(X)，则 T(X)多项式系数序列的前 k 位为信息位，后 r 位为检验位，总位数是 $n=k+r$。

CRC 码的计算示例如图 4-4 所示。信息位串为 1111 0111，生成多项式 G(X)的系数序列为 1 0011，阶 r 为 4，进行模 2 除法后，得到余数多项式 R(X)的系数序列为 1111，所以传送多项式 T(X)的系数序列为 1111 0111 1111，前 8 位为信息位，后 4 位为监督检验位。

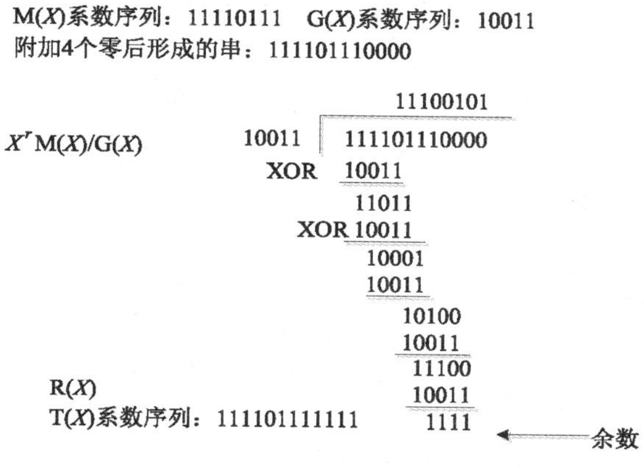

图 4-4 CRC 码的计算示例

(2) 检验原理。

通过判断接收到的 T(X)能否被 G(X)整除，则可以知道在传输过程中是否出现了错码。当采用循环移位寄存器实现 CRC 码计算时，应注意收、发双方的循环移位寄存器的初始值应相同。

(3) 编码标准。

CRC 的优点是识别错误的可靠性较好，且只需要少量的操作就可以实现。16 位的 CRC 码可适用于检验 4KB 长数据帧的数据完整性，而在 RFID 系统中，传输的数据帧明显地比 4KB 短，因此，除了 16 位的 CRC 码外，还可以使用 12 位(甚至 5 位)的 CRC 码。

以下三个生成多项式已成为国际标准：

- CRC-12　　$G(X)=X^{12}+X^{11}+X^{3}+X^{2}+X+1$
- CRC-16　　$G(X)=X^{16}+X^{15}+X^{2}+1$
- CRC-CCITT　　$G(X)=X^{16}+X^{12}+X^{5}+1$

在 RFID 标准 ISO/IEC 14443 中，采用 CRC-CCITT 生成多项式。但应注意的是，该标准中，TYPE A 采用 CRC-A，计算时，循环移位寄存器的初始值为 6363H；TYPE B 采用 CRC-B，循环移位寄存器的初始值为 FFFFH。

4.2 防碰撞算法

RFID 系统在工作时，可能会有一个以上的应答器同时处在读写器的作用范围内。这样，如果有两个或两个以上的应答器同时发送数据，那么就会出现通信冲突，产生数据的相互干扰，即碰撞。此外，有时也可能出现多个应答器处在多个读写器的工作范围内，它们之间的数据通信也会引起数据干扰，不过，一般很少考虑这种情况。为了防止碰撞的产生，RFID 系统中需要采取相应的技术措施来解决碰撞(冲突)问题，这些措施称为防碰撞(冲突)协议。防碰撞协议由防碰撞算法(Anti-collision Algorithms)和有关命令来实现。

(1) RFID 系统中存在的通信形式一般有三种。

① 无线广播。即在一个读写器的阅读范围内存在多个应答器，读写器发出的数据流同时被多个应答器接收。

② 多路存取，即在读写器的作用范内，多个应答器同时传输数据给读写器。

③ 多个读写器同时给多个应答器发送数据。

在 RFID 系统中，经常遇到的是“多路存取”这种通信方式。

(2) 在无线通信技术中，多路存取的解决方法有 4 种。

① 空分多址(Space Division Multiple Access，SDMA)。

② 频分多址(Frequency Division Multiple Access，FDMA)。

③ 码分多址(Code Division Multiple Access，CDMA)。

④ 时分多址(Time Division Multiple Access，TDMA)。

在 RFID 系统中，一般采用时分多址法来解决碰撞。TDMA 是一种把整个可供使用的通路容量按时间分配给多个用户的技术。

(3) 在 RFID 系统中，多路存取有以下特征。

① 读写器和应答器之间数据包总的传输时间由数据包的大小和比特率决定，传播延时可忽略不计。

② RFID 系统可能会出现多个应答器，并且它们的数量是动态变化的，因为应答器有可能随时超出或进入读写器的作用范围。

③ 应答器在没有被读写器激活的情况下，不能与读写器进行通信。对于 RFID 系统，这种主从关系是唯一的，一旦应答器被识别，就可以与读写器以点对点的模式进行通信。

④ 相对于稳定方式的多路存取系统，RFID 系统的仲裁通信过程是短暂的过程。

防碰撞算法利用多路存取技术，使 RFID 系统中读写器与应答器之间的数据能够完整地传输。在很多应用中，系统的性能在很大程度上取决于系统的防碰撞算法。下面介绍一些常用的防碰撞算法。

4.2.1 Aloha 算法

Aloha 是一种时分多址存取方式，它采用随机多址方式。相关研究始于 1968 年，最初由美国夏威夷大学应用于地面网络，1973 年应用于卫星通信系统。

1. 纯 Aloha 算法

纯 Aloha 算法的基本思想很简单，即只要有数据待发，就可以发送。

在 RFID 系统中，纯 Aloha 算法仅用于只读系统。当应答器进入射频能量场被激活以后(此时称为工作应答器)，它就发送存储在应答器中的数据，且这些数据在一个周期性的循环中不断发送，直至应答器离开射频能量场。为减小出现碰撞的概率，数据传输时间只是重复周期的较少部分。

纯 Aloha 算法的信道效率是不高的。数学分析指出，纯 Aloha 算法的信道吞吐率 S 与帧产生率 G 之间的关系为：

$$S = G\mathrm{e}^{-2G} \tag{4.5}$$

对上式求导，可以得出当 G=0.5 时，最大吞吐率 $S\approx 1/(2\mathrm{e})\approx 18.4\%$。

如果用“帧时”来表示发送一个标准长度的帧所需的时间，也就是帧长度除以数据传输速率(bps)，那么，帧产生率 G 为每帧时内新、旧帧传送数的平均值，即信道的载荷。显然，发送帧不会产生碰撞(即发送成功)的概率 P 为：

$$P = \frac{S}{G} = \mathrm{e}^{-2G} \tag{4.6}$$

式(4.6)表明，G 越大，则发送成功的概率越小。显然，帧时越长，应答器数量越多，则 G 越大，发送成功的概率就越低。

2. 时隙 Aloha 算法

1972 年，Roberts 发表了一种能把 Aloha 系统利用率提高一倍的方法，即时隙 Aloha (Slotted Aloha)算法。

时隙 Aloha 算法的思想是，把时间分为离散的时间段(时隙)，每段时间对应一帧，这种方法必须有全局的时间同步。在 RFID 系统中，所有应答器的同步由读写器控制，应答器只在规定的同步时隙开始才传送其数据帧，并在该时隙内完成传送。

时隙 Aloha 算法的信道吞吐率 S 与帧产生率 G 的关系为：

$$S = G\mathrm{e}^{-G} \tag{4.7}$$

当 G=1 时，吞吐量 S 为最大值 1/e，约为 0.368，是纯 Aloha 算法的两倍。

在时隙 Aloha 算法中，所需的时隙数量对信道的传输性能有很大影响。如果有较多应答器处于读写器的作用范围内，而时隙数有限，再加上还须另外进入的应答器，则系统的吞吐率会很快下降。在最不利时，没有一个应答器能单独处于一个时隙中而发送成功，这时，就需要进行调整，以便有更多的时隙可以使用。如果准备了较多的时隙，但工作的应答器较少，则会造成传输效率降低。因此，在时隙 Aloha 算法的基础上，人们还发展了动态时隙 Aloha 算法，该算法可动态地调整时隙的数量。

动态时隙 Aloha 算法的基本原理是：读写器在等待状态中的循环时隙段内发送请求命令，该命令使工作应答器同步，然后提供 1 或 2 个时隙给工作应答器使用，工作应答器将选择自己的传送时隙，如果在这 1 或 2 个时隙内有较多应答器发生了数据碰撞，则读写器就用下一个请求命令增加可使用的时隙数(如 4、8、...)，直至不出现碰撞为止。

4.2.2 二进制树型搜索算法

二进制树型搜索算法是时分多址法，按照其工作方式，可分为下面两种。

1. 基于序列号的方法

在这种方法中，每个应答器拥有一个唯一的序列号(即唯一标识符，UID)，读写器和多个应答器之间按规定的相互握手(命令和应答)顺序进行通信，以实现在较大的应答器组中选出所需的应答器。该算法要求读写器能准确辨别碰撞的位置(位检测)，算法的原理和具体实现见 4.3 节。

2. 基于随机数和时隙的方法

该方法采用递归的工作方式，遇到碰撞就进行分支，成为两个子集。这些分支越来越小，直到最后分支下面只有一个信息包或者为空。分支的方法如同抛一枚硬币一样，将这些信息包随机地分为两个分支，在第一个分支里，是“抛正面”(取值为 0)的信息包。在接下来的时隙内，主要解决这些信息包所发生的碰撞。如果再次发生碰撞，则继续随机地分为两个分支。该过程不断重复，直到某个时隙为空或者成功地完成一次数据传输，然后返回上一个分支。这个过程遵循“先入后出”(First-in Last-out)的原则，等到所有第一个分支的信息包都成功传输后，再来传输第二个分支，也就是“抛反面”(取值为 1)的信息包。

这种算法称为树型搜索算法。每次分割使搜索树增加一层分支。

图 4-5 所示为四层(m=4)树算法的原理示意图。

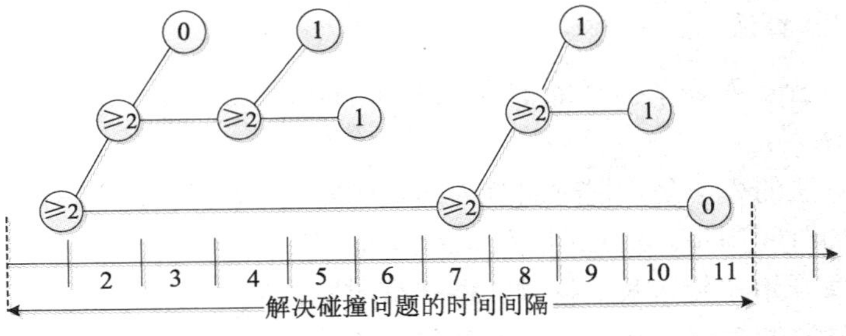

图 4-5 四层数算法的原理示意图

每个顶点表示一个时隙，每个顶点为后面接着的过程产生子集。如果该顶点包含的信息包个数大于或等于 2，那么就产生碰撞，于是就产生两个新的分支。算法从树的根部开始，在解决这些碰撞的过程中，假设没有新的信息包到达。

第一次碰撞在时隙 1 发生，开始时并不知道一共有多少个信息包产生碰撞，每个信息包好像抛硬币一样，抛 0 的在时隙 2 内传输。第二次发生碰撞是在时隙 2 内，在本例中，两个信息包都是抛 1，以致于时隙 3 为空。在时隙 4 内，时隙 2 中抛 1 的两个信息包又一次发生碰撞和分支，抛 0 的信息包在时隙 5 内成功传输，抛 1 的信息包在时隙 6 内成功传输，这样，所有在时隙 1 内抛 0 的信息包之间的碰撞得以解决。在树根时抛 1 的信息包在时隙 7 内开始发送信息，新的碰撞发生。

这里假设在树根时抛 1 的信息包有两个，而且由于两个都是抛 0，所以在时隙 8 内再次发生碰撞并再一次进行分割，抛 0 的在时隙 9 内传输，抛 1 的在时隙 10 内传输。在时隙 7 内抛 1 的实际上没有信息包，所以时隙 11 为空闲。

只有当所有发生碰撞的信息包都被成功地识别和传输后，碰撞问题才得以解决。从开始碰撞产生，到所有碰撞问题得以解决的这段时间称为解决碰撞的时间间隔(Collision Resolution Interval，CRI)。在本例中，CRI 的长度为 11 个时隙。

二进制树型算法是在碰撞发生后如何解决碰撞问题的一种算法。需要指出的是，当碰撞正在进行时，新加入这个系统的信息包禁止传输信息，直到该系统的碰撞问题得以解决，并且所有信息包成功发送完后，才能进行新信息包的传输。例如，在上例中，在时隙 1 到时隙 11 之间，新加入这个系统的信息包，只有在时隙 12 才开始传输。

二进制树型算法也可以按照堆栈的理论进行描述。在每个时隙，信息包堆栈不断地弹出与压栈，在栈项的信息包最先传输。当发生碰撞时，先把抛 1 的信息包压栈，再把抛 0 的信息包压栈，这样，抛 0 的信息包处在栈项，在下个时隙弹出，能进行传输。当完成一次成功传输或者出现一次空闲时隙的时候，栈项的信息包被继续弹出，依次进行发送。显然，当堆栈为空时，则碰撞问题得以解决，所有信息包成功传输。接下来，把新到达这个系统的信息包压栈，操作过程与前面的一样。

4.3 ISO/IEC 14443 标准中的防碰撞协议

在 ISO/IEC 14443 标准中，读写器称为 PCD(Proximity Coupling Device)，应答器称为 PICC(Proximity IC Card)。当两个或两个以上的 PICC 同时进入射频区域时，它们都接收到 PCD 发出的查询命令，根据 PICC 上的控制逻辑，会同时发送响应，这样，就造成了 PICC 之间的信号冲突，PCD 无法检测到正确的信号，即发生了碰撞。因此，必须在 PICC 和 PCD 之间建立防碰撞协议，以使 PCD 能从多个 PICC 中检测出一个 PICC。

ISO/IEC 14443-3 标准中，提供了 A 型(TYPE A)和 B 型(TYPE B)两种不同的防碰撞协议。TYPE A 采用位检测防碰撞协议，TYPE B 通过一组命令来管理防碰撞过程，防碰撞方案以时隙为基础。下面分别介绍这两种防碰撞协议。

4.3.1 TYPE A 的防碰撞协议

1. 帧结构

TYPE A 的帧有三种类型：短帧、标准帧和面向比特的防碰撞帧。

(1) 短帧。

短帧的结构如图 4-6 所示，它由起始位 S、7 位数据位和通信结束位 E 构成。

起始位	LSB　　　　　　　　MSB	结束位
S	b_1 b_2 b_3 b_4 b_5 b_6 b_7	E

图 4-6　短帧的结构

(2) 标准帧。

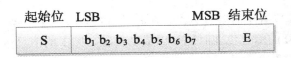

标准帧的结构如图 4-7 所示，帧中每一个数据字节后有一个奇偶检验位 P。

	LSB　MSB		LSB　MSB				
S	字节 1	P	字节 2	P	…	P	E

图 4-7　标准帧

(3) 面向比特的防碰撞帧。

该帧仅用于防碰撞循环，它是 7 个数据字节组成的标准帧。在防碰撞过程中，它被分裂为两部分，第 1 部分从 PCD 发送到 PICC，第 2 部分从 PICC 发送到 PCD。第 1 部分数据的最大长度为 55 位，最小长度为 16 位，第 1 部分和第 2 部分的总长度为 56 位。这两部分的分裂有两种情况，如图 4-8 所示。

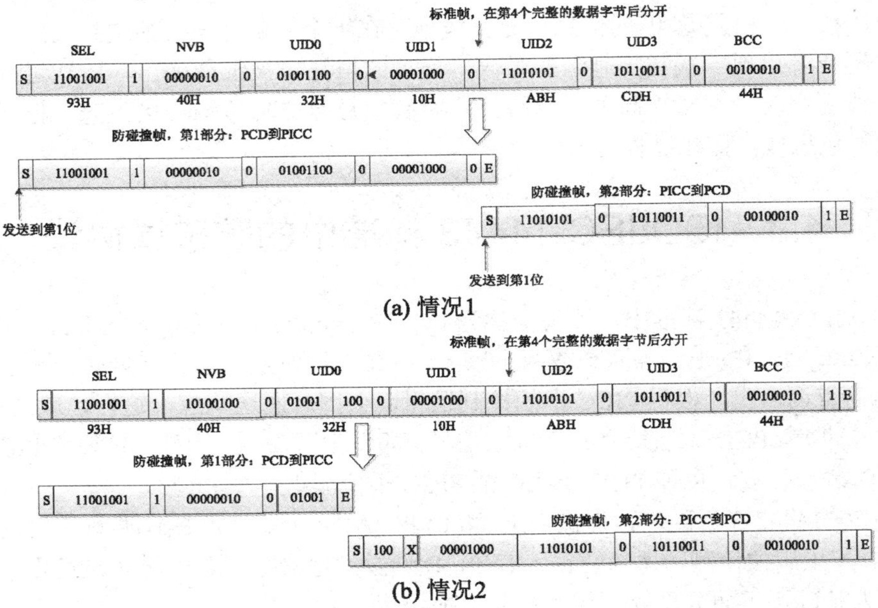

图 4-8　面向比特的防碰撞帧的组成与分裂

第 1 种情况是在完整的字节之后分开，在完整字节后加检验位。第 2 种情况是在字节当中分开，在第 1 部分分开的位后不加检验位，并且对于分裂的字节，PCD 对第 2 部分的第 1 个检验位不予检查。

2. 命令集

(1) REQA/WUPA 命令。

这两个命令为短帧。REQA 命令的编码为 26H(高半字节取 3 位)，WUPA 命令的编码为

52H(高半字节取 3 位)。

(2) ATQA 应答。

PCD 发出 REQA 命令后，处于休闲(Idle)状态的 PICC 都应同步地以 ATQA 应答 PCD，PCD 检测是否有碰撞。

ATQA 的编码结构如表 4-1 所示。

表 4-1 ATQA 的结构

位	b_{16}~b_{13}	b_{12}~b_9	b_8	b_7	b_6	b_5~b_1
说明	RFU	经营者编码	UID 大小	RFU	比特帧防碰撞方式	

① RFU(备用)位都设置为 0。

② b_8b_7 编码：00 时 UID 级长为 1(CL_1)，01 时级长为 2(CL_1)，10 时级长为 3(CL_3)，11 为备用。

③ b_5~b_1 中，仅有 1 位设置成 1，表示采用的是比特帧防碰撞方式。

(3) ANTICOLLISION 和 SELECT 命令。

PCD 接收 ATQA 应答后，PCD 和 PICC 进入防碰撞循环。ANTICOLLISION 和 SELECT 命令的格式如表 4-2 所示。

表 4-2 ANTICOLLISION 和 SELECT 命令的格式

组 成 域	SEL	NVB	UID CL_n	BCC
说　　明	1 字节	1 字节	0~4 字节	1 字节

① SEL 域的编码 93H 为选择 UID CL_1，95H 为选择 UID CL_2，97H 为选择 UID CL_3。

② NVB(有效位数)域的编码高 4 位为字节数编码，是 PCD 发送的字节数，包括 SEL 和 NV3，因此，字节数最小为 2，最大为 7，编码范围为 0010~0111。低 4 位表示命令的非完整字节最后一位的位数，编码 0000~0111 对应的位数为 0~7 位，位数为 0 表示没有非完整字节。

SEL 和 NVB 的值指定了在防碰撞循环中分裂的位。若 NVB 指示其后有 40 个有效位(NVB=70H)，则应添加 CRC-A(2 字节)，该命令为 SELECT 命令，SELECT 命令是标准帧。若 NVB 指定其后有效位小于 40 位，则为 ANTICOLLISION 命令。ANTICOLLISION 命令是比特防碰撞帧。

③ UID CL_n 为 UID 的一部分，n 为 1、2、3。ATQA 的 b_8b_7 表示 UID 的大小。UID CL_n 域为 4 字节，其结构如表 4-3 所示，表中的 CT 为级联标志，编码为 88H。

UID 可以是一个固定的唯一序列号，也可以是由 PICC 动态产生的随机数。当 UID CL_n 为 UID CL 时，编码如表 4-4 所示；为 UID CL_2 或 UID CL_3 时，编码如表 4-5 所示。

④ BCC 是 UID CL_n 的检验字节，是 UID CL_n 的 4 个字节的异或。

(4) SAK 应答。

PCD 发送 SELECT 命令后，与 40 位 UID CL_n 匹配的 PICC 以 SAK 作为应答。

SAK 为 1 字节，它的结构和编码如表 4-6 所示。b_3 位为 Cascade 位。b_3=1 表示 UID 不完整，还有未被确认部分；b_3=0 表示 UID 已完整。当 b_3=0 时，b_6=1 表示 PICC 依照 ISO/IEC

14443-4 标准的传输协议，b6=0 表示传输协议不遵守 ISO/IEC 14443-4 标准。SAK 的其他位为 RFU(备用)，置 0。

表 4-3　UID 的结构定义

<table>
<tr><th>UID 大小：1</th><th>UID 大小：2</th><th>UID 大小：3</th><th>UID CLn</th></tr>
<tr><td>UID0</td><td>CT</td><td>CT</td><td rowspan="5">UID CL1</td></tr>
<tr><td>UID1</td><td>UID0</td><td>UID0</td></tr>
<tr><td>UID2</td><td>UID1</td><td>UID1</td></tr>
<tr><td>UID3</td><td>UID2</td><td>UID2</td></tr>
<tr><td>BCC</td><td>BCC</td><td>BCC</td></tr>
<tr><td rowspan="10"></td><td>UID3</td><td>CT</td><td rowspan="5">UID CL2</td></tr>
<tr><td>UID4</td><td>UID3</td></tr>
<tr><td>UID5</td><td>UID4</td></tr>
<tr><td>UID6</td><td>UID5</td></tr>
<tr><td>BCC</td><td>BCC</td></tr>
<tr><td rowspan="5"></td><td>UID6</td><td rowspan="5">UID CL3</td></tr>
<tr><td>UID7</td></tr>
<tr><td>UID8</td></tr>
<tr><td>UID9</td></tr>
<tr><td>BCC</td></tr>
</table>

表 4-4　UID CL1 编码

UID	UID0	UID1~UID3
说　明	08H	PICC 动态产生的随机数
	X0~X7H(X 为 0~F)	固定的唯一序列号

表 4-5　UID CL2 或 UID CL3 编码

UID	UID0	UID1~UID6(或 UID9)
说　明	ISO/IEC 7816 的标准定义的制造商标识	制造商定义的唯一序列号

表 4-6　SAK 的结构和编码

字节名称	SAK	CRC-A
内　　容	b_1 b_2 b_3 b_4 b_5 b_6 b_7 b_8	2 字节

SAK 后附加 2 字节 CRC-A，它以标准帧的形式传送。

(5)　HALT 命令。

HALT 命令为在 2 字节(0050H)的命令码后跟 CRC-A(共 4 字节)的标准帧。

3．PICC 的状态

TYPE A 型 PICC 的状态及转换图如图 4-9 所示。

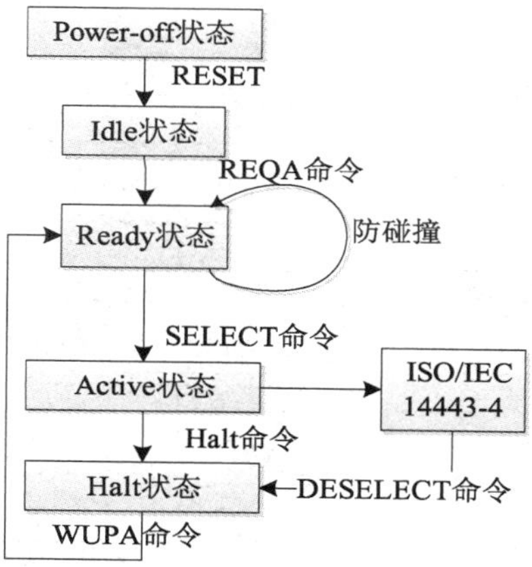

图 4-9 TYPE A 型 PICC 的状态及转换

(1) Power-off 状态(断电)：在任何情况下，PICC 离开 PCD 有效作用范围，即进入 Power-off 状态。

(2) Idle 状态(休闲)：此时 PICC 加电，能对已调制信号解调，并可识别来自 PCD 的 REQA 命令。

(3) Ready 状态(就绪)：在 REQA 或 WUPA 命令作用下，PICC 进入 Ready 状态，此时进入防碰撞流程。

(4) Active 状态(激活)：在 SELECT 命令的作用下，PICC 进入 Active 状态，完成本次应用应进行的操作。

(5) Halt 状态(停止)：当在 HALT 命令或在支持 ISO/IEC 14443-4 标准的通信协议时，在高层命令 DESELECT 的作用下，PICC 进入此状态。Halt 状态中，PICC 接收到 WUPA(唤醒)命令后，返回 Ready 状态。

4．防碰撞流程

PCD 初始化和防碰撞流程如图 4-10 所示，包括以下步骤。

(1) PCD 选定防碰撞命令 SEL 的代码为 93H、95H 或 97H，分别对应于 UID CL_1，UID CL_2 或 UID CL_3，即确定 UID CL_n 的 n 值。

(2) PCD 指定 NVB=20H，表示 PCD 不发出 UID CL_n 的任一部分，而迫使所有在场的 PICC 发回完整的 UID CL_n 作为应答。

(3) PCD 发送 SEL 和 NVB。

(4) 所有在场的 PICC 发回完整的 UID CL_n 作为应答。

(5) 如果多于 1 个 PICC 发回应答，则说明发生了碰撞；如果不发生碰撞，则可跳过步骤(6)~(10)。

(6) PCD 应认出发生第 1 个碰撞的位置。

(7) PCD 指示 NVB 值以说明 UID CL_n 的有效位数目，这些有效位是接收到的 UID CL_n

发生碰撞之前的部分，后面再由 PCD 决定加一位“0”或一位“1”，一般加“1”。

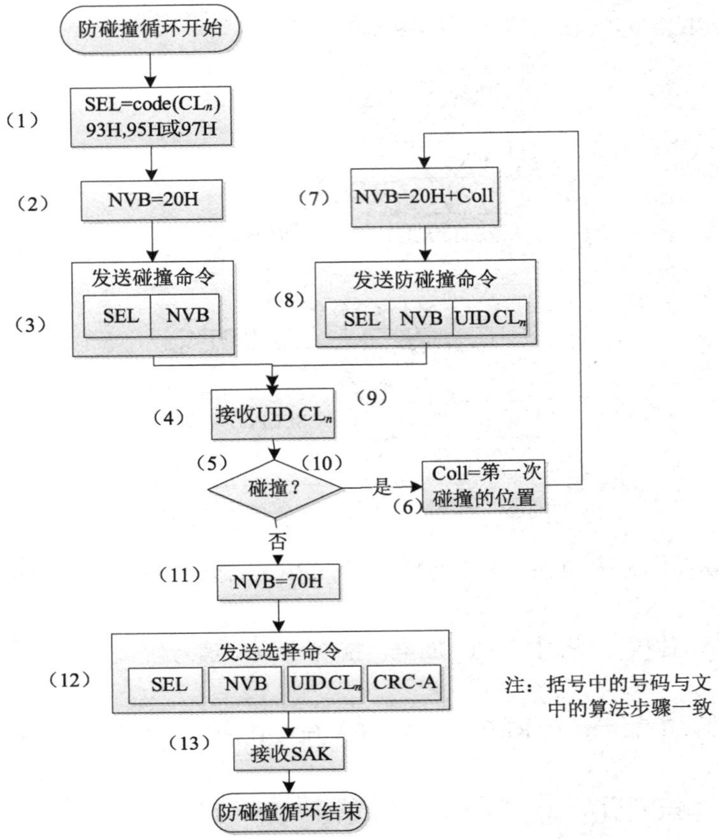

图 4-10　PCD 防碰撞循环流程

(8) PCD 发送 SEL、NVB 和有效数据位。

(9) 只有 PICC 的 UID CL_n 部分与 PCD 发送的有效数据位内容相等，才发送出 UID CL 的其余位。

(10) 如果还有碰撞发生，则重复步骤(6)~(9)，最大循环次数为 32。

(11) 如果没有再发生碰撞，则 PCD 指定 NVB=70H，表示 PCD 将发送完整的 UID CL_n。

(12) PCD 发送 SEL 和 NVB，接着发送 40 位 UID CL_n，后面是 CRC-A 检验码。

(13) 与 40 位 UID CL_2 匹配的 PICC，以 SAK 作为应答。

(14) 如果 UID 是完整的，则 PICC 将发送带有 Cascade 位为“0”的 SAK，同时从 Ready 状态转换到 Active 状态。

(15)如果 PCD 检查到 Cascade 位为 1 的 SAK，则将 CL_n 的 n 值加 1，并再次进入防碰撞循环。

在图 4-10 中，仅给出了步骤 1~13。

4.3.2　TYPE B 的防碰撞协议

TYPE B 的防碰撞协议为通用的时隙 Aloha 算法，其 PICC 状态转换和防碰撞流程如

图 4-11 所示。下面介绍有关的命令、应答和状态。

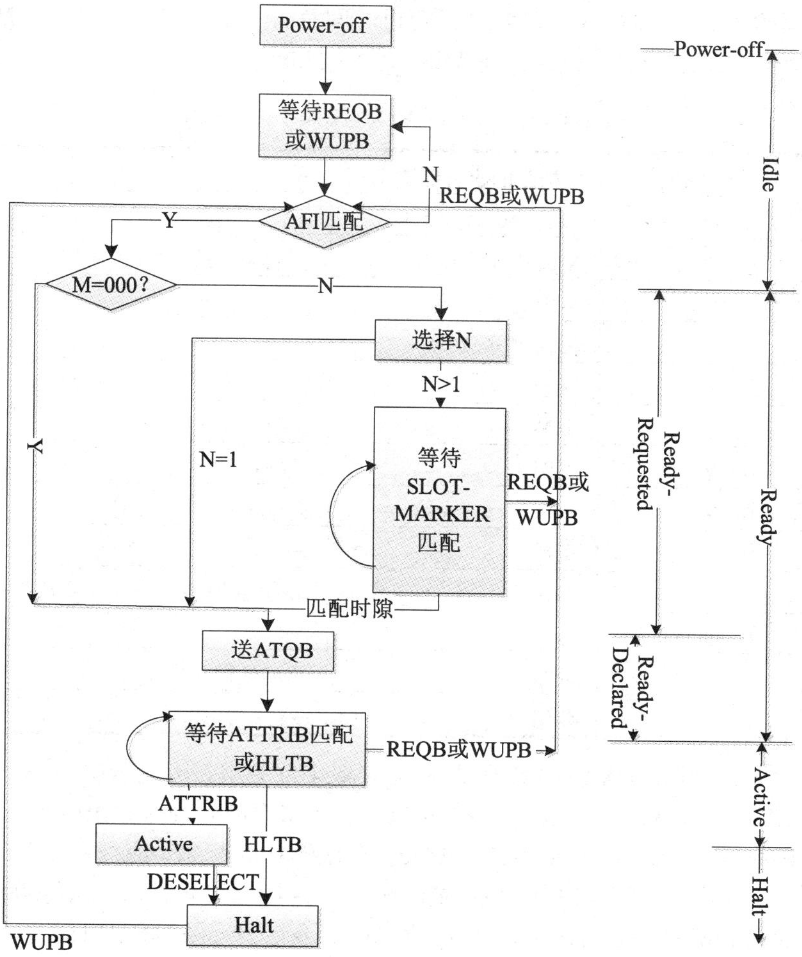

图 4-11 TYPE B 型 PICC 状态转换及防碰撞流程

1. 命令集

(1) REQB/WUPB 命令。

REQB/WUPB 命令的结构如表 4-7 所示。

表 4-7 REQB/WUPB 命令的格式

组 成 域	Apf	AFI	PARAM			CRC-B
说 明	05H	1 字节	RFU	REQB/WUPB	M	2 字节

① Apf 前缀：Apf=05H=00000101b。

② AFI(应用族标识符)：AFI 代表由 PCD 指定的应用类型，它的作用是在 PICC 应答 ATQB 之前预选 PICC。

AFI 的编码如表 4-8 所示。AFI 编码为 1 字节，其高 4 位用于编码所有的应用族或某一类应用族，低 4 位用于编码应用子族。当 AFI=00H 时，所有的 PICC 满足 AFI 匹配条件。

当 AFI 匹配且 PARAM 域中 M 编码的 N_{max}=1 时，PICC 应答 REQB/WUPB 命令。当 AFI 匹配但 M 编码的 $N_{max}\neq 1$ 时，PICC 要选择随机时间片 N(N 在 1~N_{max} 之间)，若 N=1，则立即应答，若 N>1，则要等待 SLOT-MARKER 命令来匹配时间片。

表 4-8　AFI 编码(表中 X，Y 等于 1H~FH)

高 4 位(H)	低 4 位(L)	相应的应答器类别	备　注
0	0	各类应用族及子族	无应用预选
X	0	X 族的各子族	宽的应用预选
X	Y	X 族的 Y 子族	—
0	Y	仅为 Y 子族	—
1	0，Y	交通	公共交通工具，如公共汽车、飞机等
2	0，Y	金融	银行、零售
3	0，Y	识别	访问控制
4	0，Y	电信、移动通信	公用电话、GSM 等
5	0，Y	医疗	—
6	0，Y	多媒体	Internet 服务
7	0，Y	游戏	—
8	0，Y	数据存储	移动便携文件
9~F	0，Y	备用	—

③　PARAM(参数)：PARAM 编码为 8 位，高 4 位备用。b_4 为 REQB/WUPB 位，b_4=0 时定义为 REQB 命令，PICC 在 Idle 状态和 Ready 状态，应处理应答 REQB 命令；b_4=1 时定义为 WUPB 命令，PICC 在 Idle 状态、Ready 状态和 Halt 状态，应处理应答 WUPB 命令。M 为低 3 位，其编码定义随机时间片 N 的范围，N_{max}=1，2，4，8，16(M=000、001、010、011、100，而 101、110 和 111 为备用)。PICC 收到此命令后，产生的随机时间片 N 应在 1~N_{max} 之间。

(2)　SLOT-MARKER 命令。

若多个 PICC 在同一时间进行应答，则会发生碰撞，此时，PCD 应发出时间片 SLOT-MARKER 命令。SLOT-MARKER 命令如表 4-9 所示。

表 4-9　SLOT-MARKER 命令

组 成 域	Apn	CRC-B
说　　明	*nnnn*0101	2 字节

Apn 为 1 字节，Apn=(*nnnn*0101b，*nnnn* 为二进制时间片序号，可取值为 2，3，4，...，16，对应的 *nnnn* 编码为 0001，0010，0011，...，1111。也就是说，PCD 给出命令为第 *nnnn* 个时间片，当 PICC 产生的随机时间片 N 等于 *nnnn* 定义的时间片时才应答。

(3)　ATQB 应答。

PICC 对 REQB/WUPB 命令和 SLOT-MARKER 命令的应答都是 ATQB，ATQB 的格式如表 4-10 所示。

表 4-10 ATQB 应答的格式

组成域	Apa	PUPI	Application Data			Protocol Info	CRC-B
说 明	50H	4 字节	AFI	CRC-B(AID)	应用数量	3 字节	2 字节

① 伪唯一的 PICC 标识符(Pseudo-Unique PICC Identifier，PUPI)：PUPI 用于在防碰撞期间区分 PICC，它是由 PICC 动态产生的数或各种固定的数。PUPI 仅可在 Idle 状态改变其值。PUPI 长为 4 字节。

② 应用数据(Application Data)：应用数据域用来告知 PCD 在 PICC 上已装有哪些应用，它供 PCD 在具有多个 PICC 时选择所需的 PICC。应用数据取决于协议信息域中 ADC(应用数据编码)的定义，当 ADC=01 时，应用数据部分的描述如下。

- AFI：长度为 1 字节。对于只有一种应用的 PICC，AFI 按表 4-8 的编码填入应用族；对于多应用类型的 PICC，AFI 填入应用族并附加 CRC-B(AID)域。
- CRC-B(AID)：长度为 2 字节。当 PICC 的应用类型与 REQB/WUPB 命令中给出的 AFI 匹配时，它是所给出的应用标识 AID(在 ISO/IEC 7816-5 中定义)的 CRC-B 计算结果。
- 应用数量：长度为 1 字节。它指定在 PICC 中有关应用的出现情况，高 4 位指示匹配 AFI 的应用数量，0 表示没有应用，FH 表示应用数为 15 或更多；低 4 位指示总的应用数量。

③ 协议信息(Protocol Info)。

协议信息域给出 PICC 所支持的参数，其结构如表 4-11 所示，总长度为 3 字节。

表 4-11 协议信息的结果

参 数	比 特 率	最大帧长	协议类型	FWI	ADC	FO
位数	1 字节	4 位	4 位	4 位	2 位	2 位

- 比特率：该字节 b_4=1 的编码为 RFU(备用)，b_4=0 时设置了 PCD 和 PICC 之间的通信比特率。若该字节为全 0，则 PICC 只支持 106kbps 的比特率。当 b_4=0，b_8=1 时，PCD 和 PICC 间的通信为相同比特率。b_4=0 时，比特率的设置如表 4-12 所示。

表 4-12 b_4=0 时比特率的设置

传输方向	编 码 位	比特率(kbps)
PCD 至 PICC	B_1=1	212
	B_2=1	424
	B_3=1	847
PICC 至 PCD	B_5=1	212
	B_6=1	424
	B_7=1	847

- 最大帧长：4 位编码值。0~8H 对应的最大帧长为 16、24、32、40、48、64、96、128、256 字节；9H~FH 作为大于 256 字节的备用编码值。

- 协议类型：编码 0000 表明 PICC 与 ISO/IEC 14443-4 传输协议不一致，编码 0001 表明 PICC 采用 ISO/IEC 14443-4 传输协议，其他编码值为备用(RFU)。
- FWI：编码为整数值 0~14，15 为备用。FWI 用于计算 FWT，FWT 是 PCD 帧结束后 PICC 开始应答的最大时间，FWT 表示为：

$$\mathrm{FWT}=\left\{\frac{256\times 16}{f_{\mathrm{c}}}\right\}2^{\mathrm{FWI}}$$

- 式中，f_c 为载波频率(13.56MHz)。当 FWI=0 时，FWT=302μs；当 FWI=14 时，FWT=4949ms。
- ADC：编码为 00 时，为私有的应用；为 01 时，采用前述的应用数据域定义；其他两个编码值为备用。
- FO：编码为 1X(X=0，1)时，PICC 支持节点地址(Node Address，NAD)；编码为 X1(X=0，1)时，PICC 支持卡标识符(Card Identifier，CID)。NAD 的编码由 8 位构成，其中 b_8 和 b_4 为 0，$b_7b_6b_5$ 为目标节点的地址，$b_3b_2b_1$ 为源节点的地址。

(4) ATTRIB 命令。

PCD 接收到正确的 ATQB 应答后，发出 ATTRIB 命令，命令的格式如表 4-13 所示。

表 4-13 ATTRIB 命令的格式

组 成 域	Apc	Identifier	Param1	Param2	Param3	Param4	高层信息	CRC-B
说 明	IDH	4 字节	1 字节	1 字节	1 字节	1 字节	长度可变	2 字节

① Identifier：它是 PICC 在 ATQB 应答中的 PUPI 值。

② Param1：Param1 编码的结构如表 4-14 所示。

表 4-14 Param1 编码的结构

数 据 位	b_8b_7	b_6b_5	b_4	b_3	b_2	b_1
说 明	最小 TR0	最小 TR1	EOF	SOF	RFU	

- TR0：表示 PICC 在 PCD 命令结束后到响应(发送副载波)之前的最小延迟时间，它与 PCD 的收发转换性能有关。两位编码值 00、01、10、11 对应的 TR0 值分别为 $64/f_c$(默认值)、$48/f_c$、$16/f_c$ 和 RFU。载波频率 f_c 为 13.56MHz。
- TR1：表示 PICC 从副载波调制启动到数据开始传送之间的最小延迟时间。TR1 是 PCD 和 PICC 同步的需要，它由 PCD 的性能决定。两位编码值 00、01、10、11 对应的 TR1 值分别为 $80/f_c$(默认值)、$64/f_c$、$16/f_c$ 和 RFU。
- EOF/SOF：EOF 和 SOF 各 1 位，用于表示 PCD 在 PICC 向 PCD 通信时是否需要 EOF(帧结束)和(或)SOF(帧开始)标识符。应注意的是，在防碰撞期间，PCD 和 PICC 间双向传送的帧都需要 SOF 和 EOF 标识符。当 SOF 和 EOF 位为 0 时，需要 SOF 和 EOF 标识符；编码为 1 时表示不需要。

③ Param2：低 4 位编码表示最大的帧长度，0~8H 对应的最大帧长分别为 16、24、32、40、48、64、96、128、256 字节，9H~FH 为备用(>256 字节)。

Param2 的高 4 位编码表示比特率。当 PCD 向 PICC 通信时，b6b5 编码为 00、01、10、

11，对应的波特率为 106、212、424、847(kbps)；当 PICC 向 PCD 通信时，b8b7 编码为 00、01、10、11，对应的波特率为 106、212、424、847(kbps)。

④ Param3：低 4 位用于编码协议类型，编码同表 4-11 中的协议类型编码。高 4 位设置为 0，其他值为备用。

⑤ Param4：低 4 位称为 CID，用于定义被寻址的 PICC 的逻辑号，其值为 0~14，值 15 为备用。CID 由 PCD 给出，对同一时刻每个处于 Active 状态的 PICC 是唯一的。若 PICC 不支持 CID，则编码值应为 0。高 4 位设置为 0，其他值为备用。

⑥ 高层信息：是可选项，长度可为 0 字节。选用时，用于传送高层信息。

从上面对 ATTRIB 命令的介绍可以看出，PCD 通过 ATTRIB 命令可以实现对某个 PICC 的选择，使其进入 Active 状态。

(5) 对 ATTRIB 命令的应答。

PICC 对有效 ATTRIB 命令(正确的 PUPI 和 CRC-B)应答的格式如表 4-15 所示。

表 4-15 ATTRIB 命令的响应格式

组 成 域	MBLI	CID	高层响应	CRCB
位 长	4 位	4 位	0 或多字节	2 字节

① MBLI：第一个字节的高 4 位称为最大缓冲器容量索引(Maximum Buffer Length Index，MBLI)，PICC 通过该编码告知 PCD，当 PCD 向 PICC 发送链接帧时，应保证不能超出该编码所规定的最大缓冲器容量(MBL)。MBLI 和 MBL 的关系为：

$$MBL = FL_{max} \times 2^{MBLI-1} \tag{4.8}$$

式中，FL_{max} 为 PICC 的最大帧长。当 MBLI>0 时，PICC 最大帧长由 PICC 在 ATQB 应答中提供。当 MBLI=0 时，PICC 规定在它的内部输入缓冲器中不存放信息。

② CID：返回 CID 值，若 PICC 不支持 CID，则其编码值为$(0000)_b$。

③ 高层响应：该段的长度为 0 或更多字节，为对高层命令的响应。

(6) HLTB 命令与应答。

HLTB 命令用于将 PICC 置于 Halt 状态。此时，PICC 除了接受 WUPB 命令外，其他命令对它没有影响。HLTB 命令的结构由三部分组成：

- 第一个字节为 50H。
- 4 字节的 Identifier(即 PUPI)。
- CRC-B。

PICC 收到 HLTB 命令后的应答帧结构为：第一个字节为 00H；CRC-B。

2. 防碰撞示例

如图 4-12 所示为 TYPE B 防碰撞过程示例，这是一个有三个 PICC 的防碰撞过程。

3. 状态转换

TYPE B 的状态与转换条件已画在图 4-11 中，不再详述，但需要说明以下两点。

(1) Ready 状态可分为 Ready-Requested(就绪-请求)和 Ready-Declared(就绪-宣布)两个子状态。当 PICC 在 Idle 状态接收到有效的 REQB 命令，且规定发送 ATQB 的时隙不是第一个时隙，则进入就绪-请求状态，直至与 SLOT-MARKER 命令的时隙匹配，才能进入就绪-宣布状态。在就绪-宣布状态，PICC 监听 ATTRIB、HLTB、REQB/WUPB 三种命令，以确定下一个状态的转换。

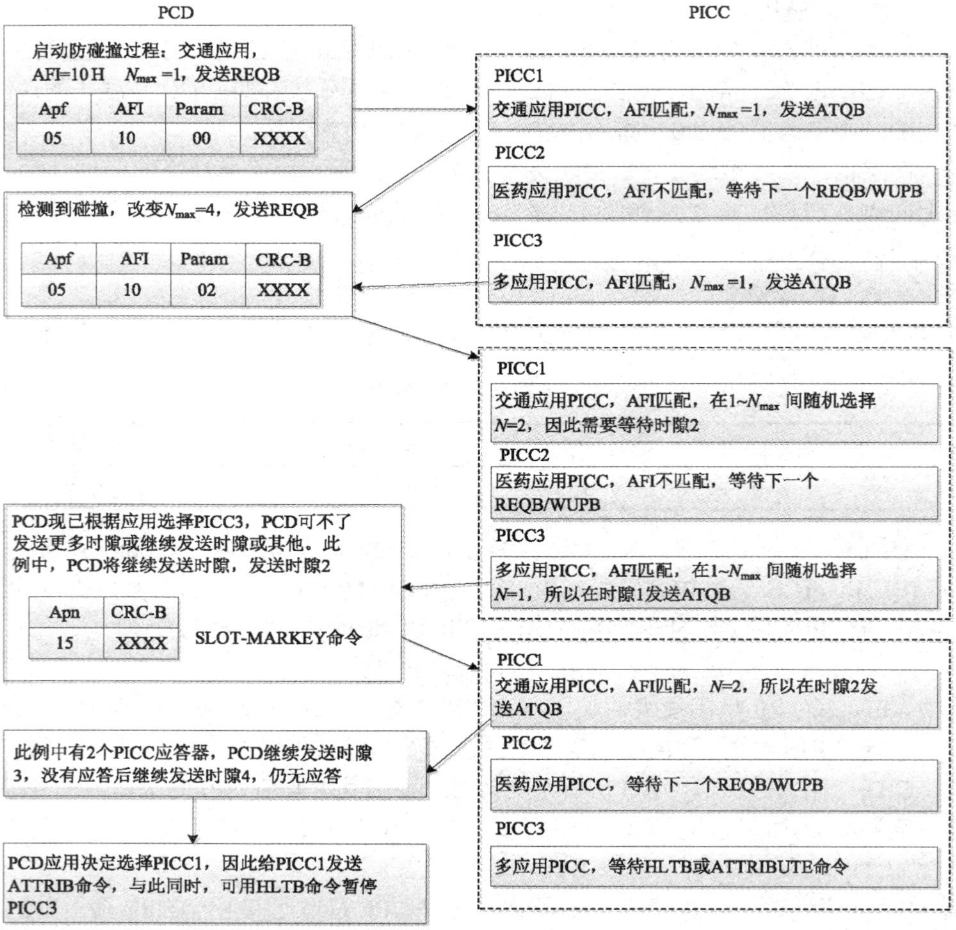

图 4-12　TYPE B 防碰撞过程示例

(2) DESELECT 命令是 PCD 发送的高层命令(在 ISO/IEC 14443-4 中规定)。接收到 DESELECT 命令后，PICC 从激活(Active)状态进入 Halt 状态。在高层协议中，也可通过高层命令使 PICC 进入 Idle 状态。

4.4　碰 撞 检 测

前两节介绍了防碰撞算法和协议，无论什么协议，都需要判断是否发生了碰撞，才能进行下一步的操作，因此，碰撞检测是实现防碰撞算法和协议必不可少的重要环节。

不同的防碰撞算法，对碰撞检测的要求会有不同。例如，要实现 ISO/IEC 14443 标准中的 TYPE A 防碰撞协议，必须辨别碰撞是在哪一位发生的。对于时隙 Aloha 算法，可以不必追究是在哪一位发生了碰撞，只要判别在该时隙是否发生了碰撞即可。

判断是否产生了数据信息的碰撞，可以采用下述三种方法。

(1) 检测接收到的电信号参数(如信号电压幅度、脉冲宽度等)是否发生了非正常变化，但是对于无线电射频环境，门限值较难设置。

(2) 通过差错检测方法检查有无错码，虽然应用奇偶检验、CRC 码检查到的传输错误不一定是数据碰撞引起的，但是，这种情况的出现点被认为是出现了碰撞。

(3) 利用某些编码的性能，检查是否出现非正常码，来判断是否产生数据碰撞，如曼彻斯特码，若以 2 倍数据时钟频率的 NRZ 码表示曼彻斯特码，则出现 11 码就说明产生了碰撞，并且可以知道碰撞发生在哪一位。

4.5 防碰撞 RFID 系统设计实例

为更好地了解防碰撞实现的过程，下面以 MCRF250 无源 RFID 芯片为例，介绍该防碰撞 RFID 系统的设计。

4.5.1 无源 RFID 芯片 MCRF250

1. 简介

MCRF250 芯片是 Microchip 公司生产的非接触可编程无源 RFID 器件，工作频率(载波)为 125kHz。该器件有两种工作模式：初始模式(Native)和读模式。初始模式是指 MCRF250 芯片具有一个未被编程的存储阵列，而且能够在非接触编程时提供一个默认状态。

在初始模式下，波特率为载波频率的 128 分频，调制方式为 FSK，数据码为 NRZ 码。读模式是指在接触和非接触方式编程后的永久工作模式。在读模式下，MCRF250 芯片中的配置寄存器的锁存位 CB12 置 1，芯片上电后进入防碰撞数据传输状态。

MCRF250 芯片的主要性能如下。

(1) 只读数据传输，片内带有一次性可编程(OTP)的 96 位或 128 位用户存储器(支持 48 位或 64 位协议)。

(2) 具有片上整流和稳压电路。

(3) 低功耗。

(4) 编码方式为 NRZ 码、曼彻斯特码和差分曼彻斯特码。

(5) 调制方式为 FSK、PSK 和直接调制。

(6) 封装方式有 PDIP 和 SOIC 两种。

2. 工作原理

MCRF250 芯片的内部电路框图如图 4-13 所示，它与读写器构成一个应用系统。芯片的引脚 VA 和 VB 外接电感 L_1 和电容 C_1 构成谐振电路，谐振频率为 125kHz，电感 L_1 的参考值为 4.05mH，电容 C_1 的参考值为 390pF。读写器一侧的射频前端天线电路谐振于 125kHz，用于输出射频能量，同时，也用于接收 MCRF250 芯片以负载调制方式传来的数字信号。

MCRF250 芯片内部电路由射频前端电路、配置寄存器和防碰撞电路三部分组成。

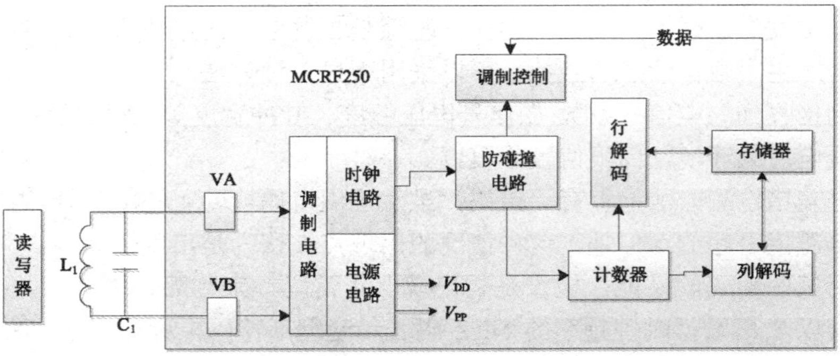

图 4-13　MCRF250 芯片的内部电路框图

(1)　射频前端电路。

射频前端电路用于完成芯片所有的模拟信号处理和变换功能，包括天线、电源(工作电压 V_{DD} 和编程电压 V_{PP})、时钟、载波中断检测、上电复位、负载调制等电路。此外，它还用来实现编码调制方式的逻辑控制。

(2)　配置寄存器。

配置寄存器用于确定芯片的工作参数。配置寄存器可以由制造商在生产过程中编程，也可以采用非接触方式编程。配置寄存器共有 12 位，其功能如图 4-14 所示。位 10(CB10)用于设置 PSK 速率。置 1 时，速率为 $f_c/4$；置 0 时，速率为 $f_c/2$。f_c 为载波频率 125kHz。

当 CB12 为 0 时，表示存储阵列未被锁定；为 1 时，表示成功地完成了接触编程或非接触编程，此时芯片工作于防碰撞只读模式下。其他位的配置、设置见图 4-14，不再详述。

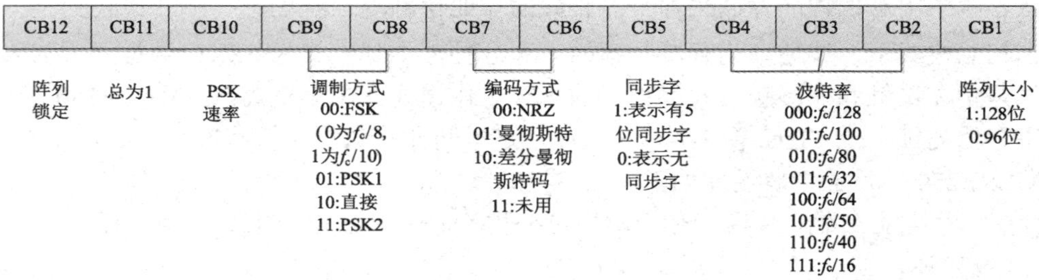

图 4-14　配置寄存器各设置位的功能

(3)　防碰撞电路。

芯片内有防碰撞电路，当发生碰撞时，MCRF250 芯片可停止数据发送，并在防碰撞电路的控制下，再一次在适当的时候传输数据。这种功能保证了当读写器射频能量场中有多个应答器时，可以逐一读取。该防碰撞措施要求读写器应具有提供载波信号中断时隙(Gap)和碰撞检测的能力。

4.5.2　基于 FSK 脉冲调制方式的碰撞检测方法

125kHz 应答器的防碰撞技术目前尚未形成统一的标准，很多厂家都拥有自己的专利。对于 MCRF250 芯片的读写器设计，其主要特点是要具有防碰撞能力，即读写器应具有提供 Gap 和碰撞检测的能力。读写器提供的 Gap 用于保证时间上的同步，碰撞检测可判断有无碰撞发生。

碰撞检测可采用比特(位)碰撞检测方法。位检测可以采用幅度、位宽度的检测或非正常码出现等检测方法。

下面介绍一种基于 FSK 调制方式的碰撞检测方法。该方法通过检测位宽的变化来判断碰撞的发生。位宽的变化与调制方式有关，当采用 NRZ 码 FSK 脉冲调制时，发现如果位 0 和位 1 碰撞，其合成波形的位宽会有比较明显的变化，图 4-15 所示为碰撞情况的时序图，图中，数位 0 的 FSK 频率为 $f_c/8$，数位 1 的 FSK 频率为 $f_c/10$，f_c 为载波频率(125kHz)，T_c 为载波周期，NRZ 码数位宽为 $40T_c$。

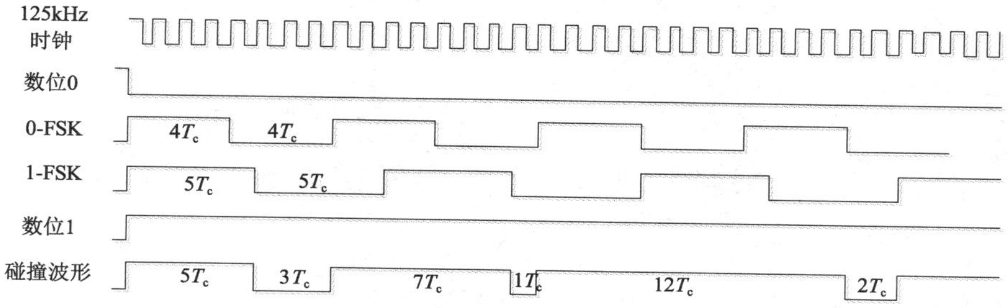

图 4-15 数位 1 和数位 0 碰撞情况的时序图

从图 4-15 可见，经“放大/滤波/整形”电路后，若数位 1 和数位 0 产生碰撞，则碰撞冲突后的波形将出现 $7T_c$ 和 $12T_c$ 宽的脉冲，而正常情况下，0 的 FSK 调制脉宽为 $4T_c$，1 的 FSK 调制脉宽为 $5T_c$。因此，用计数器进行位宽检测，判断是否出现大于 $5T_c$ 的脉宽，就可以判断是否出现了碰撞。

4.5.3 FSK 防碰撞读写器的设计

(1) 读写器组成框图。

读写器的电路组成框图如图 4-16 所示，它由晶体振荡器(4MHz)、分频器、功率放大器、Gap 产生电路、包络检波、放大滤波整形电路、FSK 解调电路、碰撞检测电路和微控制器组成。

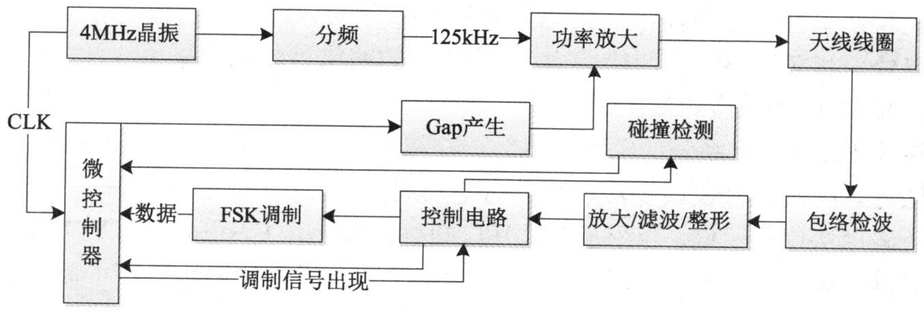

图 4-16 FSK 防碰撞读写器的电路组成框图

(2) 防碰撞流程。

MCRF250 芯片的防碰撞流程如图 4-17 所示。首先，读写器开始送出 Gap，其时间间隔(载波缺损时间)为 60μs(误差不大于 20%)。然后，等待 5 个位宽时间，检测有无调制信号出现，若有调制信号出现，再判断是否发生了碰撞。如果无碰撞出现，则读完该 MCRF250 芯片数据后，再按规定形成一个新的 Gap，以进行下一次读取。

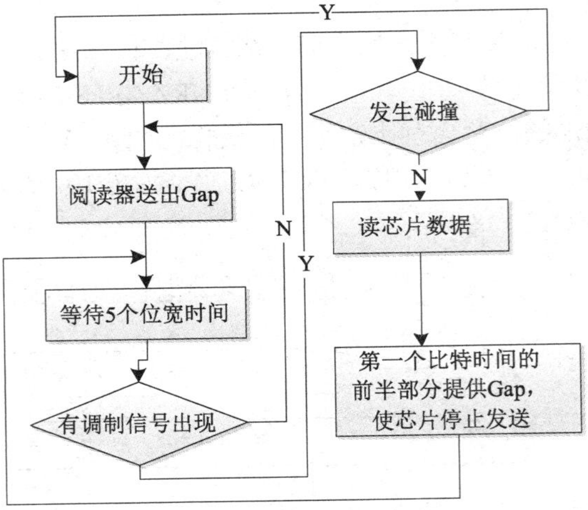

图 4-17　防碰撞流程图

流程中的主要工作由微控制器的程序实现。对于功率放大器电路，特别是 D 类功率放大器，由微控制器程序产生 Gap 是很容易实现的。

(3) 其他电路。

图 4-16 中的其他电路模块在本书的有关章节已有相应的介绍，不再赘述。

防碰撞技术是 RFID 的一项重要技术，不同的芯片所采用的措施和方法会有所不同，需要仔细地进行分析和研究。

本章小结

本章主要介绍了 RFID 系统中数据传输的完整性问题，该问题包括数据校验和防碰撞两个方面。

数据校验使用检纠错码，检纠错码按其构造可分为分组码、卷积码和交织码。编码性能包括编码效率和对误码的检纠错能力。RFID 中的差错检测编码采用线性分组码，其中，奇偶检验码和 CRC 码的应用最广泛。

防碰撞技术是 RFID 系统的关键技术之一。常用的防碰撞算法有 Aloha 算法、二进制树型搜索算法等。防碰撞协议由算法、一组命令及通信规范组成。

作为防碰撞协议的示例，介绍了 ISO/IEC 14443 标准中 TYPE A 和 TYPE B 两种防碰撞协议，前者基于位碰撞检测的二进制树型搜索算法，后者基于时隙匹配的动态时隙算法来实现防碰撞。

MCRF250 无源 RFID 芯片具有防碰撞能力，采用基于 FSK 脉冲调制方式的碰撞检测方法。通过软、硬件设计，可以构建一个具有防碰撞能力的简单的 RFID 系统。

习 题

(1) 分组码、卷积码和交织码有什么不同？

(2) 讨论现行分组码的检纠错能力。

(3) 在传输的帧中，被检测部分和 CRC 码组成的比特序列为 11 0000 0111 0111 0101 0011 0111 1000 0101 1011。若已知生成项的阶数为 4 项，请给出余数多项式。

(4) 简述 Aloha 算法和时隙 Aloha 算法的基本原理和它们之间的区别。

(5) 简述基于随机数(0 或 1)和时隙的防碰撞过程。

(6) 在题图 4-18 中，防碰撞协议采用 ISO/IEC 14443 标准中的 TYPE A。设读写器(PCD)射频能量场内有两个应答器 PICC#1 和 PICC#2，其中，UID CL_n 分别为 CL_1 和 CL_2。请解释图示的防碰撞过程。

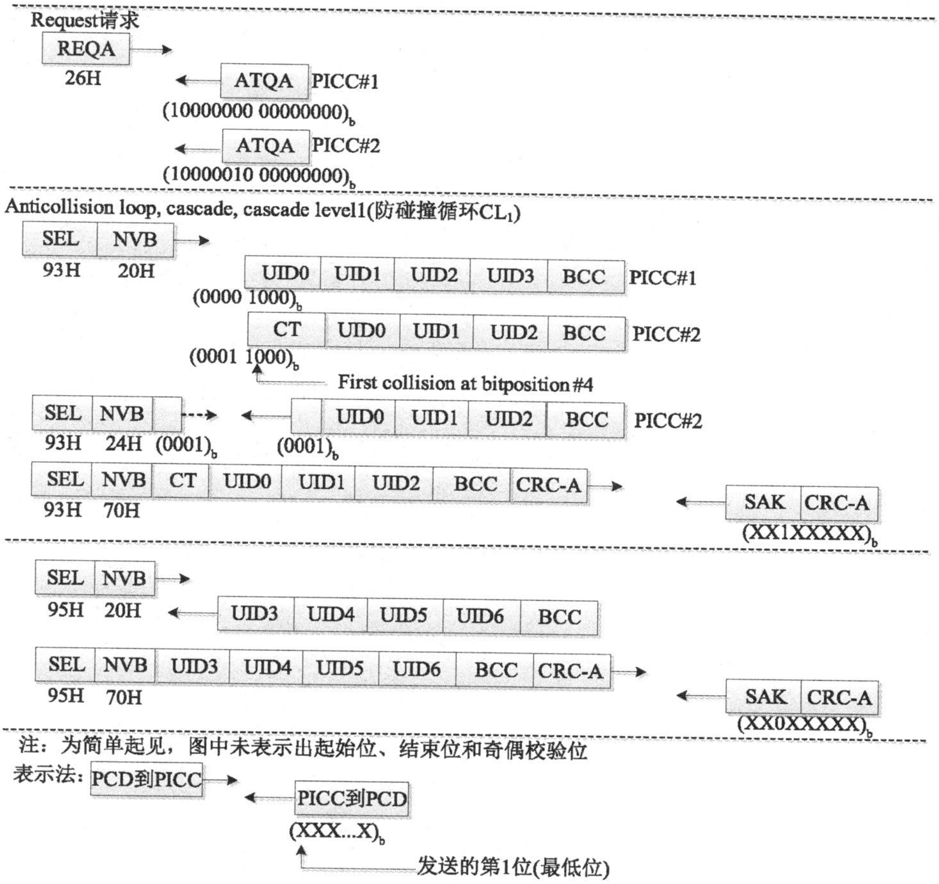

图 4-18 PCD 选择两个 PICC 的防碰撞过程

(7) 简述 ISO/IEC 14443 标准中 TYPE B 的防碰撞过程。

(8) 在 ISO/IEC 14443 标准的 TYPE B 中，处于 Ready-Declared 状态的 PICC 对哪些命令的接受会使其状态发生转换？转换的下一个状态是什么？

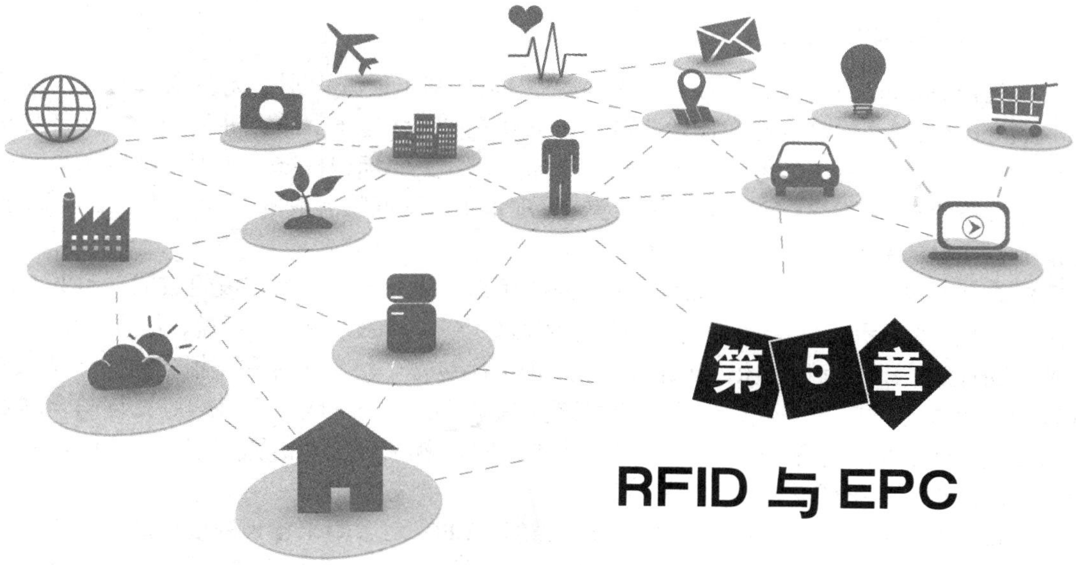

第 5 章 RFID 与 EPC

学习目标

1. 掌握 EPC 的概念及其发展状况。
2. 掌握 EPC 编码体系及编码实现。
3. 了解 RFID 技术在 EPC 体系中的重要作用。
4. 掌握 EPC 系统的网络技术实现。

知识要点

EPC 的概念、EPC 的体系结构、RFID 技术在 EPC 中的重要作用、EPC 网络技术实现。

5.1 EPC 基础

5.1.1 EPC 的定义

EPC(Electronic Product Code，产品电子代码)是基于射频识别、无线数据通信，以及Internet 的一项物流信息管理新技术。EPC 的载体是 RFID 电子标签，并借助互联网来实现信息的传递。EPC 旨在为每一件单品建立全球的、开放的标识标准，实现全球范围内对单件产品的跟踪与追溯，从而有效提高供应链管理水平，降低物流成本。EPC 是一个完整的、复杂的、综合的系统。

EPC 是由标头、厂商识别代码、对象分类代码、序列号等数据字段组成的一组数字。它是下一代产品标识代码，可以对供应链中的对象(包括物品、货箱、货盘、位置等)进行全球唯一的标识。EPC 存储在 RFID 标签上，这个标签包含一块硅芯片和一根天线。读取 EPC 标签时，可以与一些动态数据连接，例如该贸易项目的原产地或生产日期等。这与全球贸易项目代码(GTIN)和车辆鉴定码(VIN)十分相似。EPC 就像是一把钥匙，用以解开 EPC 网络上相关产品信息这把锁。

与目前商务活动中使用的许多编码方案类似，EPC 包含用来标识制造厂商的代码以及用来标识产品类型的代码。但 EPC 使用额外的一组数字——序列号来识别单个贸易项目。EPC 所标识产品的信息保存在 EPCglobal 网络中。

5.1.2 EPC 的产生

1. 条码

20 世纪 70 年代开始大规模应用的商品条码(Bar Code for Commodity)现在已经深入到日常生活的每个角落，以商品条码为核心的 EAN/UCC 全球统一标识系统，已成为全球通用的商务语言。目前已有 100 多个国家和地区的 120 多万家企业和公司加入了 EAN/UCC 系统，上千万种商品应用了条码标识。EAN/UCC 系统在全球的推广，加快了全球流通领域信息化、现代物流及电子商务的发展进程，提升了整个供应链的效率，对全球经济及信息化的发展起到了举足轻重的推动作用。

商品条码的编码体系是对每一种商品项目的唯一编码，信息编码的载体是条码，随着市场的发展，传统的商品条码逐渐显示出一些不足之处。

首先，从 EAN/UCC 系统编码体系的角度来讲，主要以全球贸易项目代码(GTIN)体系为主。而 GTIN 体系是对一族产品和服务，即所谓的“贸易项目”，在买卖、运输、仓储、零售与贸易运输结算过程中提供唯一标识。虽然 GTIN 标准在产品识别领域得到了广泛应用，却无法做到对单个商品的全球唯一标识。而新一代的 EPC 编码则因为编码容量的极度扩展，能够从根本上革命性地解决这一问题。

其次，虽然条码技术是 EAN/UCC 系统的主要数据载体技术，并已成为识别产品的主要手段，但条码技术存在如下缺点。

(1) 条码是可视的数据载体。识读器必须“看见”条码才能读取它，必须将识读器对准条码才有效。而无线电频率识别并不需要可视传输技术，RFID 标签只要在识读器的读取范围内，就能进行数据识读。

(2) 如果印有条码的横条被撕裂、污损或脱落，就无法扫描这些商品。而 RFID 标签只要与识读器保持在既定的识读距离之内，就能进行数据识读。

(3) 现实生活中，对某些商品进行唯一的标识越来越重要，如食品、危险品和贵重物品的追溯。而条码只能识别制造商和产品类别，而不是具体的商品。牛奶纸盒上的条码到处都一样，用条码辨别哪盒牛奶先超过有效期将是不可能的。

随着网络技术和信息技术的飞速发展以及射频技术的日益成熟，EPC 系统的产生，为供应链提供了前所未有的、近乎完美的解决方案。

2. 射频识别

射频识别技术(RFID)是 20 世纪中叶进入实用阶段的一种非接触式自动识别技术，其基本原理是利用射频信号及其空间耦合和传输特性，实现对静止或移动物体的自动识别。射频识别的信息载体是射频标签，其形式有卡、纽扣、标签等多种类型。射频标签贴在产品或安装在产品或物品上，由射频识读器读取存储于标签中的数据。RFID 可以用来追踪和管理几乎所有物理对象。因此，越来越多的零售商和制造商都在关心和支持这项技术的发展与应用。

采用 RFID 最大的好处，是可以对企业的供应链进行高效管理，以有效地降低成本。因此，对于供应链管理应用而言，射频技术是一项非常适合的技术，但由于标准不统一等原因，该技术在市场中并未得到大规模的应用，因此，为了获得期望的效果，用户迫切要求开放标准。

3. EPC

针对 RFID 技术的优势及其可能给供应链管理带来的效益，国际物品编码协会 EAN 和 UCC 早在 1996 年就开始与国际标准组织 ISO 协同合作，陆续开发了无线接口通信等相关标准，自此，RFID 的开发、生产及产品销售乃至系统应用有了可遵循的标准，对于 RFID 制造者及系统方案提供商而言，也是一个重要的技术标准。

1999 年，麻省理工大学成立了 Auto-ID Center，致力于自动识别技术的开发和研究。Auto-ID Center 在美国统一代码委员会(UCC)的支持下，将 RFID 技术与 Internet 网结合，提出了产品电子代码(EPC)概念。国际物品编码协会与美国统一代码委员会将全球统一标识编码体系植入 EPC 概念中，从而使 EPC 纳入全球统一标识系统。世界著名研究性大学——英国的剑桥大学、澳大利亚的阿德雷德大学、日本的 Keio 大学、瑞士的圣加仑大学、上海的复旦大学相继加入并参与了 EPC 的研发工作。该项工作还得到了可口可乐、吉利、强生、辉瑞、宝洁、联合利华、UPS、沃尔玛等 100 多家国际大公司的支持，其研究成果已在一些公司中试用，如宝洁公司、TESCO 等。

2003 年 11 月 1 日，国际物品编码协会(EAN/UCC)正式接管了 EPC 在全球的推广应用工作，成立了 EPCglobal，负责管理和实施全球的 EPC 工作。EPCglobal 授权 EAN/UCC 在各国的编码组织成员负责本国的 EPC 工作，各国编码组织的主要职责是管理 EPC 注册和标准化工作，在当地推广 EPC 系统和提供技术支持以及培训 EPC 系统用户。

在我国，EPCglobal 授权中国物品编码中心作为唯一代表，负责我国 EPC 系统的注册管理、维护及推广应用工作。同时，EPCglobal 于 2003 年 11 月 1 日，将 Auto-ID Center 更名为 Auto-ID Lab，为 EPCglobal 提供技术支持。

EPCglobal 的成立，为 EPC 系统在全球的推广应用，提供了有力的组织保障。

EPCglobal 旨在改变整个世界，搭建一个可以自动识别任何地方、任何事物的开放性的全球网络，即 EPC 系统。可以形象地称为“物联网”。

在物联网的构想中，RFID 标签中存储的 EPC 代码，通过无线数据通信网络，把它们自动采集到中央信息系统，实现对物品的识别，进而通过开放的计算机网络，实现信息交换和共享，以及对物品的透明化管理。

5.1.3 EPC 系统的构成

EPC 系统是一个非常先进的、综合性的和复杂的系统，其最终目标是为每一单品建立全球的、开放的标识标准。

EPC 系统由全球产品电子代码(EPC)体系、射频识别系统及信息网络系统三部分组成，如图 5-1 和表 5-1 所示。

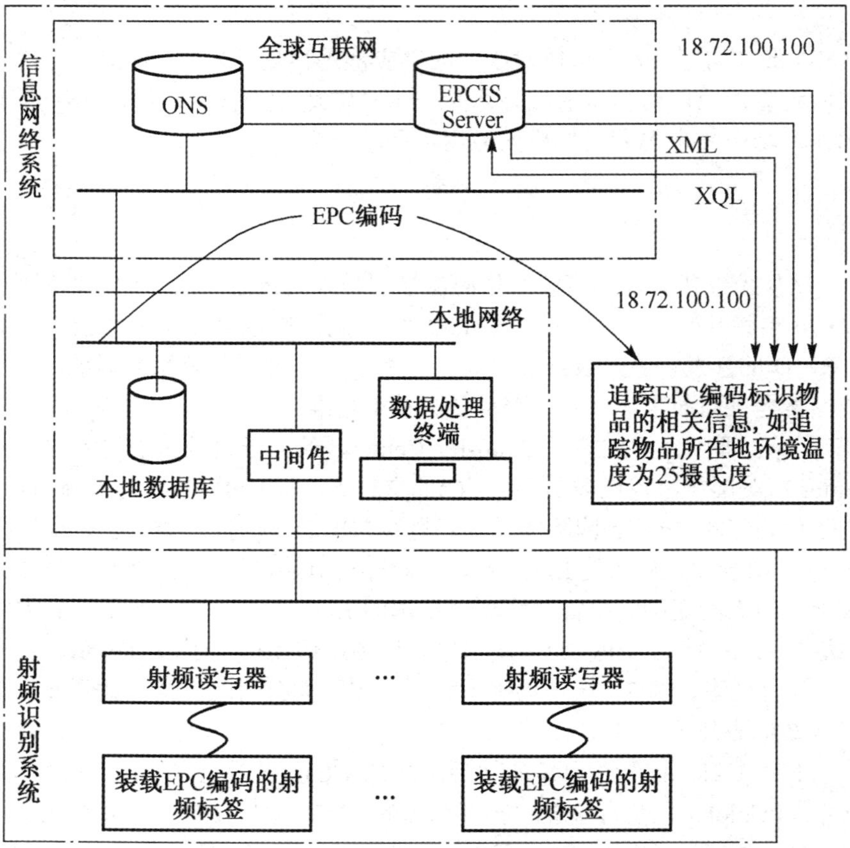

图 5-1　EPC 系统的构成

表 5-1　PEC 系统的构成

系统构成	名　称	注　释
全球产品电子代码编码体系	EPC 编码标准	识别目标的特定代码
射频识别系统	EPC 标签	贴在物品上或内嵌在物品中
	识读器	识读 EPC 标签
信息网络系统	EPC 中间件	EPC 系统的软件支持系统
	对象名称解析服务(ONS)	进行物品解析
	EPC 信息服务(EPCIS)	提供产品相关信息接口，采用 XML 进行信息描述

1．EPC 编码体系

EPC 编码体系是新一代的与 GTIN 兼容的编码标准，它是全球统一标识系统的延伸和拓展，是全球统一标识系统的重要组成部分，是 EPC 系统的核心与关键。

EPC 代码是由标头、厂商识别代码、对象分类代码、序列号等数据字段组成的一组数字。具体结构示例如表 5-2 所示。

表 5-2　EPC 编码的结构

EPC-96	标　头	厂商识别代码	对象分类代码	序 列 号
	8	28	24	36

EPC 编码体系具有以下特性。

(1)　科学性：结构明确，易于使用和维护。

(2)　兼容性：EPC 编码标准与目前广泛应用的 EAN • UCC 编码标准是兼容的，GTIN 是 EPC 编码结构中的重要组成部分，目前广泛使用的 GTIN、SSCC、GLN 等，都可以顺利转换到 EPC 中去。

(3)　全面性：可在生产、流通、存储、结算、跟踪、召回等供应链的各环节全面应用。

(4)　合理性：由 EPCglobal、各国 EPC 管理机构(中国的管理机构称为 EPCglobal China)、被标识物品的管理者分段管理、共同维护、统一应用，具有合理性。

(5)　国际性：不以具体国家、企业为核心，编码标准全球协商一致，具有国际性。

(6)　无歧视性：编码采用全数字形式，不受地方色彩、语言、经济水平、政治观点的限制，是无歧视性的编码。

当前，出于成本等因素的考虑，参与 EPC 测试所使用的编码标准采用的是 64 位数据结构，未来，将会采用 96 位的编码结构。

2．EPC 射频识别系统

EPC 射频识别系统是实现 EPC 代码自动采集的功能模块，主要由射频标签和射频识读器组成。射频标签是产品电子代码(EPC)的物理载体，附着于可跟踪的物品上，可全球流通，并对其进行识别和读写。射频识读器与信息系统相连，是读取标签中的 EPC 代码并将其输入网络信息系统的设备。EPC 系统射频标签与射频识读器之间利用无线感应方式进行信息交换，具有以下特点：

- 非接触识别。
- 可以识别快速移动的物品。
- 可同时识别多个物品等。

EPC 射频识别系统为数据采集最大限度地降低了人工干预，实现了完全自动化，是“物联网”形成的重要环节。

(1) EPC 标签。

EPC 标签是产品电子代码的信息载体，主要由天线和芯片组成。EPC 标签中存储的唯一信息是 96 位或者 64 位的产品电子代码。为了降低成本，EPC 标签通常是被动式射频标签。EPC 标签根据其功能级别的不同，目前分为 5 类。目前所开展的 EPC 测试使用的是 Class1/Gen2。

(2) 识读器(又称读写器)。

识读器是用来识别 EPC 标签的电子装置，与信息系统相连，实现数据的交换。

识读器使用多种方式与 EPC 标签交换信息，近距离读取被动标签最常用的方法是电感耦合方式。只要靠近，盘绕在识读器中的天线与盘绕在标签中的天线之间，就会形成一个互感磁场。标签就利用这个磁场来发送电磁波给识读器，返回的电磁波被转换为数据信息，也就是标签中所包含的 EPC 代码。

识读器的基本任务就是激活标签、与标签建立通信，并且在应用软件和标签之间传送数据。EPC 识读器和网络之间不需要 PC 作为过渡，所有的识读器之间的数据交换直接可以通过一个对等的网络服务器进行。

识读器的软件提供了网络连接能力，包括 Web 设置、动态更新、TCP/IP 识读器界面、内建兼容 SQL 的数据库引擎。

当前，EPC 系统尚处于测试阶段，EPC 识读技术也还在发展完善之中。Auto-ID Labs 提出的 EPC 识读器工作频率为 860~960MHz。

3. EPC 信息网络系统

信息网络系统由本地网络和全球互联网组成，是实现信息管理、信息流通的功能模块。EPC 系统的信息网络系统是在全球互联网的基础上，通过 EPC 中间件、对象命名称解析服务(ONS)和 EPC 信息服务(EPC IS)来实现全球“实物互联”的。

(1) EPC 中间件。

EPC 中间件具有一系列特定属性的“程序模块”或“服务”，并被用户集成，以满足他们的特定需求。EPC 中间件以前被称为 Savant。

EPC 中间件是加工和处理来自识读器的所有信息和事件流的软件，是连接识读器和企业应用程序的纽带，主要任务是在将数据送往企业应用程序之前进行标签数据的校对、识读器协调、数据传送、数据存储和任务管理。

(2) 对象名称解析服务(ONS)。

对象名称解析服务(ONS)是一个自动的网络服务系统，类似于域名解析服务(DNS)，ONS 给 EPC 中间件指明了存储产品相关信息的服务器。

ONS 服务是联系 EPC 中间件和 EPC 信息服务的网络枢纽，并且，ONS 设计与架构都以因特网域名解析服务 DNS 为基础，因此，可以使整个 EPC 网络以因特网为依托，迅速架构，并顺利延伸到世界各地。

(3) EPC 信息服务(EPCIS)。

EPCIS 提供了一个模块化、可扩展的数据和服务的接口，使得 EPC 的相关数据可以在企业内部或者企业之间共享。它处理与 EPC 相关的各种信息，例如下列信息。

① EPC 的观测值：What/When/Where/Why，通俗地说，就是观测对象、时间、地点以及原因。这里的原因，是一个比较泛的说法，它应该是 EPCIS 步骤与商业流程步骤之间的一个关联，例如订单号、制造商编号等商业交易信息。

② 包装状态：例如物品是在托盘上的包装箱内。

③ 信息源：例如位于 Z 仓库的 Y 通道的 X 识读器。

EPCIS 有两种运行模式，一种是 EPCIS 信息被已经激活的 EPCIS 应用程序直接应用；另一种是将 EPCIS 信息存储在资料档案库中，以备今后查询时进行检索。独立的 EPCIS 事件通常代表独立步骤，比如 EPC 标记对象 A 装入标记对象 B，并与一个交易码结合。对于 EPCIS 资料档案库的 EPCIS 查询，不仅可以返回独立事件，而且还有连续事件的累积效应，比如对象 C 包含对象 B，对象 B 本身包含对象 A。

5.1.4 EPC 系统的特点

EPC 系统的特点如下。

(1) 开放的结构体系。

EPC 系统采用全球最大的公用的 Internet 网络系统。这就避免了系统的复杂性，同时也大大降低了系统的成本，并且还有利于系统的增值。梅特卡夫(Metcalfe)定律表明，一个网络的价值在于用户，系统应该是开放的结构体系，这远比复杂的多重结构更有价值。

(2) 独立的平台与高度的互动性。

EPC 系统识别的对象是一个十分广泛的实体对象，因此，不可能有哪一种技术能适用于所有的识别对象。同时，不同地区、不同国家的射频识别技术标准也不相同。因此，开放的结构体系必须具有独立的平台和高度的交互操作性。EPC 系统网络建立在 Internet 网络系统上，可以与 Internet 网络所有可能的组成部分协同工作。

(3) 灵活的可持续发展的体系。

EPC 系统是一个灵活的、开放的、可持续发展的体系，在不替换原有体系的情况下就可以做到系统升级。EPC 系统是一个全球的大系统，供应链各个环节、各个节点、各个方面都可受益，但对低价值的识别对象来说，如食品、消费品等，它们对 EPC 系统引起的附加价格十分敏感。EPC 系统正在考虑通过本身技术的进步，进一步降低成本，同时，通过系统的整体运作，使供应链管理得到更好的运作，提高效益，以便抵消和降低附加价格。

5.1.5 EPC 系统的工作流程

在由 EPC 标签、识读器、EPC 中间件、Internet、ONS 服务器、EPC 信息服务(EPC IS)以及众多数据库组成的实物互联网中，识读器读出的 EPC 只是一个信息参考(指针)，由这个信息参考从 Internet 找到 IP 地址，并获取该地址中存放的相关的物品信息，并采用分布式的 EPC 中间件处理由识读器读取的一连串 EPC 信息。由于在标签上只有一个 EPC 代码，计算机需要知道与该 EPC 匹配的其他信息，这就需要 ONS 来提供一种自动化的网络数据库服务，EPC 中间件将 EPC 代码传给 ONS，ONS 指示 EPC 中间件到一个保存着产品文件的服务器(EPC IS)查找，该文件可由 EPC 中间件复制，因而，文件中的产品信息就能传到供应链上。EPC 系统的工作流程如图 5-2 所示。

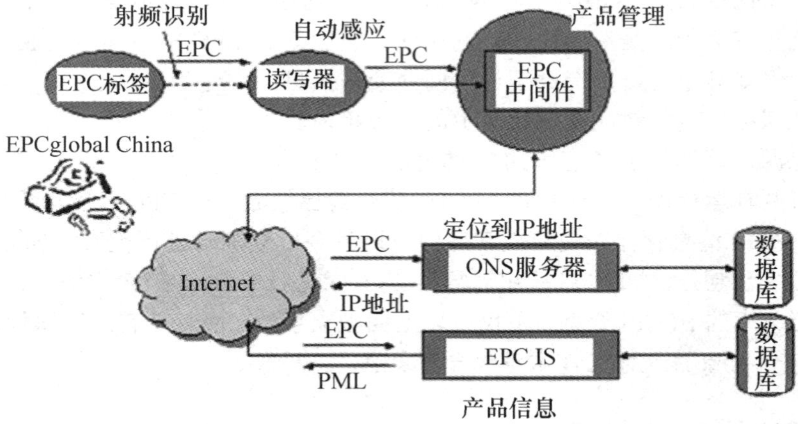

图 5-2　EPC 系统的工作流程

5.1.6　EPC 在国内外的发展状况

1. 国外的 EPC 发展状况

由于 EPC 系统广阔的应用前景，且符合市场需求，它的推广得到了国际性的标准化组织 GS1 及其各国分支机构的大力支持。

2003 年 11 月 1 日，EAN 和 UCC 成立了 EPCglobal，正式接手了 EPC 在全球的推广应用工作。EPCglobal 不但发布了 EPC 标签和识读器方面的技术标准，还推广 RFID 在物流管理领域的网络化管理和应用。截止到 2007 年 10 月 4 日，EPCglobal 一共发展了系统成员 1264 家，其中，终端用户 834 家，系统服务商 412 家，政府和学术机构 18 家。

2006 年 7 月 11 日，EPCglobal 宣布其 UHF Gen2 空中接口协议作为 C 类 UHF RFID 标准，经 ISO 核准，成为 ISO/IEC 18000-6 修订标准的第一部分。在标准发布以前，EPCglobal 就推出了一项多阶段的认证项目，对硬件、软件产品进行一致性和通用性测试并颁发认证，以便为高质量 Gen2 产品项目的部署工作服务。

2007 年 4 月 16 日，EPCglobal 发布了一项开创性标准——产品电子代码信息服务(EPCIS)标准，为资产、产品和服务，在全球的移动、定位和部署带来了前所未有的可见度，是 EPC 发展的又一里程碑。

美国和欧洲引领着 EPC 在国际上的发展，日本和韩国在亚洲 RFID 的研究处于相对领先的地位。

(1) 美国。

高科技领先的美国，不论在 EPC 标准的建立、相关软硬件技术的开发、各种独立应用，还是物流应用方面，均走在世界的前列。

在产业方面，TI、Intel 等美国集成电路厂商都在 RFID 领域投入巨资进行芯片开发。Symbol 等设备商已经研发出可以同时阅读条码和 RFID 的扫描器。IBM、Microsoft 等也在积极开发支持 RFID 应用的软件和系统。

在标准方面，目前 RFID 商用呼声最高，沃尔玛、IBM、HP 等企业以及美国国防部物流系统，都推行并拥护 EPCglobal 标准。

在应用方面，交通、车辆管理、身份识别、生产线自动化控制、仓储管理及物资跟踪等领域，已经逐步开始应用 RFID 技术。在物流方面，美国已经有 100 多家企业承诺支持 RFID 应用。EPCglobal 北美地区 659 家系统成员中，有系统服务商 140 家，终端用户多达 519 家，可见，美国的 EPC 应用在全球处于领先的地位。

(2) 欧洲。

作为世界工业革命的发源地，欧洲在 EPC/RFID 发展上不甘落后，尤其是英国和德国等工业发达国家。EPCglobal 在欧洲的系统成员总数为 233 家，其中，系统服务商和终端用户的数量相当，分别为 114 家和 115 家，政府和学术机构 4 家。

在产业方面，欧洲的 Phillips、STMicroelectronics 积极开发廉价 RFID 芯片，Checkpoint 在开发支持多系统的 RFID 识别系统，Nokia 开发了能够识别 RFID 的移动电话购物系统，SAP 则在积极支持 RFID 的企业应用管理软件。

根据 Juniper Research 的分析，2004 年，西欧 RFID 市场规模为 4.6 亿美元，2009 年达到 18.6 亿美元，主要应用集中在供应链方面。

在标准方面，欧洲在 RFID 标准方面积极追随 EPCglobal 标准。2005 年 6 月，欧洲零售业四巨头阿霍德(Ahold)、家乐福(Carrefour)、麦德龙(Metro)、泰斯科(TESCO)共同支持了 EPC 标准。

在应用方面，欧洲在交通、车辆管理、身份识别、生产线自动化控制、物资跟踪等封闭系统方面与美国基本处在同一阶段。目前，很多大型企业(如泰斯科、麦德龙)都开展了 RFID 系统的试验。

(3) 日本。

日本的 RFID 研究和开发工作在亚洲处于领先地位。日本政府很重视推广物流领域的 RFID 应用，制定了 E-Japan 和 U-Japan 计划，鼓励企业尝试 RFID 在开放系统中的应用。日本企业还联合成立了泛在 ID 中心(Ubiquitous ID Center)。

在产业方面，日本由经济产业省牵头，内务省配合，协调相关部门，每年提供了 30 亿日元的经费，用于电子标签的研发和测试。日立、富士通和日本凸版印刷等厂商，已经开始生产和销售电子标签。

在标准方面，日本的经济产业省已成为 EPCglobal 的会员。日本有两名 EPC 全球管理委员会的理事成员，并在亚太地区 EPC 标准中积极参与各个相关标准工作组的工作，尤其在 EPC 电子产品的工作组中特别活跃。

在应用方面，日本共有 47 家 EPCglobal 系统成员，其数量在亚太地区排名第一，其中系统服务商有 14 家，终端用户多达 30 家，政府和学术机构 3 家。

索尼公司在对沃尔玛(Walmart)和百思买(Bestbuy)的产品出口中，进行了 EPC 标签的测试，在物流流通领域将采用 EPCglobal 的标准。

为了适应 RFID 在全球物流体系的应用，日本政府也在 ISO 建议的 860~960MHz 范围内确定了相应的频段。日本在 2005 年 4 月 5 日，为无源电子标签超高频规定了 952~954MHz (4W e.i.r.P)标准，2006 年 1 月 25 日规定了 952~955MHz(20mW e.i.r.P)标准。由于高功率产生干扰的可能性较大，因此，对于高功率提供了 2MHz 的带宽。在使用的时候，对于识读器和使用地点需要进行登记。

(4) 韩国。

韩国在 RFID 技术上起步较晚，但产业整体发展较快。韩国政府对 RFID 技术给予了极高的期望，在开放的物流领域，韩国基本遵循 ISO/EPC 标准。特别是在 2004 年 3 月，韩国提出了 IT839 计划，RFID 和传感网络(Ubiquitous Sensor Network)的重要性得到了进一步的加强，韩国关于 RFID 的技术开发和应用试验正在加速展开。

在产业方面，韩国设立的 IT839 计划中，RFID 是重要内容，重点加强了对 RFID/USN(“泛在”识别网络)核心技术的研究，包括标签、识读器、中间件等，特别是 USN 传感器中的中间件技术的研究。

在标准方面，韩国于 2005 年制定了 12 项 RFID 国家标准，2006 年，制定了 14 项 RFID 国家标准。与日本一样，韩国也规定了 RFID 在超高频段(UHF)的应用频率，对于开展 RFID/EPC 应用，起到了积极的推动作用。

在应用方面，韩国发展了 30 家 EPCglobal 系统成员，数量在亚太地区仅次于日本。系统集成商和终端用户的数量相当均衡，各为 15 家。韩国机场公社近期采购了 35 万 EPC Gen2 标签，将用在机场行李的追踪上。三星电子在服装、物流等领域也开展了大量的 RFID 应用试点工作。

韩国已经规定了 RFID 的超高频段(UHF)应用频率，对于开展 RFID/EPC 应用，起到了积极的推动作用。韩国于 2005 年分配了 RFID 超高频工作频率 908.5~914MHz，可以同时采用侦听技术(LBT)和跳频技术(FHSS)。

此外，日本、韩国均是以国际贸易为主体的经济格局，两国都在全面推进第二代物品编码与自动识别技术，与 ISO、EPC 衔接，并兼容现有的商品条码体系。

2. 国内的 EPC 发展状况

我国针对 EPC/RFID 的研究，基本处于跟踪发达国家研究的阶段。中国物品编码中心(ANCC)、AIM China 等营利性机构以及 Auto-ID 中国实验室等科研机构，目前在研究和推广方面已经取得了初步的成果。2004 年 1 月，ANCC 取得了 EPCglobal 的唯一授权，2004 年 4 月 22 日，EPCglobal China 正式成立，负责我国 EPC 注册、管理和实施工作，从组织机构上保障了我国 EPC 事业的有效推进。

2006 年 7 月，EPCglobal UHF Gen2 空中接口协议作为 C 类 UHF RFID 标准经 ISO 核准并入 ISO/IEC 18000-6 修订标准的第一部分，这对推动我国 EPC 技术研发和应用推广起到了积极的作用。

另外，备受全球关注的中国 UHF 频段划分问题，也终于在 2007 年取得突破。频率出台之后，越来越多的中小企业从对 EPC 的观望态度中走出，更加积极地投入到 EPC/RFID 技术的研发工作中，在这之后，先后有 4 家企业加入了 EPCglobal China，成为高级会员。

截止到目前，EPCglobal China 已经有 14 家系统成员，其中包括 12 家系统集成商、两家终端用户，这些系统成员也为我国 EPC 注册管理工作的开展提供了基础。

在产业发展方面，目前我国与发达国家相比，还处于相对落后的阶段。但我国政府已经充分肯定并高度重视了 RFID/EPC 产业发展的重要性。

2007 年 6 月 9 日，科技部联合 15 部委出台了《中国射频识别(RFID)技术政策白皮书》，对我国 RFID 的发展现状与技术趋势、RFID 技术战略、应用领域、产业化战略和宏观环境建设进行了全面的阐述。

国家在 863 项目中设立了“射频识别(RFID)技术与应用”重大专项，给予了 1.28 亿元经费的支持。与此同时，国家发改委、科技部、商务部、国防科工委、信息产业部无线电管理局、国家邮政局、中国民航总局等，都十分关注和支持这项新技术的研究和发展，分别在各个领域展开了相应的研究和跟踪工作。

在研发方面，我国基础研发力量薄弱，尤其是硬件、软件、网络等方面，与国际水平相比，仍然相对落后。然而，我国已经开始高度重视基于 EPC 的 RFID 技术，RFID 关键技术攻关与应用领域的创新是当前的要务之一，把创新的重点放在 RFID 技术上(包括标签研制、识读器研制、中间件开发等)。Auto-ID 中国实验室、清华大学、中科院自动化所等科研单位做了不少研究工作，而 EPCglobal 的 12 家高级会员在 EPC/RFID 技术研究和解决方案的提供上，在国内处于领先地位。其中，深圳市先施科技有限公司、上海坤锐电子科技有限公司、深圳市远望谷信息技术股份有限公司等，已经推出符合 EPCglobal Gen2 标准的识读器、标签等系列产品。

在标准方面，我国相关部门进行了积极的跟踪研究，起草了相关的标准草案，但企业参与程度不够。由于一些客观原因，我国企业参加相关国际活动也显得不够。

在 RFID/EPC 有关国家标准的制定过程中，我国企业力求在维护国家利益的基础上，把我国的需求和自主创新内容反映到 ISO 标准和 EPC 标准中，并按照国际通行的原则，实现与国际接轨。

2007 年 10 月，海尔集团副总裁喻子达先生加入了 EPCglobal 管理委员会，成为唯一的中国企业代表，将在今后 EPCglobal 高层会议上反映我国企业的心声。

5.2 编 码 体 系

5.2.1 EPC 标准

1. EPCglobal 标准

EPCglobal 标准是全球中立、开放的标准，由各行各业、EPCglobal 研究工作组的服务对象用户共同制定。EPCglobal 标准由 EPCglobal 管理委员会批准和发布，并推广实施。

(1) EPC 标签数据转换(TDT)标准。

该标准提供了一个可以在 EPC 编码之间转换的文件，它可以使终端用户的基础设施部件自动地知道新的 EPC 格式。

(2) EPC 标签数据(TDS)标准。

这项由 EPCglobal 管理委员会通过的标准，给出了系列编码方案，包括 EAN/UCC 全球贸易项目代码(Global Trade Item Number，GTIN)、EAN/UCC 系列货运包装箱代码(Serial Shipping Container Code，SSCC)、EAN/UCC 全球位置码(Global Location Number，GLN)，

EAN/UCC 全球可回收资产标识(Global Returnable Asset Identifier，GRAI)、EAN/UCC 全球单个资产标识(Global Individual Asset Identifier，GIAI)、EAN/UCC 全球服务关系代码(Global Service Relation Number，GSRN)和通用标识符(General Identifier，GID)。

通用标识符增加了美国国防部结构头和 URI(Uniform Resource Identifier，统一资源标识)的十六进制表示方法。它规定了 EPC 编码结构，包括所有编码方式的转换机制等。

(3) Class 1 Generation 2 UHF 空中接口协议标准——Gen2。

这项由 EPCglobal 管理委员会通过的协议标准，定义了被动式反向散射、识读器先激励(Interrogator Talks First，ITF)、工作在 860~960MHz 频段内的射频识别系统的物理与逻辑要求。该系统包含识读器与标签两大部分。

(4) 识读器协议(RP)标准。

此标准提供识读器与主机(主机是指中间件或者应用程序)之间的数据与命令交互接口，与 ISO/IEC 15961、ISO/IEC 15962 类似。它的目标是主机能够独立于识读器、识读器与标签之间的接口协议，也即适用于不同智能程度的 RFID 识读器、条码识读器，适用于多种 RFID 空中接口协议，适用于条形码接口协议。

该协议定义了一个通用功能集合，但是，并不要求所有的识读器实现这些功能。它分为三层功能：识读器层规定了识读器与主计算机交换的消息格式和内容，它是识读器协议的核心，定义了识读器所执行的功能；消息层规定了消息如何组帧、转换以及在专用的传输层传送，规定了安全服务(比如身份鉴别、授权、消息加密以及完整性检验)，规定了网络连接的建立、初始化，建立同步的消息、初始化安全服务等。传输层对应于网络设备的传输层。识读器数据协议位于数据平面。

(5) 低层识读器协议(LLRP)标准。

此标准为用户控制和协调识读器的空中接口协议参数提供了通用的接口规范，它与空中接口协议密切相关，可以配置和监视 ISO/IEC 18000-6 Type C 中防碰撞算法的时隙帧数、Q 参数、发射功率、接收灵敏度、调制速率等，可以控制和监视选择命令、识读过程、会话过程等。在密集识读器环境下，通过调整发射功率、发射频率和调制速率等参数，可以大大消除识读器之间的干扰等。它是识读器协议的补充，负责识读器性能的管理和控制，使得识读器协议专注于数据交换。低层识读器协议位于控制平面。

(6) 识读器管理(RM)标准。

此标准定位于识读器与识读器管理之间的交互接口。它规范了访问识读器配置的方式，比如天线数等；它规范了监控识读器运行状态的方式，比如读到的标签数、天线的连接状态等。另外，还规范了 RFID 设备的简单网络管理协议 SNMP 和管理系统库 MIB。识读器管理协议位于管理平面。

(7) 识读器发现配置安装协议(DCI)标准。

此标准规定了 RFID 识读器及访问控制机和其工作网络间的接口，便于用户配置和优化识读器网络。

(8) 应用级事件(ALE)标准。

这项由 EPCglobal 管理委员会通过的标准，定义了某种接口的参数与功能，通过该接口，用户可以获取过滤后的、整理过的电子产品代码数据。

(9) 产品电子代码信息服务(EPCIS)标准。

此标准为资产、产品和服务在全球的移动、定位和部署带来前所未有的可见度，标志着 EPC 发展的又一里程碑。EPCIS 为产品和服务生命周期的每个阶段提供可靠、安全的数据交换。

(10) 对象名称服务信息(ONS)标准。

此规范指明了域名服务系统如何用来定位与给定电子产品码 GTIN 部分相关的权威数据和业务。其目标群体是对象名解析业务系统的开发者和应用者。

(11) 谱系标准。

谱系标准及其相关附件对供应链中主要参与方使用的电子谱系文档的维护和交流定义了架构。该架构的使用符合成文的谱系法律。

(12) EPCglobal 认证标准。

EPCglobal 规范最先由美国麻省理工学院自动识别中心提出，此后，成为 EPCglobal 组织向全世界推广实施 EPC 和 RFID 技术的基础。主要有以下规范。

① 900MHz Class 0 射频识别标签规范。本规范定义了 900MHz Class 0 操作所采用的通信协议和通信接口，它指明了该频段的射频通信要求和标签要求，并给出了该频段通信所需的基本算法。

② 13.56MHz ISM 频段 Class 1 射频识别标签接口规范。本规范定义了 13.56MHz ISM 频段 Class 1 操作所采用的通信协议和通信接口，它指明了该频段的射频通信要求和标签要求，并给出了该频段通信所需的基本算法。

③ 869~930MHz Class 1 射频识别标签射频与逻辑通信接口规范。本规范定义了 860~930MHz Class 1 操作所采用的通信协议和通信接口，它指明了该频段的射频通信要求和标签要求，并给出了该频段通信所需的基本算法。

④ EPCglobal 体系框架。本文件定义和描述了 EPCglobal 体系框架。EPCglobal 体系框架是由硬件、软件和数据接口的交互标准以及 EPCglobal 核心业务组成的集合，它代表了所有通过使用 EPC 代码来提升供应链运行效率的业务。

2．Gen2 标准

(1) EPCglobal Gen2 标准简介。

EPCglobal Class 1 Gen2 标准(以下简称 Gen2)无线射频识别(RFID)技术、互联网和产品电子代码(EPC)组成的 EPCglobal 网络的基础。EPCglobal 于 2004 年 12 月 16 日批准 Gen2 空中接口协议为硬件标准，仅过了 18 个月，该协议作为 C 类超高频 RFID 标准，经 ISO 核准，并入了 ISO/IEC 18000-6 修订标准 1。

Gen2 标准是由全球 60 多家顶级公司开发的并达成一致用于满足终端用户需求的标准，是在现有 4 个标签标准的基础上整合并发展而来的。这 4 个标准是：英国大不列颠科技集团(BTG)的 ISO 180006A 标准，美国 Intermec 科技公司(Intermec Technologies)的 ISO 180006B 标准，美国 Matrics 公司(近期被美国 Symbol 科技公司收购)的 Class 0 标准，Alien Technology 公司的 Class 1 标准。

Gen2 的获批，对于 RFID 技术的应用和推广具有非常重要的意义，它为在供应链应用中使用的 UHF RFID 提供了全球统一的标准，给物流行业带来了革命性的变革，推动了供应链管理和物流管理向智能化方向发展。

(2) Gen2 标准的优点。

Gen2 协议标准的制定单位及其标准基础决定了其与第一代标准相比具有无可比拟的优越性，这一新标准具有全面的框架结构和较强的功能，能够在高密度识读器的环境中工作，符合全球管制条例，标签读取正确率较高，读取速度较快，安全性和隐私功能都有所加强。它克服了 EPCglobal 以前 Class 0 和 Class 1 的很多限制。

详细来讲，UHF Gen2 协议标准的主要优点如下。

① 这是一个开放的标准。EPCglobal 批准的 UHF Gen2 标准对 EPCglobal 成员和签订了 EPCglobal IP 协议的单位免收专利费，允许这些厂商着手生产基于该标准的产品，如标签和识读器。这意味着更多的技术提供商可以据此标准在不交纳专利授权费的情况下生产符合供应商、制造商和终端用户需要的产品，也减少了终端用户部署 RFID 系统的费用，可以吸引更多的用户采用 RFID 技术。同时，人们也可以从多种渠道获得标签，进一步促进了标签价格的降低。

② 尺寸小存储量大、设置了专门的口令。芯片尺寸可以缩小到现有版本的一半到三分之一，从而进一步扩大了其使用范围，满足了多种应用场合的需要。例如，芯片可以更容易地缝在衣服的接缝里，夹在纸板中间，成型在塑料或橡胶内，整合在顾客的包装设计中。最近，日立欧洲公司已研制出尺寸仅有 0.3mm 见方的小标签，薄得就像人的头发丝一样，能很容易地嵌入钞票的内部。嵌入钞票内部的标签可以记录下钞票流通过程中的历史信息，这样，就为政府和执法机构提供了一种逐一跟踪“钱”的每笔交易的一种手段。标签的存储能力也增加了，Gen2 标签在芯片中有 96 字节的存储空间，为了更好地保护存储在标签和相应数据库中的数据，在 Unconceal(公开)、Unlock(解锁)和 Kill(灭活)指令中都设置了专门的口令，使得标签不能随意被公开、解锁和灭活。标签具有了更好的安全加密功能，保证了在识读器读取信息的过程中不会把数据扩散出去。

③ 保证了各厂商产品的兼容性。目前，RFID 存在两个技术标准阵营，一个是总部设在美国麻省理工学院的 Auto-ID Center，另一个是日本的 Ubiquitous ID Center(UID)。

日本 UID 标准和欧美的 EPC 标准在使用无线频段、信息位数和应用领域等方面都存在着诸多差异。例如，日本的 RFID 采用的频段为 2.45GHz 和 13.56MHz，欧美的 EPC 标准采用的是 UHF 频段，如 902~928MHz；日本的电子标签的信息位数为 128 位，EPC 标准的位数为 96 位；日本的电子标签标准可用于库存管理、信息发送与接收以及产品和零部件的跟踪管理等，EPC 标准侧重于物流管理、库存管理等。由于标准的不统一，导致了产品不能互相兼容，给 RFID 的大范围应用带来了困难。

UHF Gen2 协议标准的推出，保证了不同生产商的设备之间将具有良好的兼容性，也保证了 EPCglobal 网络系统中的不同组件(包括硬件部分)之间的协调工作。

④ 设置了“灭活”指令(Kill)。新标准使人们具有了控制标签的权力，即人们可以使用 Kill 指令使标签自行永久失效，以保护隐私。如果不想使用某种产品或是发现了安全隐私问题，就可以使用灭活指令(Kill)停止芯片的功能，有效地防止芯片被非法读取，提高了数据的安全性能，减轻了人们对隐私问题的担忧。被灭活的标签在任何情况下都会保持被灭活的状态，不会产生调制信号以激活射频场。

⑤ 更广泛的频谱与射频分布。UHF Gen2 协议的频谱与射频分布比较广泛，这一优点

提高了 UHF 的频率调制性能，减少了与其他无线电设备的干扰问题。这一标准还解决了 RFID 在不同国家不同频谱的问题。

除以上列举的 5 点外，基于 Gen2 标准的识读器还具有较高的读取率(在较远的距离测试，具有将近 100%的读取率)和识读速度的优点。与第一代识读器相比，识读速率要快 5~10 倍。基于新标准的识读器每秒可读 1500 个标签，这使得通过应用 RFID 标签可以实现高速自动化作业。识读器还具有很好的标签识读性能，在批量标签扫描时，可以避免重复识读，而且，当标签延后进入识读区域时，仍然能被识读，这是第一代标准所不能做到的。

另外，与 Gen0 和 Gen1 相比，Gen2 还提供了更多的功能。比如说，它可以在配送中心高密度的识读器环境下工作。不仅如此，Gen2 还可以允许用户对同一个标签进行多次读写(Gen0 只允许进行识读操作，Gen1 允许多次识读，但只能写一次，即 WORM)。

由于 EPCglobal Gen2 协议标准具有以上这些优越性，再加上免收使用许可费的政策，这无疑会有利于 RFID 技术在全球的推广应用，有利于吸收更多的生产商研究和利用这项技术，提高其商业运作效率。同时，这一全球统一标准的采用，还可以减少测试和发生错误的次数，这必将为大型零售商和其供货商带来可观的效益。

相信 EPCglobal Gen2 协议作为全球统一的新标准，一定会加速 RFID 技术的开发和在全球的广泛应用，给全球带来巨大的经济效益和社会效益。

5.2.2 GS1 全球统一标识系统

1. GS1 概述

GS1 系统起源于美国，由美国统一代码委员会(UCC，于 2005 年更名为 GS1 US)于 1973 年创建。UCC 创造性地采用了 12 位的数字标识代码(UPC)。1974 年，标识代码和条码首次在开放的贸易中得以应用。继 UPC 系统成功之后，欧洲物品编码协会，即早期的国际物品编码协会(EAN International，2005 年更名为 GS1)，于 1977 年成立并开发了与之兼容的系统并在北美以外的地区使用。EAN 系统设计意在兼容 UCC 系统，主要用 13 位数字编码。随着条码与数据结构的确定，GS1 系统得以快速发展。

GS1 系统为在全球范围内标识货物、服务、资产和位置提供了准确的编码。这些编码能够以条码符号来表示，以便进行商务流程所需的电子识读。该系统克服了厂商、组织使用自身的编码系统或部分特殊编码系统的局限性，提高了贸易的效率和对客户的反应能力。

这套标识代码也用于电子数据交换(EDI)、XML 电子报文、全球数据同步(GDSN)和 GS1 网络系统。本规范提供了 GS1 标识代码的语法、分配和自动数据采集(ADC)标准。

在提供唯一的标识代码的同时，GS1 系统也提供了附加信息，例如保质期、系列号和批号，这些都可以用条码的形式来表示。目前数据载体是条码，但 EPCglobal 也正在开发射频标签以作为 GS1 数据的载体。只有经过广泛的磋商，才能改变数据载体，而且这需要一个很长的过渡期。

按照 GS1 系统的设计原则，使用者可以设计应用程序来自动处理 GS1 系统数据。系统的逻辑保证从 GS1 认可的条码采集的数据能生成准确的电子信息，以及对处理过程可完全进行预编程。

GS1 系统适用于任何行业和贸易部门。对于系统的任何变动，都会予以及时通告，从而不会对当前的用户有负面的影响。

2005 年 2 月，EAN 和 UCC 正式合并，更名为 GS1。本规范简明地定义并解释了在自动识别和数据采集技术(AIDC)领域内如何使用 GS1 系统标准。它将替代以前以 GS1 或 EAN、UCC 名义提供或出版的任何 AIDC 技术文件。本规范作为被认可的 GS1 基础标准，包括应用、标识、数据载体和原理，发布之日便立即生效。使用 GS1 系统标准的任何组织都要完全遵守 GS1 通用规范。

2. 条码技术

(1) 条码概述。

条码是将线条与空白按照一定的编码规则组合起来的符号，用以代表一定的字母、数字等数据。在进行辨识的时候，是用条码阅读机扫描，得到一组反射光信号，此信号经光电转换后，变为一组与线条、空白相对应的电子信号，经解码后，还原为相应的字母、数字，再传入电脑。

条码辨识技术已相当成熟，其读取的错误率约为百万分之一，是一种可靠性高、输入快速、准确性高、成本低、应用面广的数据自动收集技术。

世界上约有 225 种以上的一维条码，每种一维条码都有自己的一套编码规格，规定每个字母(可能是文字或数字，或文字加数字)是由几个线条(Bar)及几个空白(Space)组成，并规定了字母的排列。一般较流行的一维条码有 39 码、EAN 码、UPC 码、128 码，以及专门用于书刊管理的 ISBN、ISSN 等。

(2) 条码的历史。

条码最早出现在 20 世纪 40 年代，但得到实际应用和发展还是在 20 世纪 70 年代左右。现在，世界上的各个国家和地区都已普遍使用了条码技术，而且它正在快速地向世界各地推广，其应用领域越来越广泛，并逐步渗透到许多技术领域。

早在 20 世纪 40 年代，乔・伍德兰德(Joe Wood Land)和伯尼・西尔沃(Berny Silver)两位美国工程师就开始研究用代码表示食品项目及相应的自动识别设备，于 1949 年获得了美国专利。如图 5-3 所示，该图案很像微型射箭靶，被叫作“公牛眼”代码。靶式的同心圆是由圆条和空绘成的圆环形。

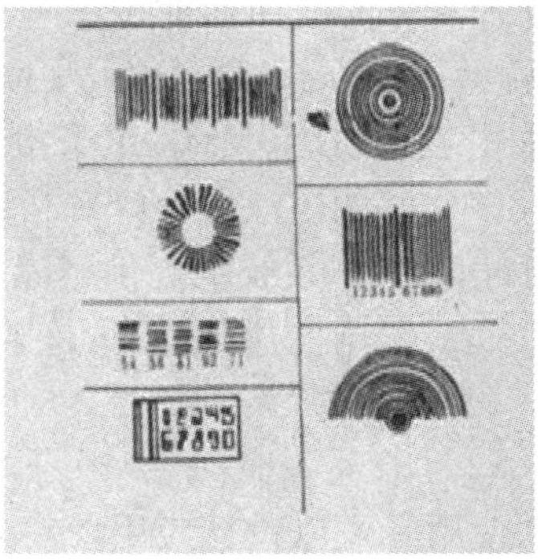

图 5-3 “公牛眼”代码

在原理上，“公牛眼”代码与后来的条码很相近，遗憾的是，当时的工艺和商品经济还没有能力印制出这种码。然而，10 年后，乔・伍德兰德作为 IBM 公司的工程师，成为北美统一代码 UPC 码的奠基人。以吉拉德 • 费伊塞尔(Girard Fessel)为代表的几名发明家，于 1959 年提请了一项专利，描述了数字 0~9 中每个数字可由七段平行条组成。但是，这种码使机器难以识读，人读起来也不方便。不过，这一构想的确促进了后来条形码的产生和发展。不久，布宁克(E. F. Brinker)申请了另一项专利，该专利是将条码标识在有轨电车上；20 世纪 60 年代，西尔沃尼亚(Sylvania)发明的一个系统被北美铁路系统采纳。这两项可以说是条形码技术最早期的应用。

从 20 世纪 80 年代初，人们围绕提高条码符号的信息密度，开展了多项研究。128 码和 93 码就是其中的研究成果。128 码于 1981 年被推荐使用，而 93 码于 1982 年使用。这两种码的优点是，条码符号密度比 39 码高出近 30%。随着条码技术的发展，条形码码制种类不断增加，因而，标准化问题显得很突出。为此，先后制定了军用标准 1189、交插 25 码、39 码和库德巴码、ANSI 标准 MH10.8M 等。同时，一些行业也开始建立行业标准，以适应发展需要。此后，戴维 • 阿利尔又研制出 49 码，这是一种非传统的条码符号，它比以往的条形码符号具有更高的密度(即二维条码的雏形)。接着，特德 • 威廉斯(Ted Williams)推出 16K 码，这是一种适用于激光扫描的码制。到 1990 年底为止，共有 40 多种条形码码制，相应的自动识别设备和印刷技术也得到了长足的发展。

从 20 世纪 80 年代中期开始，我国的一些高等院校、科研部门及一些出口企业，把条形码技术的研究和推广应用逐步提到了议事日程。一些行业，如图书、邮电、物资管理部门和外贸部门已开始使用条形码技术。

在经济全球化、信息网络化、生活国际化、文化国土化的资讯社会到来之时，起源于 20 世纪 40 年代、研究于 60 年代、应用于 70 年代、普及于 80 年代的条码与条码技术，及各种应用系统，引起了世界流通领域里的大变革。

条码是一种可印制的计算机语言。20 世纪 90 年代的国际流通领域将条码誉为商品进入国际计算机市场的“身份证”，使全世界对它刮目相看。印刷在商品外包装上的条码，像一条条经济信息纽带，将世界各地的生产制造商、出口商、批发商、零售商和顾客有机地联系在一起。这一条条纽带，一经与 EDI 系统相联，便形成多项、多元的信息网，各种商品的相关信息犹如投入了一个无形的、永不停息的自动导向传送机构，流向世界各地，活跃在世界商品流通领域。

(3) 条码的种类。

条码种类很多，常见的大概有 20 多种码制，其中包括 Code39 码(标准 39 码)、Codabar 码(库德巴码)、Code25 码(标准 25 码)、ITF25 码(交叉 25 码)、Matrix25 码(矩阵 25 码)、UPC-A 码、UPC-E 码、EAN-13 码(EAN-13 国际商品条码)、EAN-8 码(EAN-8 国际商品条码)、中国邮政码(矩阵 25 码的一种变体)、Code-B 码、MSI 码、Code11 码、Code93 码、ISBN 码、ISSN 码、Code128 码(包括 EAN128 码)、Code39EMS(EMS 专用的 39 码)等一维条码和 PDF417 等二维条码。

目前，国际广泛使用的条码种类有如下几种。

① EAN、UPC 码——商品条码，用于在世界范围内唯一标识一种商品。我们在超市中，最常见的就是 EAN 和 UPC 条码。其中，EAN 码是当今世界上广为使用的商品条码，已成为电子数据交换(EDI)的基础；UPC 码主要为美国和加拿大使用。

② Code39 码——因其可采用数字与字母共同组成的方式，而在各行业内部管理上被

广泛使用。

③ ITF25 码——在物流管理中应用较多。

④ Codabar 码——多用于血库、图书馆和照相馆的业务中。

⑤ 还有 Code93 码、Code128 码等。

除以上列举的一维条码外，二维条码也已经在迅速发展，并在许多领域得到了应用。

(4) 二维条码。

二维条码/二维码(2-dimensional Bar Code)是用某种特定的几何图形，按一定规律，在平面(二维方向上)分布的黑白相间的图形，来记录数据符号信息的；在代码编制上，巧妙地利用构成计算机内部逻辑基础的“0”、“1”比特流的概念，使用若干个与二进制相对应的几何形体来表示文字数值信息，通过图像输入设备或光电扫描设备自动识读，以实现信息自动处理。它具有条码技术的一些共性，每种码制有其特定的字符集，每个字符占有一定的宽度，具有一定的校验功能等。

国外对二维码技术的研究始于 20 世纪 80 年代末，在二维码符号表示技术研究方面已研制出多种码制，常见的有 PDF417、QR Code、Code 49、Code 16K、Code One 等。这些二维码的信息密度都比传统的一维码有了较大的提高，如 PDF417 的信息密度是一维码 Code39 的 20 多倍。在二维码标准化研究方面，国际自动识别制造商协会(AIM)、美国标准化协会(ANSI)已完成了 PDF417、QR Code、Code 49、Code 16K、Code One 等码制的符号标准。国际标准技术委员会和国际电工委员会还成立了条码自动识别技术委员会(ISO/IEC /JTC1/SC31)，已制定了 QR Code 的国际标准(ISO/IEC 18004-2000《自动识别与数据采集技术—条码符号技术规范—QR 码》)，起草了 PDF417、Code 16K、Data Matrix、Maxi Code 等二维码的 ISO/IEC 标准草案。

在二维码设备的开发研制、生产方面，美国、日本等国的设备制造商生产的识读设备、符号生成设备，已广泛应用于各类二维码应用系统。二维码作为一种全新的信息存储、传递和识别技术，自诞生之日起，就得到了世界上许多国家的关注。

美国、德国、日本等国家，不仅已将二维码技术应用于公安、外交、军事等部门对各类证件的管理，而且也将二维码应用于海关、税务等部门对各类报表和票据的管理，商业、交通运输等部门对商品及货物运输的管理，邮政部门对邮政包裹的管理，工业生产领域对工业生产线的自动化管理。

我国对二维码技术的研究开始于 1993 年。中国物品编码中心对几种常用的二维码 PDF417、QR Code、Data Matrix、Maxi Code、Code 49、Code 16K、Code One 的技术规范进行了翻译和跟踪研究。随着我国市场经济的不断完善和信息技术的迅速发展，国内对二维码这一新技术的需求与日俱增。

中国物品编码中心在原国家质量技术监督局和国家有关部门的大力支持下，对二维码技术的研究不断深入。在消化国外相关技术资料的基础上，制定了两个二维码的国家标准：二维码网格矩阵码(SJ/T 11349-2006)和二维码紧密矩阵码(SJ/T 11350-2006)，从而大大促进了我国具有自主知识产权技术的二维码的研发。

二维条码/二维码可以分为堆叠式/行排式二维条码和矩阵式二维条码。堆叠式/行排式二维条码在形态上是由多行短截的一维条码堆叠而成的；矩阵式二维条码以矩阵的形式组成，在矩阵相应元素的位置上用“点”表示二进制“1”，用“空”表示二进制“0”，由“点”

和“空”的排列组成代码。

堆叠式/行排式二维条码(又称堆积式二维条码或层排式二维条码)，其编码原理是建立在一维条码的基础之上，按需要堆积成二行或多行。它在编码设计、校验原理、识读方式等方面，继承了一维条码的一些特点，识读设备和条码印刷与一维条码技术兼容。但由于行数的增加，需要对行进行判定，其译码算法与软件也不完全相同于一维条码。有代表性的行排式二维条码有 Code 16K、Code 49、PDF417 等。

矩阵式二维条码(又称棋盘式二维条码)是在一个矩形空间通过黑、白像素在矩阵中的不同分布进行编码的。在矩阵相应元素的位置上，用点(方点、圆点或其他形状)的出现表示二进制“1”，点的不出现表示二进制的“0”，点的排列组合确定了矩阵式二维条码所代表的意义。矩阵式二维条码是建立在计算机图像处理技术、组合编码原理等基础上的一种新型图形符号自动识读处理码制。具有代表性的矩阵式二维条码有 Code One、Maxi Code、QR Code、Data Matrix 等。

在目前几十种二维条码中，常用的码制有 PDF417、Data Matrix、Maxi Code、QR Code、Code49、Code 16K、Code One 等。除了这些常见的二维条码之外，还有 Vericode 条码、CP 条码、Codablock F 条码、田字码、Ultracode 条码、Aztec 条码。

3．射频技术

(1) 射频技术概述。

RFID 是射频识别(Radio Frequency Identification)的缩写。射频识别技术是 20 世纪 90 年代开始兴起的一种自动识别技术。该技术在世界范围内正被广泛应用，而我国起步较晚，与欧美等发达国家或地区相比，我国 RFID 产业发展相当落后。目前，我国 RFID 产业缺乏关键的核心技术，尤其是在超高频 RFID 核心技术方面，基本处于空白状态。

由于超高频 RFID 技术准入门槛较高，其研究与应用在国内还处于起步阶段，因此，与先进国家的技术水平相比，有很大的差距。

低高频的 RFID 技术领域门槛较低，我国企业进入较早，其应用技术已经趋于成熟，应用范围也比较广泛。

我国射频识别技术拥有广阔的发展前景和巨大的市场潜力。相对于条形码技术而言，射频识别技术的发展和应用的推广，将是我国自主识别行业的一场技术革命。

射频识别技术是一项利用射频信号通过空间耦合(交变磁场或电磁场)实现无接触信息传递并通过所传递的信息达到识别目的的技术。

RFID 系统由电子标签(Tag，即射频卡)、阅读器(读写器)、天线三部分组成。其中，电子标签具有智能读写和加密通信的功能，它是通过无线电波与读写设备进行数据交换的，工作的能量是由阅读器发出的射频脉冲提供的。阅读器，有时也被称为读写器、查询器、识读器或读出装置，主要由无线收发模块、天线、控制模块及接口电路等组成。阅读器可将主机的读写命令传送到电子标签，再把从主机发往电子标签的数据加密，将电子标签返回的数据解密后，送到主机。天线在电子标签和读取器间传递射频信号。

实际应用中，电子标签除了具有数据存储量、数据传输效率、工作频率、多标签识读特征等电学参数外，还根据其内部是否需要加装电池及电池供电的作用，而将电子标签划分为有源标签、半无源标签和无源标签。有源电子标签使用卡内电流的能量，识别距离较长，可达十几米，但是它的寿命有限(3~10 年)，且价格较高；半无源标签内装有电池，但电池仅对标签内要求供电维持数据的电路或标签晶片工作所需的电压做辅助支援，标签电路本身耗电很少。标签未进入工作状态前，一直处于休眠状态，相当于无源标签。标签进入阅读器的阅读范围时，受到阅读器发出的射频能量的激励，进入工作状态时，用于传输通信的射频能量与无源标签一样，源自阅读器。无源电子标签不含电池，它接收到阅读器(读出装置)发出的微波信号后，利用阅读器发射的电磁波提供能量，一般可做到免维护、重量轻、体积小、寿命长、较便宜，但它的发射距离受限制，一般是几十厘米，且需要阅读器的发射功率大。

(2) 射频技术的主要应用领域。

射频技术以其独特的优势，逐渐被广泛应用于工业自动化、商业自动化和交通运输控制管理等领域。随着大规模集成电路技术的进步，以及生产规模的不断扩大，射频识别产品的成本将不断降低，其应用将越来越广泛。

以下为射频识别技术的几个应用。

① 生产流水线管理：电子标签在生产流水线上可以方便准确地记录工序信息和工艺操作信息，满足柔性化生产需求。对工人工号、时间、操作、质检结果的记录，可以完全实现生产的可追溯性，还可避免生产环境中手写、眼看信息造成的失误。

② 仓储管理：将 RFID 系统用于智能仓库货物管理，有效地解决了仓储货物信息管理问题。对于大型仓储基地来说，管理中心可以实时了解货物的位置、货物存储的情况，对于提高仓储效率、反馈产品信息、指导生产都有很重要的意义。它不但增加了一天内处理货物的件数，还可以监看货物的一切信息。其中，应用的形式多种多样，可以将标签贴在货物上，由叉车上的识读器和仓库相应位置上的识读器读写；也可以将条码和电子标签配合使用。

③ 销售渠道管理：建立严格而有序的渠道，高效地管理好进销存，是许多企业的强烈需要。产品在生产过程中嵌入电子标签，其中包含唯一的产品号，厂家可以用识别器监控产品的流向，批发商、零售商可以用厂家提供的识读器来识别产品的合法性。

④ 贵重物品管理：还可用于照相机、摄像机、便携电脑、CD 随身听、珠宝等贵重物品的防盗、结算、售后保证。其防盗功能属于电子物品监视系统(EAS)的一种。标签可以附着或内置于物品包装内。专门的货架扫描器会对货品实时扫描，得到实时的存货记录。如果货品从货架上拿走，系统将验证此行为是否合法，如为非法取走货品，系统将报警。买单出库时，不同类别的全部物品可通过扫描器一次性完成扫描，在收银台生成销售单的同时，解除防盗功能。这样，顾客带着所购物品离开时，警报就不会响了。在顾客付账时，收银台会将售出日期写入标签，这样，顾客所购的物品也得到了相应的保证和承诺。

⑤ 图书管理、租赁产品管理：在图书中贴入电子标签，可方便地接收图书信息，整理图书时不用移动图书，可提高工作效率，避免工作误差。

射频识别技术还应用在以下方面。

采用车辆自动识别技术，使得路桥、停车场等收费场所避免了车辆排队通关现象，减少了时间浪费，从而极大地提高了交通运输效率及交通运输设施的通行能力。

在粉尘、污染、寒冷、炎热等恶劣环境中，远距离射频识别技术的运用，改善了卡车司机必须下车办理手续的不便。

在公交车的运行管理中，自动识别系统准确地记录着车辆在沿线各站点的到发站时刻，为车辆调度及全程运行管理提供实时可靠的信息。

4．EDI 与 ebXML

(1) EDI 概述。

EDI 是英文 Electronic Data Interchange 的缩写，中文可译为“电子数据交换”，港、澳及海外华人地区称作“电子资料通”。EDI 商务是指将商业或行政事务按一个公认的标准，形成结构化的事务处理或文档数据格式，从计算机到计算机的电子传输方法。

简单地说，EDI 就是按照商定的协议，将商业文件标准化和格式化，并通过计算机网络，在贸易伙伴的计算机网络系统之间进行数据交换和自动处理，俗称“无纸化贸易”。

EDI 的定义至今没有一个统一的标准，但是，有三个方面是相同的：资料用统一的标准；利用电信号传递信息；计算机系统之间的连接。联合国标准化组织将其描述成“将商业或行政事务处理按照一个公认的标准，形成结构化的事务处理或报文数据格式，从计算机到计算机的电子传输方法”。

EDI 一产生，其标准的国际化就成为人们日益关注的焦点之一。早期的 EDI 使用的大都是各处的行业标准，不能进行跨行业 EDI 互联，严重影响了 EDI 的效益，阻碍了全球 EDI 的发展。例如美国就存在汽车工业的 AIAG 标准、零售业的 UCS 标准、货栈和冷冻食品贮存业的 WINS 标准等。日本有连锁店协会的 JCQ 行业标准、全国银行协会的 Aengin 标准和电子工业协会的 EIAT 标准等。

为促进 EDI 的发展，世界各国都在不遗余力地促进 EDI 标准的国际化，以求最大限度地发挥 EDI 的作用。

目前，在 EDI 标准上，国际上最有名的是联合国经济委员会下属第四工作组(WP4)于 1986 年制定的《用于行政管理、商业和运输的电子数据互换》标准——EDIFACT 标准。

EDIFACT 已被国际标准化组织 ISO 接收为国际标准，编号为 ISO 9735。同时，还有广泛应用于北美地区由美国国家标准化协会(ANSI) X.12 鉴定委员会(AXCS.12)于 1985 年制定的 NSI X.12 标准。

(2) ebXML 概述。

20 多年前，电子商务的想法诞生，通过链接在一起的计算机系统，数据能从一个系统传送到其他系统，从而不再使用纸介质文件来交换商业数据。这个概念就是 EDI(Electronic Data Interchange，电子数据交换)的原型。

EDI 的出现，大大提高了商业运作的效率，但虽然全世界的前 10000 家公司中 98%以上都在使用 EDI，而全世界其他公司中，却仅有 5%是 EDI 的用户。这是为什么呢？这是因为 EDI 虽然很有效，但启动费用很高。

近一段时间以来，人们一直在寻找 EDI 的替代方案，希望能够找到一种使全球不同规模的公司都能受益的简单、便宜的交换标准商务文档的方法。在这样的背景下，ebXML 就应运而生了。

ebXML 规范的最初版本于 2001 年 5 月发布。它的目标是使任何规模的商家能够与任何人开展电子商务。在现阶段，ebXML 是一套文档，包含若干完善的原型，但是，有许多企业现在正在建造支持它的系统。

ebXML 是联合国贸易简化和电子商务促进中心(UN/CEFACT)及推进结构化信息标准组织(OASIS)于 1999 年 11 月成立的工作组。多年来，全球一百多个国家的两千多个组织的EDI、XML 专家、企业、行业组织、软件服务商等约 5000 人参与了 ebXML 标准的制定工作。ebXML 的远景是提供“一套国际上一致认可的、由通用的 XML 语法和结构化文件组成的技术规范，使电子商务简单易操作，并且无所不在，最大限度地使用 XML，便于跨行业的 B2B、B2C 商务交易，以促进全球贸易。

ebXML 与其他电子商务标准的最大不同之处在于，它不针对某一具体的行业。ebXML 是一个跨行业的电子商务架构。该架构提供了各行业建立电子商务交易的方法学，直接整合商务流程。ebXML 电子商务的关键是商务，而不是电子。

ebXML 标准技术规范为电子商务定义了一个基础架构，通过这个架构，可以建立协调一致的、有极强互操作能力的电子商务的服务和组件，在全球电子商务市场中无缝集成。同时，标准技术规范提供了实现这一架构的 7 项机制。

① 商务流程信息模型的标准机制。

② 注册与存储商务流程信息模型的机制，用来实现共享和重用。

③ 发现交易伙伴相关信息的机制，包括商务流程、商务服务接口、商务信息、消息交换传输及安全。

④ 注册和存储上述相关信息，供交易伙伴彼此发现、检索相关信息的机制。

⑤ 合作协议协定配置(CPA)的机制。

⑥ 消息服务协定机制。

⑦ 把商务流程与约定描述于消息服务的机制。

ebXML 技术规范完全与 W3C XML 技术规范保持一致，为 ebXML 贸易伙伴应用内部及相互之间提供互操作性，为已认可的电子数据交换标准和正制定的 XML 商务标准提供转换的方法，使互操作性和效益最大化。未来将提交至一个国际认可的标准组织，作为国际标准发布。

(3) ebXML 的任务。

由于 XML 本身不具备使其适应商务世界需求的所有工具，所以希望通过 ebXML 来实现下列任务。

① 使电子商务简单、容易，并且无所不在。

② 最大限度地使用 XML。

③ 为 B2B 和 B2C 提供一个同样的开放标准，以进行跨行业的商务交易。

④ 将各种 XML 商务词汇的结构和内容一起放进一个单一的规范。

⑤ 提供一条从当前 EDI 标准和 XML 词汇表移植的途径。

⑥ 鼓励行业在一个共同的长期目标下致力于直接的或短期的目标。

⑦ 用 ebXML 进行电子商务活动，避免要求最终用户投资于专有软件或强制使用专业系统。

⑧ 保持最低成本。

⑨ 支持多种书面语言，并容纳国内、国际贸易的通用规则。

5.2.3 EPC 编码体系

1. EPC 编码原则

(1) 唯一性。

EPC 提供对实体对象的全球唯一标识，一个 EPC 代码只标识一个实体对象。为了确保实体对象的唯一标识的实现，EPCglobal 采取了以下措施。

① 足够的编码容量。EPC 编码冗余度见表 5-3。从世界人口总数(70 亿左右)到大米总粒数(粗略估计 1 亿亿粒)，EPC 有足够大的地址空间，来标识所有这些对象。

表 5-3 EPC 的编码冗余度

比 特 数	唯一编码数	典型适用对象
23	6.0×10^{6}	汽车
29	5.6×10^{8} 使用中	计算机
33	6.0×10^{9}	人口
34	2.0×10^{10}	剃须刀刀片
54	1.3×10^{16}	大米的粒数

② 组织保证。必须保证 EPC 编码分配的唯一性，并寻求解决编码冲突的方法。EPCglobal 通过全球各国编码组织来负责分配各国的 EPC 代码，建立相应的管理制度。

③ 使用周期。对一般实体对象，使用周期与实体对象的生命周期一致。对特殊的产品，EPC 代码的使用周期是永久的。

(2) 简单性。

EPC 的编码既简单，又能同时提供实体对象的唯一标识。以往的编码方案中，很少能被全球各国各行业广泛采用，原因之一，是编码复杂，导致不适用。

(3) 可扩展性。

EPC 编码留有备用空间，具有可扩展性。

EPC 地址空间具有足够的冗余，确保了 EPC 系统的升级和可持续发展。

(4) 保密性与安全性。

EPC 编码与安全和加密技术相结合，具有高度的保密性和安全性。保密性和安全性是配置高效网络的首要问题之一。安全的传输、存储和实现，是 EPC 能否被广泛采用的基础。

2. EPC 编码结构

EPC 代码是新一代的与 EAN/UCC 码兼容的新的编码标准，在 EPC 系统中，EPC 编码与现行的 GTIN 相结合，因而，EPC 并不是要取代现行的条码标准，而是由现行的条码标准，逐渐过渡到 EPC 标准，或者是在未来的供应链中，让 EPC 和 EAN/UCC 系统共存。

EPC 是存储在射频标签中的唯一信息，且已经得到 UCC 和国际 EAN 的支持。目前，还与其他国家、国际上的贸易集团和标准机构进行合作。

EPC 中，码段的分配是由 EAN.UCC 来管理的。在我国，EAN.UCC 系统中的 GTIN 编码是由中国物品编码中心负责分配和管理的。同样，ANCC 也已启动 EPC 服务来满足国内企业使用 EPC 的需求。

EPC 代码是由一个版本号加上另外三段数据(依次为域名管理者、对象分类、序列号)组成的一组数字。其中，版本号标识 EPC 的版本号，它使得 EPC 随后的码段可以有不同的长度；域名管理是描述与此 EPC 相关的生产厂商的信息，例如“可口可乐公司”；对象分类记录产品精确类型的信息，例如“美国生产的 330ml 罐装减肥可乐(可口可乐的一种新产品)”；序列号用来唯一标识货品，它会精确地告诉我们所说的究竟是哪一罐 330ml 罐装减肥可乐。

3. EPC 编码类型

目前，EPC 代码有 64 位、96 位和 256 位三种。为了保证所有物品都有一个 EPC 代码并使其载体——标签成本尽可能降低，建议采用 96 位，这样，其数目可以为 2.68 亿个公司提供唯一标识，每个生产厂商可以有 1600 万个对象种类，并且每个对象种类可以有 680 亿个序列号，这对未来世界中的所有产品已经非常够用了。鉴于当前不用那么多序列号，所以只采用 64 位 EPC，这样会进一步降低标签成本。

但是，随着 EPC-64 和 EPC-96 版本的不断发展，使得 EPC 代码作为一种世界通用的标识方案已经不足以长期使用，所以出现了 256 位编码。至今已经推出 EPC-96 I 型，EPC-64 I 型、II 型、III 型，EPC-256 I 型、II 型、III 型等编码方案。

5.2.4 EPC 编码策略

EPC 的目标是提供对物理世界对象的唯一标识，通过计算机网络来标识和访问单个物体(对象)，就如同在互联网中使用 IP 地址来标识、组织和通信一样。

下面将介绍 EPC 码的几个重要的设计策略，并具体分析这种编码的分类和结构，以及与 GTIN 关系的整合。

1. 唯一标识

与当前广泛使用的 EAN/UCC 代码不同的是，EPC 提供对物理对象的唯一标识。换句话说，一个 EPC 编码分配给一个且仅一个物品使用。这种情况产生的直接结果如下。

首先，必须有足够多的 EPC 编码来满足过去、现在和将来对物品标识的需要。从世界人口总数(70 亿左右)到大米总粒数(粗略估计 1 亿亿粒)，EPC 必须有足够大的地址空间来标识所有这些对象。

其次，必须保证 EPC 编码分配的唯一性，并寻求解决编码冲突的方法。这就产生了由谁或什么组织负责 EPC 编码的分配问题。除了由组织和立法机关管理，EPC 命名空间的创建和管理可以借助于软件系统。

最后，还有一个关于 EPC 码的使用期限和再利用问题。某些组织可能需要不定期地跟踪某一产品，就不能对该产品重新分配 EPC 码。至少，我们希望在可预见的将来，对特殊的产品，将有一个唯一的永久的标识。

2. 生产商和产品

目前，世界上的公司估计超过 2500 万家，而接下来的 10 年，这个数目有望达到 3900 万。显然，需要建立一套标准的与这些预见一致的编码体系。

产品数量的范围变化很大，如表 5-4 所示。值得注意的一点是，任何一个组织的产品类型均不超过 10 万种(参考 EAN 成员组织)。此外，需要考虑很多更小的公司，它们不是任何标准组织的成员，这个数目就更小了。

表 5-4　组织的产品类型范围(摘自 MIT-AUTO-ID Center EPC 白皮书)

领　域	中　值	范　围
新兴市场经济领域	37	0~8500
新兴工业经济领域	217	1~83400
先进的工业国家	1018	0~100000

3．嵌入信息

是否在 EPC 中嵌入信息，一直颇有争议。当前的编码标准，如 UCC/EAN-128 应用标识符(AI)的结构中就包含数据。这些信息可以包括如货品重量、尺寸、有效期、目的地等。

Auto-ID Center 建议消除或最小化 EPC 编码中嵌入的信息量。其基本思想，是利用现有的计算机网络和当前的信息资源来存储数据，这样，EPC 便成了一个信息引用者，拥有最小的信息量。当然，也需要与国际要求相平衡，如易于使用、与系统兼容等。

无论 EPC 中是否存储信息，Auto-ID Center 的目标是用它来标识物理对象。根据这一原则，定义 EPC 是唯一标识贸易项的编码方案的一部分。因此在设计中，将着重介绍标识物理对象所需的数据。

4．分类

将具有相同特征的对象进行分类或分组，是智能系统最基本的功能之一，也是减少数据复杂性的主要方法。发展一门有效的分类学是件艰巨的任务，因为它紧密地依赖于观察者的观点。例如，一罐颜料在制造中可能被当成库存资产，在运输商那里可能是“可堆叠的容器”，面回收商则可能认为它是有毒废品。在各个领域，分类是具有相同特点物品的集合，而不是物品的固有属性。因此，Auto-ID Center 主张在电子代码中取消或者最小化分类信息。因为分类仍然是重要的行为，主张将这种功能移植到网络上。进一步说就是，采用能够执行基本数据采集和将物品“过滤”为传统产品的高水平软件。

5．简单性

过去曾经设计过很多标准和命名方案，但是很少能被广泛采用。导致这个问题的原因之一是其复杂性。越难的方案，就需要越长的研究时间，而且必须与用户的利益平衡。因此，EPC 要尽可能简单，同时能够提供对象的唯一标识。

6．可扩展性

发展一种全球性标准的难点之一，是预计现在及将来的所有可能的应用。对于将来，没有完美的版本。Auto-ID Center 提供了一种简单的扩展方法。即“与其提供完整的规范，不如只做初步的设计，而将 EPC 地址空间的主体留备将来使用”。EPC 后来版本各部分位数总大于上一版本，这样，即可保证其向下的兼容性。

7. 媒介

EPC 要存储到某些类型的物理媒介上，例如条码、电子存储器(标签)或打印的字符。数据通过编码的电磁波进行传输。

对所有的媒介来讲，存储和传输成本与数据量成正比。因为 Auto-ID Center 希望 EPC 能被广泛采用——在数万亿的贸易项标签中使用，所以，媒介必须尽最大可能地降低成本。为此，EPC 必须尽可能地减小尺寸，以降低成本和复杂性。

8. 保密性与安全性

通过同样的方法，可以将数据内容从传输方法中分离出来，即根据安全和加密技术，对 EPC 定义进行耦合。保密性和安全性是配置高效网络的首要问题之一。安全的传输、存储和实现是 EPC 能否被广泛采用的基础。Auto-ID Center 认为与其使用专门的加密技术，不如将 EPC 仅仅看作是一种简单的命名和标识对象的方法。

9. 批量产品编码

许多工农业产品可以大批量生产，很多时候，我们从经济的角度来看，没必要给批内的每一样产品分配唯一的 EPC 编码，这时候，一批产品分配一个 EPC 码就可以了。那么，该批产品的 EPC 编码对应着该批内的所有对象，也就是说，该批内的所有产品的 EPC 编码完全一致。

5.2.5 EPC 编码实现

1. 编码设计思想

为了更好地理解 EPC 标签数据标准的整体框架，首先要充分理解 EPC 标识符的三个层次(如图 5-4 所示)。即纯标识层、编码层和物理实现层。

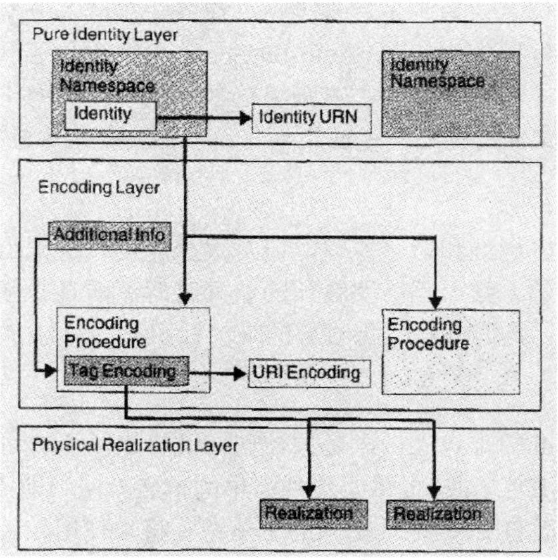

图 5-4 标识命名空间、编码与物理实现

(1) 纯标识层：标识一个特定的物理或逻辑实体，而不依赖于任何具体的编码载体，比如射频标签、条码或数据库等。一个给定的纯标识可能包括许多编码，比如条码、各种标签编码和各种 URI 编码。因此，一个纯标识是标识一个实体的一个抽象的名字或号码。一个纯标识只包括特定实体的唯一标识信息，而不包含其他的内容。

(2) 编码层：纯标识和附加信息(例如滤值)一起组成的特定序列。编码结构可能除了统一编码之中的附加数据(比如滤值)外，还包含其他信息，那么，该编码方案就要指明其包含的附加数据的内容。

(3) 物理实现层：具体的编码，可以通过某些机器读出。例如，一个特定的射频标签或特定的数据库字段。一个给定的编码可能有多种物理实现。

EAN/UCC 系统定义的 SSCC 就是个纯标识的例子；一个 SSCC 编码成 EPCSSCC96 格式就是一个编码的例子；而这个 96 位编码写到一个 UHF Class 1 射频标签里，则是一个物理实现的例子。

一个特定的编码方案可能暗含该编码方案所标识的范围。例如，在 64 位 SSCC 编码方案中，仅可以编码 16384 个厂商。大概来说，每一个编码方案都指明了其标识范围的约束。

2. EPC 编码实现

EPC 标签编码的通用结构是一个比特串(如，一个二进制表示)，由一个分层次、可变长度的、头字段，以及一系列数字字段组成，如图 5-5 所示。码的总长、结构和功能完全由字段头的值来决定。

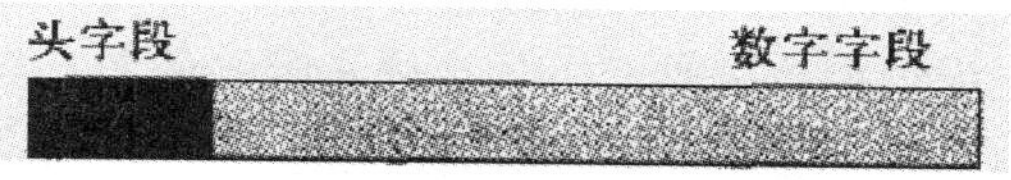

头字段值 (二进制)	标签长度 (比特)	EPC 编码方案
01	64	[64-位保留方案]1064
10	64	SGTIN-64
11	64	[64-位保留方案]
0000 0001	na	[1 个保留方案]
0000 001x	na	[2 个保留方案]
0000 01xx	na	[4 个保留方案]
0000 1000	64	SSCC-64
0000 1001	64	GLN-64
0000 1010	64	GRAI-64
0000 1011	64	GIAI-64
0000 1100 … 0000 1111	64	[4 个 64-比特保留方案]
0001 0000 … 0010 1111	na	[32 个保留方案]
0011 0000	96	SGTIN-96
0011 0001	96	SSCC-96
0011 0010	96	GLN-96
0011 0011	96	GRAI-96
0011 0100	96	GIAI-96
0011 0101	96	GID-96
0011 0110 … 0011 1111	96	[10 个 96-位保留方案]
0000 0000…		[为未来头字段长度大于 8 比特保留]

图 5-5 EPC 标签编码的通用结构

(1) 标头。

如前所述，标头定义了总长、对功能和 EPC 标签编码结构的识别。标头是 8 位二进制值，值的分配规则已经出台，有 63 个可能的值(11111111 保留，以允许使用长度大于 8 位的标头)。图 5-5 中，也给出了 EPC 标签数据标准定义的编码头字段对应的具体方案。

(2) 通用标识符 GID-96。

EPC 标签数据标准定义了 96 位的 PC 代码(GID-96)，它与任何已知的、现有的规范或标识方案没有关系。

此通用标识符由三个字段组成——通用管理者编码、对象分类和序列号。GID 的编码包含第 4 个字段——头字段，以保证 EPC 命名空间的唯一性，如表 5-5 所示。

表 5-5 通用标识符(GID-96)

	标 头	通用管理者代码	对象分类代码	序列代码
GID-96	8	28	24	36
	00110101 (二进制值)	268435456 (十进制容量)	16777216 (十进制容量)	68719476736 (十进制容量)

① 通用管理者代码：标识一个组织实体(特别是一个公司、管理者或组织)，负责维持后续字段的编码——对象分类和序列号。EPCglobal 分配通用管理者编码给实体，确保每一个通用管理者编码是唯一的。

② 对象分类代码：被 EPC 管理实体使用，来识别一个物品的种类或“类型”。这些对象分类编码在每一个通用管理者编码之下，必须是唯一的。

③ 序列代码：在每一个对象分类之内是唯一的。换句话说，管理实体负责为每一个对象分类分配唯一的、不重复的序列号。

(3) EAN/UCC 系统标识类型。

EPC 标签数据标准定义了 EAN/UCC 体系的 5 种 EPC 标识类型——序列化全球贸易标识代码(SGTIN)、系列货运包装箱代码(SSCC)、序列化全球位置码(SGLN)、全球可回收资产标识符(GRAI)、全球私有资产标识符(GIAI)。

① 序列化全球贸易标识代码(SGTIN)。

SGTIN 是一种新的标识类型，它基于 EAN/UCC 通用规范中的全球贸易项目代码(GTIN)。一个单独的 GTIN 不符合 EPC 纯标识中的定义，因为它标识一个特定的对象类，比如一特定产品类或 SKU，而不能唯一标识一个具体的物理对象。

为了给单个对象创建一个唯一的标识符，GTIN 增加了一个序列号 GTIN I，管理实体负责分配唯一的序列号给单个物品，I 为唯一序列号的结合，称为序列化 GTIN(SGTIN)。

如图 5-6 所示，SGTIN 结构由以下信息元素组成。

- 厂商识别代码：由 EAN 或 UCC 分配给管理实体。SGTIN 的厂商识别代码与 GTIN 的厂商识别代码相同。
- 贸易项目代码：由管理实体分配给一个特定对象分类。EPC 编码中的贸易项目代码是通过连接 GTIN 的指示码和项目参考代码共同获得的。
- 序列号：由管理实体分配给一个单个对象。序列号不是 GTIN 的一部分，而是 SGTIN 的组成部分。

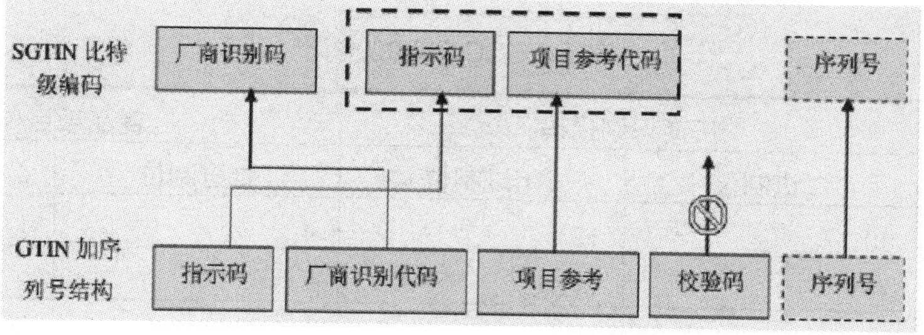

图 5-6　SGTIN 编码方案

SGTIN 的 EPC 编码方案允许 EAN/UCC 系统的 GTIN 和序列号代码直接嵌入 EPC 标签。所有情况下，校验位不进行编码。

SGTIN 包含三个编码方案：SGTIN-64(64 位)、SGTIN-96(96 位)、SGTIN-198(198 位)。下面重点介绍 SGTIN 的两个编码方案：SGTIN-96(96 位)和 SGTIN-198(198 位)。

(a) SGTIN-96

除了标头字段外，GTIN-96 由 5 个字段组成：滤值、分区、厂商识别代码、商品项目代码和序列号，如表 5-6 所示。

表 5-6　SGTIN-96 代码的结构

	标 头	滤 值	分 区	厂商识别代码	商品项目代码	序 列 号
SGTIN-96	8bit	3bit	3bit	20~40bit	24~4bit	38bit
	00110000 二进制	值参照表 5-7	值参照表 5-8	999999~999999999999 最大十进制范围	9999999~9 最大十进制范围	274877906943 最大十进制值

标头 8 位，二进制值为 0011 0000。

滤值用来快速过滤和确定基本物流类型。SGTIN-96 的滤值见表 5-7。

表 5-7　SGTIN-96 的滤值

类 型	二 进 制
所有其他	000
零售消费者项目	001
标准贸易项目组合	010
单一货运/消费者贸易项目	011
不在 POS 销售的内部贸易项组合	100
保留	101
保留	110
保留	111

分区表示随后的厂商识别代码和商品项目代码的分界点。这个结构与 GS1 GTIN 中的结构相匹配，在 GTIN 中，商品项目代码加上厂商识别代码(加上唯一的指示位)共 13 位(按十进制)。厂商识别代码在 6 位到 12 位之间，商品项目代码(加上唯一指示位)在 7 位到 1 位之间。分区的可用值以及厂商识别代码和商品项目代码字段的相关大小在表 5-8 中定义。

表 5-8　SGTIN-96 分区

分 区 值	厂商识别代码		商品项目代码	
	二进制位	十进制位	二进制位	十进制位
0	40	12	4	1
1	37	11	7	2
2	34	10	10	3
3	30	9	14	4
4	27	8	17	5
5	24	7	20	6
6	20	6	24	7

(b)　SGTIN-198

除了标头之外，SGTIN-198 同样还包括滤值、分区、厂商识别代码、商品项目代码、序列号这 5 个字段。但其标头和序列号与 SGTIN-96 不同，如表 5-9 所示。

表 5-9　SGTIN-198 代码的结构

	标 头	滤 值	分 区	厂商识别代码	商品项目代码	序 列 号
SGTIN-198	8bit	3bit	3bit	20~40bit	24~4bit	38bit
	00110110 二进制	值参照表 5-7	值参照表 5-8	999999~999999999999 最大十进制范围	9999999~9 最大十进制范围	最大 20 个字符

标头 8 位，二进制值为 0011 0110。

SGTIN-198 的滤值与 SGTIN-96 的滤值相同，见表 5-7。

SGTIN-198 的分区与 SGTIN-96 的分区相同，见表 5-8。

SGTIN-198 的厂商识别代码与商品项目代码的关系与 SGTIN-96 相同。

②　系列货运包装箱代码(SSCC)。

SSCC 在 EAN/UCC 通用规范中已给出定义。与 GTIN 不同的是，SSCC 的标识结构已经分配给个体对象，因此，不需要任何附加字段来作为一个 EPC 纯标识。

SSCC 由以下信息元素组成。

- 厂商识别代码：由 EAN 或 UCC 分配给一个管理实体。
- 系列代码：由管理实体分配给明确的货运单元。

EPC 编码的系列代码是从 SSCC 中获取的，即通过连接 SSCC 的扩展位和系列代码位作为一个单一的整数，如图 5-7 所示。

SSCC 的 EPC 编码方案允许 EAN/UCC 系统的 SSCC 代码直接嵌入 EPC 标签中。在所有情况下，校验位不进行编码。

SSCC-96 除了标头之外，还包括 4 个字段：滤值、分区、厂商识别代码和序列号。如表 5-10 所示。

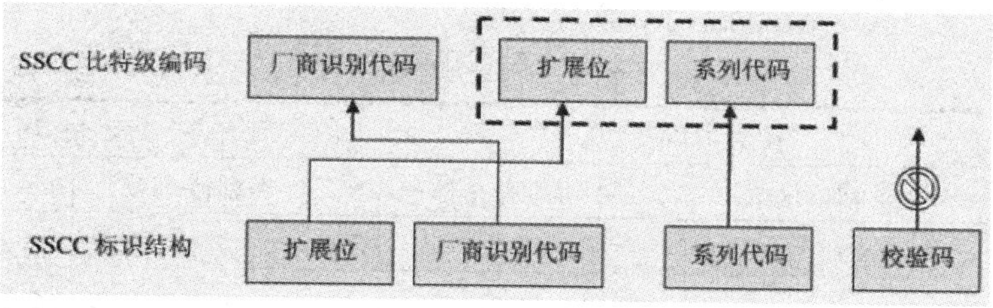

图 5-7 SSCC 编码方案

表 5-10 SSCC-96 代码结构

	标 头	滤 值	分 区	厂商识别代码	序 列 号	未 分 配
SSCC-96	8bit	3bit	3bit	20~40bit	38~18bit	24bit
	00110110 二进制	值参照 表 5-11	值参照 表 5-12	999999~ 999999999999 最大十进制范围	99999999999~ 99999 最大十进制范围	未使用

标头 8 位，二进制值为 0011 0001。

滤值用来快速过滤和确定基本物流类型。SSCC-96 的滤值见表 5-11。

表 5-11 SSCC-96 的滤值

类 型	二 进 制
所有其他	000
未定义	001
物流/货运单元	010
保留	011
保留	100
保留	101
保留	110
保留	111

分区表示随后的厂商识别代码和序列号的分界点。

这个结构与 SSCC 中的结构相匹配。在 SSCC-96 中，厂商识别代码在 6 位到 12 位之间，序列号在 11 位到 5 位之间变化。

表 5-12 给出了分区字段值及相关的厂商识别代码和序列号长度。

③ 序列化全球位置码(SGLN)。

GLN 在 EAN/UCC 通用规范中给出了定义。一个 GLN 能够标识一个不连续的、唯一的物理位置，比如一个码头门口或一个仓库箱位。或标识一个集合物理位置，比如一个完整的仓库。此外，一个 GLN 能够代表一个逻辑实体，比如一个执行某个业务功能(例如下订单)的“机构”。

正因为上述这些不同，EPC GLN 考虑仅仅采用 GLN 的物理位置标识。

表 5-12　SSCC-96 分区

分区值	厂商识别代码		序 列 号	
	二进制位(M)	十进制位(L)	二进制位(N)	十进制位
0	40	12	18	5
1	37	11	21	6
2	34	10	24	7
3	30	9	28	4
4	27	8	31	9
5	24	7	34	10
6	20	6	38	11

SGLN 由以下信息元素组成(见图 5-8)。

- 厂商识别代码：由 EAN 或 UCC 分配给管理实体。厂商识别代码与 EAN/UCC GLN 十进制编码中的厂商识别代码相同。
- 位置参考代码：由管理实体唯一分配给一个集合的或具体的物理位置。
- 序列号：由管理实体分配给一个个体的唯一地址。目前并不使用序列号部分，因为 EAN/UCC 规范还没有对其进行定义。

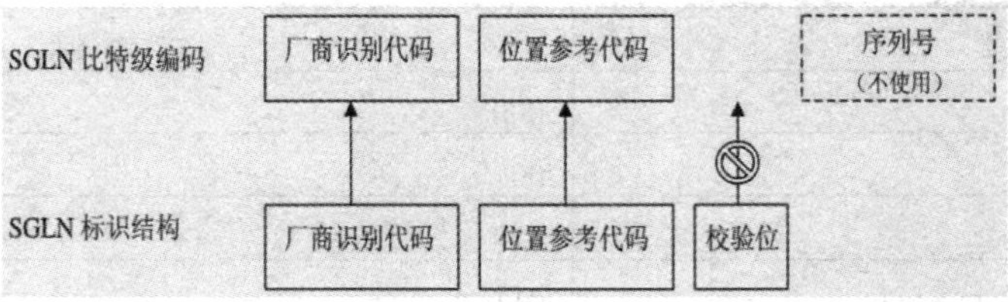

图 5-8　SGLN 编码方案

EPC 关于 GLN 的编码方案，允许 EAN/UCC 系统的 GLN 直接嵌入 EPC 标签中。不使用序列号字段。在很多情况下，没有对校验位进行编码。

目前制定了 SGLN-96(96 位)和 SGLN-195(195 位)两种编码方案。

(a)　SGLN-96

除了标头之外，SGLN-96 还包括 5 个字段：滤值、分区、厂商识别代码、位置参考代码、扩展代码，如表 5-13 所示。

表 5-13　SGLN-96 的代码结构

	标 头	滤 值	分 区	厂商识别代码	位置参考代码	扩展代码
SGLN-96	8bit	3bit	3bit	20~40bit	21~1bit	41bit
	00110010 二进制	值参照 表 5-14	值参照 表 5-15	999999~ 999999999999 最大十进制范围	999999~0 最大十进制 范围	999999999999 最大十进制值

标头 8 位，二进制值为 0011 0010。

滤值用来快速过滤和确定基本位置类型。SGTLN-96 的滤值见表 5-14。

表 5-14　SGLN-96 的滤值

类　型	二 进 制
所有其他	000
保留	001
保留	010
保留	011
保留	100
保留	101
保留	110
保留	111

分区表示随后的厂商识别代码和位置参考码的分界点。这个结构与商品条码 GLN 中的结构相匹配。在 GLN 结构中，厂商识别代码加上位置参考代码，共 12 位。

SGLN-96 中，厂商识别代码在 6 位到 12 位之间，位置参考代码在 6 位到 0 位之间。分区值与厂商识别代码和位置参考代码二者长度的对应关系见表 5-15。

表 5-15　SGLN-96 分区

分 区 值	厂商识别代码		位置参考代码	
	二进制位(M)	十进制位(L)	二进制位(N)	十进制位
0	40	12	1	0
1	37	11	4	1
2	34	10	7	2
3	30	9	11	3
4	27	8	14	4
5	24	7	17	5
6	20	6	21	6

(b)　SGLN-195

除了标头之外，SGLN-195 还包括 5 个字段，即滤值、分区、厂商识别代码、位置参考代码、扩展代码，但其标头和扩展代码与 SGLN-96 不同，如表 5-16 所示。

表 5-16　SGLN-195 代码的结构

	标 头	滤 值	分 区	厂商识别代码	位置参考代码	扩展代码
SGLN-195	8bit	3bit	3bit	20~40bit	21~1bit	140bit
	00111001 二进制	值参照 表 5-14	值参照 表 5-15	999999~ 999999999999 最大十进制范围	9999999~0 最大十进制 范围	最多 20 个字符

标头 8 位，二进制值为 00111001。

SGLN-195 的滤值和 SGLN-96 的滤值相同，见表 5-14。

SGLN-195 的分区与 SGLN-96 的分区相同，见表 5-15。

SGLN-195 的厂商识别代码和位置参考代码与 SGLN-96 相同。

④ 全球可回收资产标识符(GRAI)。

全球可回收资产标识符(GRAI)在 EAN/UCC 通用规范中做了定义。与 GTIN 不同的是，GRAI 已经是为单品分配的，因此不需要任何附加字段便可用做 EPC 纯标识。

如图 5-9 所示，全球可回收资产标识符包含如下信息元素。

- 厂商识别代码：由 EAN 或 UCC 分配给一个管理实体。
- 资产类型：是由管理实体分配给资产的某个特定类型的。
- 序列号：由管理实体分配给单个对象。特别地，只有那些具有一个或多个数字、非零开头的序列号可以使用。

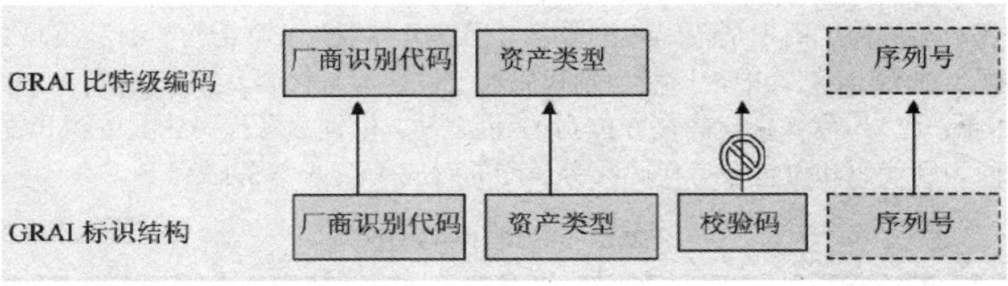

图 5-9 GRAI 编码方案

EPC 对 GRAI 的编码方案允许 EAN/UCC 系统的 GRAI 直接嵌入 EPC 标签之中。在很多情况下，没有对校验位编码。

EPCglobal 制定了 GRAI-96 和 GRAI-170 两种 GRAI 编码方案。

(a) GRAI-96

除了标头之外，GRAI-96 还包括 5 个字段：滤值、分区、厂商识别代码、资产类型代码、序列号，如表 5-17 所示。

表 5-17 GRAI-96 的代码结构

	标 头	滤 值	分 区	厂商识别代码	资产类型代码	序 列 号
	8bit	3bit	3bit	20~40bit	24~4bit	38bit
GRAI-96	00110011 二进制	值参照表 5-18	值参照表 5-19	999999~999999999999 最大十进制范围	9999999~9 最大十进制范围	274877906943 最大十进制数

标头 8 位，二进制值为 0011 0011。

滤值用来快速过滤和确定基本资产类型。GRAI-96 的滤值见表 5-18。

分区表示随后的厂商识别代码和资产类型的分界点。这个结构与商品条码 GRAI 中的结构相匹配，在商品条码 GRAI 的代码结构中，厂商识别代码加上资产类型代码共 12 位。这里，厂商识别代码在 6 位到 12 位之间，资产类型代码在 6 位到 0 位之间。

表 5-18 GRAI 的滤值

类 型	二 进 制
所有其他	000
保留	001
保留	010
保留	011
保留	100
保留	101
保留	110
保留	111

分区值与厂商识别代码和资产类型代码二者长度的对应关系见表 5-19。

表 5-19 GRAI-96 分区

分 区 值	厂商识别代码		资产类型代码	
	二进制位(M)	十进制位(L)	二进制位(N)	十进制位
0	40	12	4	0
1	37	11	7	1
2	34	10	11	2
3	30	9	14	3
4	27	8	17	4
5	24	7	21	5
6	20	6	24	6

(b) GRAI-170

除了标头之外，GRAI-170 还包括 5 个字段：滤值、分区、厂商识别代码、资产类型代码、序列号。但其标头和序列号与 GRAI-96 不同，如表 5-20 所示。

表 5-20 GRAI-170 的代码结构

	标 头	滤 值	分 区	厂商识别代码	资产类型代码	序 列 号
GRAI-170	8bit	3bit	3bit	20~40bit	24~4bit	112bit
	00110111 二进制	值参照表 5-18	值参照表 5-19	999999~999999999999 最大十进制范围	9999999~9 最大十进制范围	最多 16 个字符

标头 8 位，二进制值为 0011 0111。

GRAI-170 的滤值与 GRAI-96 的滤值相同，见表 5-18。

GRAI-170 的分区与 GRAI-96 的分区相同，见表 5-19。

GRAI-170 的厂商识别代码和资产类型代码与 GRAI-96 的相同。

⑤ 全球单个资产标识符(GIAI)。

GIAI 在 EAN/UCC 通用规范中给出规定。与 GTIN 不同的是，GIAI 原来就设计为用于单品，因此，不需要任何附加字段用于 EPC 的纯标识。

如图 5-10 所示，GIAI 由下面的信息元素组成。

- 厂商识别代码：是由 EAN/UCC 分配给公司实体的。
- 单个资产参考代码：是由管理实体唯一地分配给某个具体资产的。EPC 只能用于描述 EAN/UCC 通用规范中规定的私有资产参考代码。需要特别指出的是，只能是那些具有一个或多个数字、非零开头的私有资产项目代码可以使用。

GIAI 的编码方案允许 EAN/UCC 系统的 GIAI 代码直接嵌入 EPC 标签中。

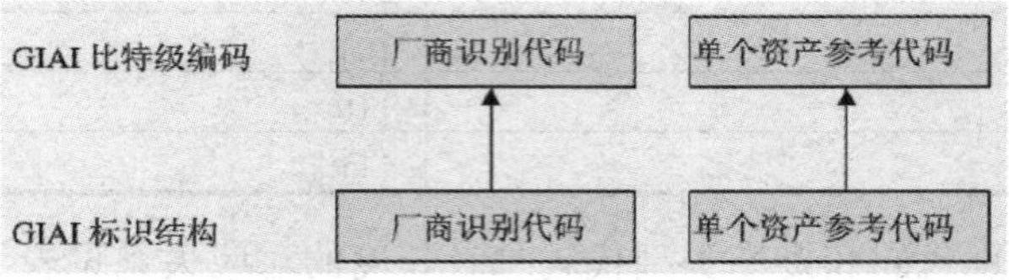

图 5-10　GIAI 编码方案

EPCglobal 规定了 GIAI-96 和 GIAI-202 两种编码方案。

(a)　GIAI-96

除了标头外，GIAI-96 还包括 4 个字段：滤值、分区、厂商识别代码、单个资产参考代码，如表 5-21 所示。

表 5-21　GIAI-96 的代码结构

	标　头	滤　值	分　区	厂商识别代码	单个资产参考代码
GIAI-96	8bit	3bit	3bit	20~40bit	62~42bit
	00110100 二进制	值参照 表 5-22	值参照 表 5-23	999999~ 999999999999 最大十进制范围	4611686018427387 9~ 4398046511103 最大十进制范围

标头 8 位，二进制值为 0011 0100。

滤值用来快速过滤和确定基本资产类型。GIAI-96 的滤值见表 5-22。

表 5-22　GIAI-96 的滤值

类　型	二 进 制
所有其他	000
保留	001
保留	010
保留	011
保留	100
保留	101
保留	110
保留	111

分区表示随后的厂商识别代码与单个资产参考代码的分界点。这个结构与商品条码 GIAI 中的结构相匹配。厂商识别代码在 6 位到 12 位之间。分区值与厂商识别代码和单个资

产参考代码二者长度的对应关系见表 5-23。

表 5-23 GIAI-96 的分区

分 区 值	厂商识别代码		单个资产参考代码	
	二进制位(M)	十进制位(L)	二进制位(N)	十进制位
0	40	12	42	13
1	37	11	45	14
2	34	10	48	15
3	30	9	52	16
4	27	8	55	17
5	24	7	58	18
6	20	6	62	19

(b) GIRI-202

除了标头之外，GIAI-202 还包括 4 个字段：滤值、分区、厂商识别代码、单个资产项目代码，如表 5-24 所示。

表 5-24 GIAI-202 的代码结构

	标 头	滤 值	分 区	厂商识别代码	单个资产项目代码
GIAI-202	8bit	3bit	3bit	20~40bit	168~148bit
	00111000 二进制	值参照表 5-22	值参照表 5-25	999999~999999999999 最大十进制范围	最多 24 个字符

标头 8 位，二进制值为 0011 1000。

滤值用来快速过滤和确定基本资产类型。GIAI-202 的滤值见表 5-22。

分区表示随后的厂商识别代码与单个资产参考代码的分界点。这个结构与商品条码 GIAI 中的结构相匹配。厂商识别代码在 6 位到 12 位之间。分区值与厂商识别代码和单个资产参考代码二者长度的对应关系见表 5-25。

表 5-25 GIAI-202 的分区

分 区 值	厂商识别代码		单个资产参考代码	
	二进制位(M)	十进制位(L)	二进制位(N)	十进制位
0	40	12	148	18
1	37	11	151	19
2	34	10	154	20
3	30	9	158	21
4	27	8	161	22
5	24	7	164	23
6	20	6	168	24

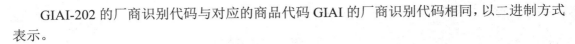

GIAI-202 的厂商识别代码与对应的商品代码 GIAI 的厂商识别代码相同，以二进制方式表示。

3. EPC 编码转换

(1) SGTIN 向 EPC 的转换。

遍布 90 多个国家的 80 多万个成员公司使用 EAN/UCC 编码体系。几十亿货品使用 GTIN 体系的条码，至今已成为历史上最成功的标准之一。因此，在此背景下，我们希望将全球接受的 EAN/UCC 识别体系结构整合到新的 EPC 产品电子码中。

虽然看起来难度可能比较大，然而，事实上，这两大体系的整合可能并非如此复杂。GTIN 体系与 EPC 体系的有效兼容性，将使“智能化基础设施”更多、更快地应用到使用传统条码的行业中来，比如零售业和分销业，同时，能够扩展全球标准到新的领域，包括健康护理业和制造业。

Auto-ID Center 希望将大多数 EAN/UCC 数据结构内容应用到新的网络数据库中。

GTIN 体系结构里，制造商编码与产品编码部分将以 EPC 管理编码和 EPC 对象分类编码的形式保留在 EPC 产品电子码中。但条码扫描必需的校验值属性将从数据结构中删除。其中，常规 UPC 编码(UCC-12)可以直接转换到 EPC 编码。比如，UCC-12 编码结构的企业编码和货品编码部分分别与 EPC 编码结构的管理编码和对象分类编码部分相吻合。常规的 UPC 编码有 5 位企业编码，这 5 位数没有特殊的意义。因此，从 UPC 制造商编码到 EPC 管理识别码的转换是简单的——这两部分号码是完全相同的。

另外，EPC 产品电子码尝试缩减其编码结构的内在信息和分类的数量。以国家编码来划分公司分类码的形式将被取消。因此，与互联网 IP 地址编码中没有国家或地区区别类似，EPC 也将弱化国家间的区别，并且是直接面向全球导向的。

(2) 其他的 EPC 编码。

目前，EPC 标签数据标准定义了来自于 EAN/UCC 系统的 EPC 标识结构，即由传统的 EAN/UCC 系统转向 EPC 的编码方法。当前 EPC 编码通用长度为 96 位，今后可扩展至更多位。在最新的 EPCglobal 标签数据标准中，新增了 SGTIN-198、SGLN-195、GRAI-170、GIAI-202。

需要注意的是：EPC 编码不包括校验位。传统 EAN/UCC 系列代码的校验位在代码转化 EPC 的过程中失去了作用。

5.3 EPC 系统网络技术

5.3.1 EPCglobal 网络与全球数据同步网络(GDSN)

1. EPCglobal 网络

EPCglobal 网络是实现自动即时识别和供应链信息共享的网络平台。通过 EPCglobal 网络，提高供应链上贸易单元信息的透明度与可视性，以此，各机构组织将会更有效地运行。

通过整合现有的信息系统和技术，EPCglobal 网络将提供对全球供应链上贸易单元即时、准确、自动的识别和跟踪。

(1) 产品电子代码(EPC)。

产品电子代码(EPC)是 EPCglobal 网络的标准化物品识别符。EPCglobal 网络为 EPC 数据结构提供了一个灵活的框架，支持多种编码方案。这种框架有助于各个垂直部门使用 EPCglobal 网络，因为它可以是各个部门将自己基于标准的编码整合到 EPC 中。

例如，EAN/UCC 组织将围绕 EAN/UCC 系统编码方案建立自己的 EPC，其他行业也围绕自己的标准编码方案建立自己的 EPC。对单个物品分配唯一的 EPC，使得在 EPCglobal 网络中采集和交流动态信息成为可能。

(2) EPC 网络的运作。

EPCglobal 通过采用价格便宜的 RFID 标签和识读器识别 EPC，在全球供应链中推行 RFID 技术，然后借助于互联网，获取授权后，用户可以共享大量的相关信息。为了采集数据，将带有唯一 EPC 代码的 EPC 标签粘贴在集装箱、托盘、箱子或物体上。然后，从战略角度考虑分布在整个供应链各处的 EPC 识读器在标签经过时，读取各个标签所承载的信息，将 EPC 及读取时间、日期和地点传输给网络。EPC 中间件在各点对 EPC 标签、识读器和当地基础设施进行控制和集成。

上述信息一旦被采集，EPCglobal 网络即可以利用互联网技术创建的网络，让全球供应链中的授权贸易伙伴分享这些信息。

对象名称解析服务(ONS)技术与互联网技术类似，将 EPC 转换成 URL，然后让计算机通过 URL 找到与该 EPC 有关的信息在哪里。此后，由产品电子代码信息服务(EPCIS)对 EPCglobal 网络中实际数据的存取进行管理，企业在 EPCIS 中指定哪些贸易伙伴有权访问这些信息。通过以上步骤，包含并能实时显示各个产品移动情况的信息网络就此形成。

2. 全球数据同步网络(GDSN)

全球数据同步网络是数据池系统和全球注册中心基于互联网组成的信息系统网络。

通过部署在全球不同地区的数据池系统，分布在世界各地的公司能与供应链上的贸易伙伴使用统一的标准交换贸易数据，实现商品信息的同步。这些系统中，有相同数据项目的属性，以保证这些属性的值一致，比如某种饮料的规格、颜色、包装等属性。GDSN 保证全球零售商、供货商、物流商等的系统中的数据都与制造商公布的完全一致，并可以即时更新。

(1) 全球贸易项目代码(GTIN)和全球位置编码(GLN)。

全球贸易项目代码(GTIN)和全球位置编码(GLN)都是 GDSN 中的全球标识代码。

GLN 是适用于法人实体、贸易伙伴和位置信息的 EAN/UCC 系统标识符。GTIN 是适用于交易物品的 EAN/UCC 系统标识符，包括产品和服务。各企业根据自己的公司前缀和 EAN/UCC 系统标准，分配和维护自己的 GTIN 和 GLN。许多垂直部门利用 GTIN 和 GLN 对自己及其产品进行唯一性标识，指定 GTIN 和 GLN，使它们可以在 GDSN 中交换有关法人实体、贸易伙伴、位置和产品的静态信息。

(2) 全球数据同步网络(GDSN)的运作。

GDSN 采用基于 GS1 系统标准的信息，为贸易伙伴提供唯一入库口，通过可相互操作的数据库和 GS1 全球登记库，使静态信息同步化。可相互操作数据库，即 GTIN 和 GLN 静态信息仓库。企业在数据库中注册自己的产品信息，授权贸易伙伴接收这些信息。因此，当信息发生改变时，企业可以在数据库里修改产品信息。然后，GDSN 数据库检查所有静态信息是否符合 GS1 系统标准，使信息在供需双方的合作伙伴之间同步化，以确保所有贸易伙伴使用的数据库都是相同的、符合 EAN/UCC 系统标准的最新数据。最后，GS1 全球登记作为中心数据池，提供来自 GDSN 各个数据的产品和参与方数据的位置信息(即 GTIN 和 GLN)。同时，还提供对 GTIN 和 GLN 基本信息的全球搜索，通过确定信息所在的数据库，找到相关数据，促进静态信息在贸易伙伴间的传递。

3．EPCglobal 网络和 GDSN 网络

(1) EPCglobal 网络和 GDSN 网络的关联。

① EPCglobal 网络和 GDSN 网络的协同作用。

目前，EPCglobal 网络和 GDSN 网络不维护重复的信息。EPCglobal 不提供 GTIN 信息，而 GTIN 则不提供某一产品的各实例信息。全球贸易项目代码(GTIN)是针对 EAN/UCC 系统产品、基于标准标识，旨在获取 GTIN 的静态产品信息的全球识别代码。EPC 数据结构使各部门能采用自己的编码标准对 EPC 编码。在 EAN/UCC 系统中，GTIN 被合并到基于标准代码的 EPC 中。

但是，由于 GTIN 已被纳入到 EPC 中，因此，在 EPCglobal 网络中，人们对这两大网络的全球识别代码进行了调整。整合到 EPC 中的 GTIN 提供了一个从 EPCglobal 网络到 GDSN 的信息链。因此，EPC 提供的全球标识代码，不仅可以用来访问 EPCglobal 网络中的各个物品的动态信息，也能使 GS1 系统用户能访问物品在 GDSN 中产品分组的静态信息。

② EPCglobal 网络和 GDSN 网络的组成部分。

EPCglobal 网络和 GDSN 网络利用一种机制将全球识别代码与相关信息联系起来，并利用该机制对网络内部的信息访问进行管理。在 EPCglobal 网络中，用 EPC 为索引查询对象名称解析服务(ONS)，然后，ONS 返回与该 EPC 有关的位置信息。此后，由 EPCIS 根据位置信息对 EPCglobal 网络的实际数据存取进行管理。在 EPCIS 中，各个公司指定谁有权访问自己的动态信息。在 GDSN 网络中，用户利用 GLN 或 GLN 查询 GS1 全球登记库，然后指定存放该 GTIN 或 GLN 信息的数据库。此后，该数据库对信息访问进行管理，数据所有者对静态信息的访问做出授权。

(2) EPCglobal 网络与 GDSN 网络的区别。

尽管 EPCglobal 网络与 GDSN 网络存在相似之处，但二者之间也有重大区别。这两大网络提供的信息不仅在种类上有着明显的不同，而且有着各自不同的目标和操作环境。

① 目标和信息。

EPCglobal 网络主要用于采集和共享各个物品的流动信息，其目标是为相互协作的各参与方提供动态信息，而 GDSN 网络则主要用于贸易伙伴共享静态信息，以促进交易，其目标是确保贸易伙伴间静态信息的质量，以促进协作和交易。

② 操作环境。

EPCglobal 网络和 GDSN 网络的目的和功能大不相同。因此，两大网络有着各自不同的操作环境，EPCglobal 网络提供大量频繁变化的动态信息。每次标有 EPC 的标签经过 EPC 识读器时，识读器都会将所读取的日期、时间和地点发送给 EPCglobal 网络。由于各个物品都有特定的 EPC，而且每个物品都将在其生命周期内被大量 EPC 识读器读取，因此，

EPCglobal 网络的操作环境是为访问供应链内移动的信息而设计的。而 GDSN 则专为管理和传播静态信息。此外，GLN 和 GTIN 提供有关商业实体和产品/服务团体的核心数据，因此，GDSN 的操作环境必需能够保证相对稳定信息的质量。

5.3.2 中间件

1. 什么是中间件

中间件(Middleware)是基础软件的一大类，属于可复用软件的范畴。顾名思义，中间件处于操作系统软件与用户应用软件的中间。中间件在操作系统、网络和数据库之上，应用软件的下层，总的作用是为处于自己上层的应用软件提供运行与开发的环境，帮助用户灵活、高效地开发和集成复杂的应用软件。

最早具有中间件技术思想及功能的软件是 IBM 的 CICS，但由于 CICS 不是分布式环境的产物，因此，人们一般把 Tuxedo 作为第一个严格意义上的中间件产品。Tuxedo 是 1984 年在当时属于 AT&T 的贝尔实验室开发完成的，但由于当时分布式处理并没有在商业应用上获得像今天一样的成功，Tuxedo 在很长一段时期里只是实验室产品，后来被 Novell 收购，在经过 Novell 并不成功的商业推广之后，1995 年被 BEA 公司收购。尽管中间件的概念很早就已经产生，但中间件技术的广泛运用，却是在 10 年之后。BEA 公司 1995 年成立后，收购了 Tuxedo，才成为一个真正的中间件厂商。

IBM 的中间件 MQSeries 也是 20 世纪 90 年代的产品。国内在中间件领域的起步阶段正是整个世界范围内中间件的初创时期，东方通科技早在 1992 年就开始了中间件的研究与开发，1993 年推出了第一个产品 TongLINK/Q。可以说，在中间件领域，国内的起步时间并不比国外晚多少。

2. EPC 中间件概述

EPC 中间件是加工和处理来自识读器的所有信息和事件流的软件，是连接识读器和企业应用程序的纽带。它对标签数据进行过滤、分组和计数，以减少发往信息网络系统的数据量，并防止错误识读、漏读和多读信息。

EPC 中间件是程序模块的集成器，程序模块通过两个接口与外界交互——识读器接口和应用程序接口。其中，识读器接口提供与标签识读器，尤其是 RFID 识读器的连接方法。应用程序接口使 EPC 中间件与外部应用程序连接，这些应用程序通常是现有的企业采用的应用程序，也可能有新的具体 EPC 应用程序，甚至有其他 EPC 中间件。除了 EPC 中间件定义的两个外部接口(识读器接口和应用程序接口)外，程序模块之间用它们自己定义的 API 函数交互。也许会通过某些特定接口与外部服务进行交互。典型的例子就是 EPC 中间件到 EPC 中间件的通信。

程序模块可以由 Auto-ID 标准委员会定义，或者由用户和第三方生产商来定义。

Auto-ID 标准委员会定义的模块叫作标准程序模块。其中一些标准模块需要应用在 EPC 中间件的所有应用实例中，这种模块叫作必备标准程序模块；其他有些可以根据用户定义包含或者排除于一些具体实例中，这些就叫作可选标准程序模块。其中，事件管理系统(EMS)、实时内存数据结构(RIED)和任务管理系统(TMS)，都是必需的标准程序模块。

其中 EMS 用于读取识读器或传感器中的数据，对数据进行平滑、协同和转发，将处理后的数据写入 RIED 或数据库。RIED 是 EPC 中间件特有的一种存储容器，是一个优化的数据库，为了满足 EPC 中间件在逻辑网络中的数据传输速度而设立，它提供与数据库相同的数据接口，但访问速度比数据库快得多。TMS 的功能类似于操作系统的任务管理器，它把由外部应用程序订制的任务转为 EPC 中间件可执行的程序，写入任务进度表，使 EPC 中间件具有多任务执行功能。EPC 中间件支持的任务包括三种类型：一次性任务、循环任务、永久任务。

5.3.3 ONS 的工作原理

1．ONS 概况

ONS 是一种全球查询服务，可以将 EPC 编码转换成一个或多个 Internet 地址，从而可以进一步找到此编码对应的货品详细信息，通过统一资源定位符(URL)，可以访问 EPCIS 服务和与该货品相关的其他 Web 站点或 Internet 资源。图 5-11 体现了 ONS 在 EPC 系统中的作用。

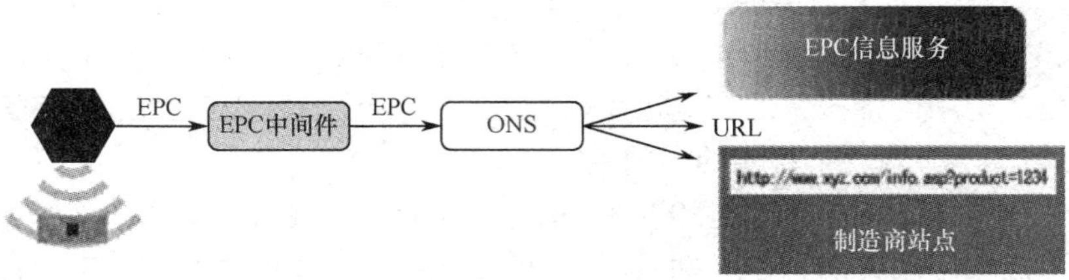

图 5-11　ONS 在 EPC 系统中的作用

2．ONS 查询步骤

ONS 查询涉及运算，将 EPC 编码由二进制转换成 URI 格式。

(1)　删除前端的“urn:epc”字段。

(2)　删除序列号字段。

(3)　反向排列其余字段。

(4)　添加 ONS 全球根域。

(5)　做一次有关此地址 type code 35(NAPTR)记录的 DNS 查询。

3．ONS 应用过程举例

(1)　从一件货品的 RFID 标签中读取一个比特值序列，如图 5-12 所示。

(2)　将二进制字符串转化成为 EPC URI 格式，如图 5-13 所示。

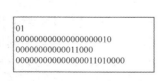

```
01
000000000000000000010
0000000000000011000
0000000000000000011010000
```

图 5-12　比特值序列

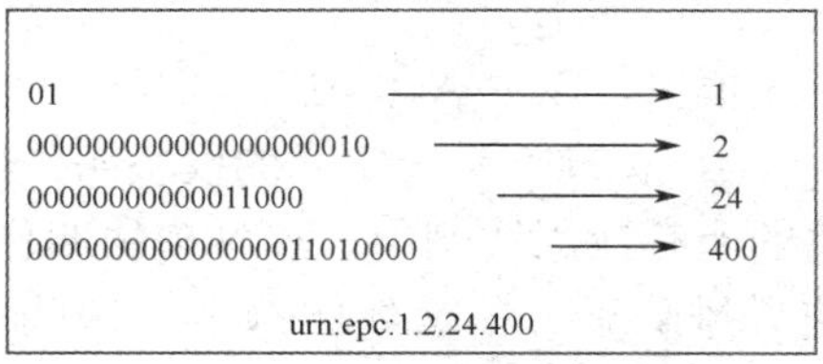

图 5-13　转化成 EPC URI 格式

(3) 解算器将 URI 格式转化成域名形式，如图 5-14 所示。

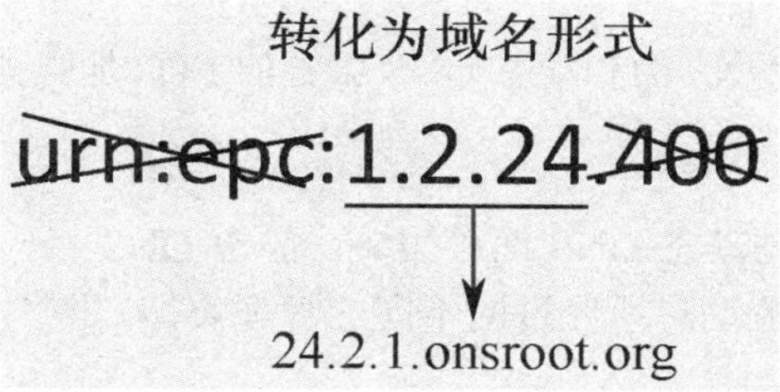

图 5-14　转化成域名形式

(4) 执行 ONS 查询，获得这个地址的名称权威指针 NAPTR 记录，并返回与查询货品相关的 URI，如 http://gillette.com/autoid/sensor3.wsdl。NSPTR(Naming Authority Pointer)名称权威指针记录的逻辑格式如表 5-26 所示。

表 5-26　NAPTR 记录的逻辑格式

顺序	前缀	标记	服　务	正则表达式	替 换 符
0	0	u	EPC+ws	!^.*$!http://example.com/autoid/widget100.wsdl!	.
0	0	u	EPC+epcis	!^.*$!http://example.com/autoid/cgi-bin/epcis.php!	
0	0	u	EPC+html	!^.*$!http://www.example.com/products/thingies.asp!	.
0	0	u	EPC+xmlrpc	!^.*$!http://gateway1.xmlrpc.com/servlet/example.com!	.
0	1	u	EPC+xmlrpc	!^.*$!http://gateway2.xmlrpc.com/servlet/example.com!	.

接下来主要介绍各个字段的含义。

① “顺序”字段：用来确保各个具有相同 order 值的顺序行，其恰当的解释也被同等考虑，以起到均衡负载的作用。

② “前缀”字段：用来指示优先顺序，类似于 MX 记录，优先处理低码值，将较低码值转换成顺序与服务值均相同的较高码值。

③ “标记”字段：包含参数 u，来指示“常规表达式”字段包含 URI。

④ “服务”字段：用来指示每个 URI 所提供的服务类型。

⑤ “正则表达式”字段：包含 URI，RegEx 字段用于样式搭配串。

⑥ “正则表达式”首字母(如“!”)：是分隔符，它把正则表达式分为两部分。

⑦ “正则表达式”字段第一部分：是查询或者放置的样式标识符，例如“^.*$”，意思是“通配符”。

⑧ “正则表达式”字段第二部分是交换串，例如一个网址，或者网络服务 wsdl 文件的 URI。

Auto-ID 中没有使用“替换符”字段，因为它是一个特别的 DNS 字段，它的值设为一个圆点(.)，而不是空白。

4．ONS 本地高速缓冲存储区

(1) 该存储区用来减少对每个可见对象的全球 ONS 的请求的需要。

(2) 经常性的查询值或最近某段时间的查询值存放在本地 ONS 高速缓存区，它是访问 ONS 时的第一个端口。

(3) 未注册带有全球 ONS 的和动态 ONS 服务的 EPC 加强其注册功能。

5．静态 ONS 与动态 ONS

ONS 提供静态 ONS 与动态 ONS 两种服务。静态 ONS 指向货品的制造商，动态 ONS 指向一件货品在供应链中流动时所经过的不同的管理实体。

(1) 静态 ONS。

静态 ONS 假定每个对象有一数据库，提供指向相关制造商的批针，并且给定的 EPC 编码总是指向同一个 URL，如图 5-15 所示。

(2) 动态 ONS。

动态 ONS 指向多个数据库，指向货品在供应链流动过程中所经过的所有管理者实体，如图 5-16 所示。

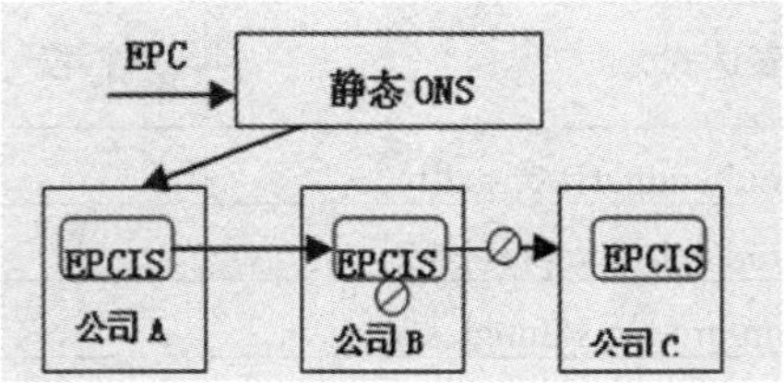

图 5-15　静态 ONS

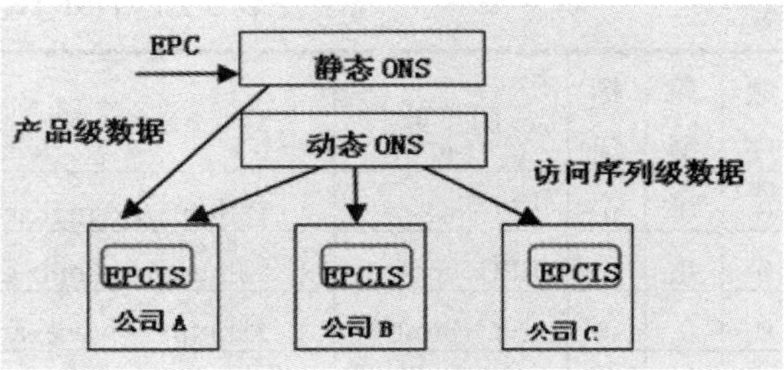

图 5-16　动态 ONS

6．ONS 与 DNS

(1) DNS 的工作原理。

DNS 是一个分布式数据库系统，它提供将域名转换成对应 IP 地址的信息。这种名称转换成 IP 地址的方法称为名称解析。

DNS 分为 Client 和 Server，Client 扮演发问的角色，也就是问 Server 一个域名，而 Server 必须要回答此域名的真正 IP 地址。当地的 DNS 先会查自己的数据库，如果自己的数据库没有，则会往该 DNS 上所设的 DNS 询问，依次得到答案之后，将收到的答案存起来，并回答给客户。

DNS 服务器会根据不同的授权区(Zone)，记录所属网域下的各名称数据，这个数据包括网域下的次网域名称及主机名称。

DNS 客户端向指定的 DNS 服务器查询网际网络上某台主机的名称，当 DNS 服务器在其数据记录中找不到用户所指定的名称时，会转向该服务器的高速缓存区，找寻是否有该数据，当高速缓存区也找不到时，会向最接近的名称服务器去要求帮忙找寻该名称的 IP 地址，在另一台服务器上也有相同的查询动作，当查询到后，会回复原来要求查询的服务器，该 DNS 服务器在接收到另一台 DNS 服务器查询的结果后，先将所查询到的主机名称及对应的 IP 地址记录到高速缓存区中，最后再将所查询到的结果回复给客户端。

(2) ONS 与 DNS 的联系。

ONS 服务是建立在 DNS 基础之上的专门针对 EPC 编码与货品信息的解析服务，在整个 ONS 服务工作过程中，DNS 解析是作为 ONS 不可分割的一部分存在的，在将 EPC 编码转换成 URI 格式，再由客户端将其转换成标准域名时，下面的工作就由 DNS 承担了，DNS 经过递归式或交谈式解析，将结果以 NAPTR 记录格式返回给客户端，ONS 即完成了一次解析服务。

(3) ONS 与 DNS 的区别。

ONS 与 DNS 主要的区别，在于输入与输出内容的不同。ONS 在 DNS 基础上进行 EPC 解析，因此，其输入端是 EPC 编码，而 DNS 用于解析，其输入端是域名；ONS 返回的结果是 NAPTR 格式，而 DNS 则更多时候返回查询的 IP 地址。

DNS 与 ONS 解析的比较，如图 5-17 所示。

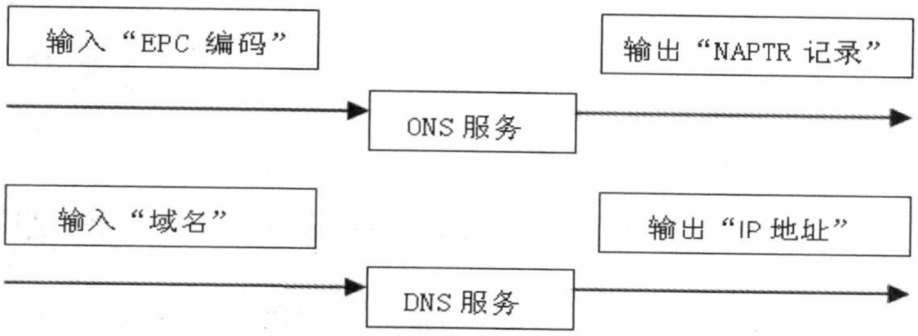

图 5-17 DNS 与 ONS 解析的比较

5.3.4 EPC 信息服务(EPCIS)

1. EPCIS 简介

EPCIS 服务是最终用户与 EPCglobal 网络进行数据交换的主要桥梁，EPCIS 服务器上的数据由供应链上下游的企业共享获得。通过这种共享，企业可了解商品在整个供应链环节中的信息，而不仅局限于本企业内部。

EPCIS(EPC Information Service)的目的，在于应用 EPC 相关数据的共享，来平衡企业内外不同的应用。EPC 相关数据包括 EPC 标签和识读器获取的相关信息，以及商业上一些必需的附加数据。

2. EPCIS 与其他 EPC 标准的关系

(1) EPCIS 数据。

EPCIS 层的数据，目的在于驱动不同企业应用。

EPCIS 位于整个 EPC 网络架构的最高层，它不仅是原始 EPC 观测数据的上层数据，而且也是过滤和整理后的观测数据的上层数据。

(2) EPCIS 在整个 EPC 网络架构中的位置。

如图 5-18 所示，EPCIS 在整个 EPC 网络中的主要作用，就是提供一个接口，以存储和管理 EPC 捕获的信息。

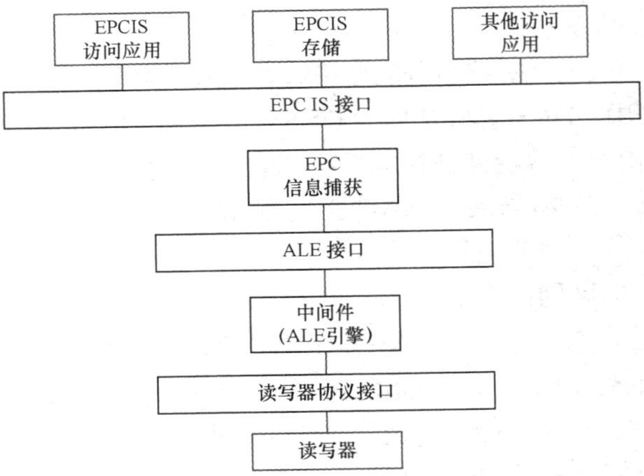

图 5-18　EPCIS 在 EPC 网络中的位置

3．EPCIS 框架简介

(1) EPCIS 框架中层次的分类。

EPCIS 中，框架分为三层，即信息模型层、服务层和绑定层。

信息模型层指定了 EPCIS 中包含什么样的数据，这些数据的抽象结构是什么，以及这些数据代表着什么含义。

服务层指定了 EPC 网络组件与 EPCIS 数据进行交互的实际接口。

绑定层定义了信息的传输协议，比如 SOAP 或 HTTP 等。

(2) EPCIS 框架的可扩展性。

EPCIS 框架的一个重要特征，就是它的可扩展性。由于 EPC 技术被越来越多的行业采纳，不断地有新的数据种类出现，所以，EPCIS 必须具有很好的可扩展性，才能充分发挥 EPC 技术的优势。同时，为了避免数据的重复与不匹配，EPCIS 规范还针对不同行业和不同数据类型，提供了通用的规范。EPCIS 框架规范没有定义服务层和绑定层的扩展机制，但是，实际应用中的服务层和绑定层也具有很好的扩展性。

(3) EPCIS 框架规范遵循模块化的设计思想。

EPCIS 不是一个单一的规范，而是一些相关的规范个体所组成的集合。EPCIS 的分层机制和良好的可扩展性为实现框架的模块化奠定了基础。

5.4　EPC 射频识别系统

5.4.1　EPC 与自动识别技术

从 20 世纪 70 年代开始大规模应用的商品条码(Bar Code for Commodity)，现在已经深入到日常生活的每个角落，以商品条码为核心的 EAN/UCC 全球统一标识系统，已经成为全球通用的商务语言。目前已有 100 多个国家和地区的 120 多万家企业和公司加入了 EAN/UCC 系统，上千万种商品应用了条码标识。EAN/UCC 系统在全球的推广，加快了全球流通领域信息化、现代物流及电子商务的发展进程，提升了整个供应链的效率，对全球经济及信息化的发展起到了举足轻重的推动作用。

商品条码的编码体系是对每一种商品项目的唯一编码，信息编码的载体是条码，随着市场的发展，对某些商品进行唯一的标识越来越重要，如食品、危险品和贵重物品的追溯。

为了更加方便、快速、准确地跟踪单品，随着网络技术和信息技术的飞速发展以及射频技术的日趋成熟，EPC 系统就适时产生了。

1. EPC 与条码的联系

EPC 与条码有一定的对应关系，具体地说，主要是 EPC 编码与 GTIN、EPC 编码与 SSCC、EPC 编码与 GLN 之间可以通过一定的规则相互进行转换。

从应用上来讲，EPC 与条码各有特点，在许多应用领域中可以联合使用，例如，EPC 系统所应用的 RFID 技术在提高识读率和迅速发现漏读对象上还比较困难，条码技术可以成为解决这些问题的必要补充。由于 EPC 推广应用还有一个相对较长的过程，实施 ERP 管理的企业原有数据库的调整和改变必然有一个过程，因为现有 ERP 基本上是基于条码技术开发的，信息源发生改变，必然会影响整个系统的设计。因此，在这些领域，就需要条码技术和 RFID 技术的共存，以便相互弥补。

2. EPC 与条码的区别

EPC 是连通现实世界与虚拟世界的桥梁。条码在产品识别、商品结算和物流领域起到了重要的作用。然而，EPC 与条码二者在许多方面还是存在一些重要的差异。

首先，GTIN 标准在产品识别领域得到了广泛应用，但是，新一代的 IPC 编码革命性地解决了 GTIN 无法做到的单个商品识别的问题，再加上网络化的背景，因而，能在更广泛的领域得到深入的应用。

其次，EAN/UCC 条码可以满足销售业的各种需求。但不同领域的应用对条码的数据结构有不同的要求，因此就出现了 EAN/UCC 的多种编码方案(GTIN、SSCC、GLN、GRAI 等)，并且，不同的编码结构要存储不同的数据信息。然而，EPC 编码结构则适合描述几乎所有的货品，同时，通过 IP 地址，可以识别网络节点上存有货品信息的计算机。

最后，GTIN 体系无法依赖于网络资源。在许多情况下，GTIN 体系必须在没有任何外部链接，甚至没有计算机系统的情况下，有效地进行工作。许多外部数据，比如价格和保质期等(这些数据对不同的单品来说是不同的)都必须存储在条码结构中，增加了成本与复杂性。IPC 编码中，则不包含有关识别货品信息的具体信息，而只提供指向这些目标信息的有效的网络指针。我们只需要识别这些目标参考信息的组织及计算机服务器即可。

5.4.2 EPC 与射频识别技术

射频识别(Radio Frequency Identification，RFID)技术是利用射频信号及其空间耦合和传输特性进行的非接触双向通信，实现对静止或移动物体的自动识别，并进行数据交换的一项自动识别技术。

此技术从 20 世纪 90 年代开始，应用于物品跟踪等民用领域。它能够实现快速的读写、非可视的识别、移动识别、多目标的识别/定位以及长期的跟踪管理，识别工作不受恶劣环境的影响，而且读取速度快，读取信息安全可靠，因此，RFID 技术有着广泛的应用前景。

随着 RFID 技术的不断进步，成本的不断降低，RFID 技术开始进入物流、供应链等领域。

射频识别系统的数据存储在射频标签中，其能量供应以及与识读器之间的数据交换不是通过电流，而是通过磁场或电磁场进行的。射频识别系统包括射频标签和识读器两个部分。射频标签贴在产品或安装在产品或物品上，由射频识读器读取存储于标签中的数据。

由于 RFID 可以用来追踪和管理几乎所有物理对象，越来越多的零售商和制造商都在关心和支持这项技术的发展与应用。

EPC 产品电子代码及 EPC 系统的出现，使 RFID 技术向跨区域、跨国界物品识别与跟踪领域的应用迈出了划时代的一步。

EPC 与 RFID 之间有共同点，也有不同之处。从技术上来讲，EPC 系统包括物品编码技术、RFID 技术、无线通信技术、软件技术、互联网技术等多个学科的技术，而 RFID 技术只是 EPC 系统的一部分，主要用于 EPC 系统数据存储与数据读写，是实现系统其他技术的必要条件；而对于 RFID 技术来说，EPC 系统应用只是 RFID 技术的应用领域之一，EPC 的应用特点，决定了射频标签的价格必须降低到市场可以接受的程度，而且某些标签必须具备一些特殊的功能(如保密功能等)。换句话说，并不是所有的 RFID 射频标签都适合作为 EPC 射频标签，只有符合特定频段的低成本射频标签，才能应用到 EPC 系统中。

成熟的 RFID 技术应用于新生的 EPC 系统，将极大地拓展 RFID 技术的应用领域，给 RFID 技术(特别是 RFID 标签市场)带来迅猛增长，EPC 给 RFID 世界带来的商机已经逐渐显现，同时，随着 2004 年第二代射频标签全球标准的出台，RFID 技术与市场的发展更加规范有序，EPC 系统的推广与应用也真正步入了快车道。

5.4.3 EPC 标签

1. 综述

EPC 概念的提出，源于射频识别技术的发展和计算机网络技术的发展，射频识别技术的优点在于，可以用无接触的方式，实现远距离、多标签，甚至在快速移动状态下进行的自动识别。计算机网络技术的发展，尤其是互联网技术的发展，使得全球信息传递的即时性得到了基本保证。在此基础上，人们大胆设想将这两项技术结合起来，应用于物品标识和供应链的自动追踪管理，由此就诞生了 EPC 的概念。

(1) EPC 标签的类型。

① EPC 标签的体系构想。

EPC 标签是电子产品代码的信息载体，主要由天线和芯片组成。EPC 标签中存储的唯一信息是 96 位或者 64 位的产品电子代码。

为了降低成本，EPC 标签通常是被动式射频标签。根据其功能级别的不同，EPC 标签可分为 5 类，目前所开展的 EPC 测试使用的是 Class 1 Gen2 标签。

Class 0 EPC 标签。满足物流，供应链管理中(比如超市的结账付款、超市货架扫描、集装箱货物识别、货物运输通道以及仓库管理等)基本应用功能的标签。Class 0 EPC 标签的主要功能包括：必须包含 EPC 代码、24 位自毁代码以及 CRC 代码；可以被识读器读取；可以被重叠读取；可以自毁；存储器不可以由识读器进行写入。

Class 1 EPC 标签。又称身份标签，它是一种无源的、后向散射式标签，除了具备 Class

0 EPC 标签的所有特征外，还具有一个电子产品代码标识符和一个标签标识符，Class 1 EPC 标签具有自毁功能，能够使得标签永久失效，此外，还有可选的密码保护访问控制和可选的用户内存等特性。

Class 2 EPC 标签。也是一种无源的、后向散射式的标签，除了具备 Class 1 EPC 标签的所有特征外，还包括扩展的 TID(Tag Identifier，标签标识符)、扩展的用户内存、选择性识读功能。Class 2 EPC 标签在访问控制中加入了身份认证机制，并将定义其他附加功能。

Class 3 EPC 标签。是一种半有源的、后向散射式的标签，除了具备 Class 2 EPC 标签的所有特征外，还具有完整的电源系统和综合的传感电路，其中，片上电源用来为标签芯片提供部分逻辑功能。

Class 4 EPC 标签。是一种有源的、主动式标签，它除了具备 Class 3 EPC 标签的所有特征外，还具有标签到标签的通信功能、主动式通信功能和特别组网功能。

② 当前 EPC 标签的种类。

EPC 标签的工作频率是 EPC 标签的一项重要参数，也是 EPC 标签在全球所面临的众多问题中最为重要的一个问题。各国、各地区无线电频率使用规划的不一致，是产生频率使用问题的基本根源。基于多方协调，目前基本共识情况如下：

- 在低频段，采用 HF 频段的 13.56MHz。
- 在高频段，采用 UHF 频段的 860~960MHz。

根据对 EPC 标签读写距离的基本要求，UHF 频段的 EPC 标签可以预计将会具有更大的应用空间。

EPC 标签的分类可以有很多种方法，主要取决于分类的依据。有根据 EPC 标签遵循标准分类的，有根据 EPC 标签制造商分类的，有根据 EPC 标签的应用分类的(如图书标签)，有根据 EPC 标签封装及使用情况分类的(如贴纸、卡等)。分类顺序依次如下。

按频率分类。频率不同，标签与识读器之间的耦合方式不同。基于这一原因，当前的国际标准注重在不同的频率段上制定标准。

按标准分类。一般情况下，如果标签不能相互替换，就说明对应的 RFID 系统不兼容。

按封装的多样性分类。标签的封装形式会越来越多地决定标签的应用，同时，也在很大程度上界定了标签的价格。

按应用分类。标签的应用是标签的最终目标。从应用分类，也是用户最容易接受的一种方式，但不一定恰当，原因是，用户只对其所采用标签最为熟悉，但不一定了解技术的全貌。

(2) EPC 标签的组成。

EPC 标签本身包含一个硅芯片和一个天线，拥有授权的浏览设备可以接收芯片中的数据，芯片中存储的数据可以包括物品的物理性描述，如数量、款式、大小、颜色，以及货物的来源地、生产日期等相关信息资料。

EPC 标签的阅读器不需要物理性接触，就可以完成识别。EPC 标签本质上是一组编码，被分成四段，是由一个版本号和另外三段数据(依次为域名管理者、对象分类、序列号)组成的一组数字。其中，域名管理者描述的是与此编码相关的生产厂商的信息，例如“青岛啤酒有限公司”；对象分类记录了产品精确类型的信息，如“青岛生产的 350ml 罐装啤酒”；唯一序列号标识货品，它会精确地告诉我们是哪一罐 350ml 的罐装啤酒。

(3) EPC 标签的标准。

有关 EPC 标签技术标准的讨论，至今仍是 EPC 技术中最热门的话题。EPC 标签技术标准所要解决的主要问题有：

- EPC 标签存储信息的定义。
- EPC 标签内部状态转换及多标签读取的碰撞算法。
- EPC 标签与 EPC 标签识读器之间的空中通信接口协议。
- 标签灭活命令 Kill。
- EPC 标签与 EPC 标签识读器、半双工识读器数据通信中采用的校验方法。

目前，已有的 EPC 标签的技术标准有 HF Class 0，UHF Class 0 和 UHF Class 1。为此，人们将更多的期待放在了 UHF 频段的技术标准上，这也是由 UHF 频段的 RFID 技术的特点所决定的。现有的 EPC 标签有以美国 Matrics 公司为代表的 UHF Class 0 和以美国 ALIEN 公司为代表的 UHF Class 1，并已开始开展一些应用及应用试验。UHF Class 1 Gen2 的出台，大大提高和完善了 RFID 技术。

5.4.4 EPC 标签识读器

1. 综述

ECP 标签是指遵循 EPC 规则的射频标签，射频标签也称为电子标签或 RFID 标签。电子标签是射频识别系统的重要组成部分。同样，EPC 标签识读器是指遵循 EPC 规则的射频识别识读器。根据 EPC 概念的要求，EPC 标签识读器的作用可以归结为以下三点。

(1) 初始化 EPC 标签内存的信息。

EPC 标签包含的基本信息为一个 64 位或 96 位的二进制代码。EPC 标签的初始化即是根据 EPC 编码的具体操作规定的，向每一个 EPC 标签中写入 EPC 代码。未经初始化的 EPC 标签内存的信息可以认为是全 0，各标签完全一样，没有区别。

EPC 标签中信息存储的物理位置是在 EPC 标签的芯片存储区中，因而，EPC 标签的初始化工作也可以在 EPC 标签芯片生产的后期测试中，直接注入到 EPC 标签芯片中。

(2) 读取 EPC 标签内存的信息。

读取 EPC 标签内存的信息，是现实应用中 EPC 标签识读器担当的主要任务。通过 EPC 标签识读器，在不同的配置点读取各单件物品上贴附的 EPC 标签中的 EPC 代码信息，实现 EPC 物联网对单件物品标识信息的采集。在此基础上，可实现对物流、供应链以及物品信息查询服务的精确控制与管理。EPC 标签数据的收集，是 EPC 物联网中最为关键的一个技术环节。

(3) 使 EPC 标签功能失效。

由于 EPC 概念定位于为任何一件商品通过 EPC 标签为其赋予一个全球唯一的代码，当商品出售之后，商品的所有权转移到了消费者的手中，消费者有权要求其所购商品不再保持被继续作为商品流向跟踪下去的权力，所以针对 EPC 标签的“灭活(Kill)”命令，就是为这一需要而设定的。由于 EPC 标签无源设计的基本定位，只有通过识读器向其发出“灭活(Kill)”命令，才能使得 EPC 标签功能失效。功能失效的 EPC 标签将不再能够被识读器读出其内存的 EPC 代码。

2. 识读器的工作原理

EPC 标签识读器是指遵循 EPC 规则的射频标识识读器。从本质上说，EPC 标签识读器是一类射频标识识读器，其遵循的 EPC 规则主要体现在识读器与计算机或互联网的接口上。

(1) 识读器的基本原理。

识读器与电子标签之间通过空间信道实现识读器向标签发送命令，标签收到识读器的命令后，做出必要的响应，由此实现射频识别。一般情况下，识读器主要负责与电子标签的双向通信，同时接收来自主机系统的控制指令。

(2) 识读器的基本组成模块。

从电路实现角度来说，识读器可划分为两大部分，即射频信号处理模块，以及基带信号处理模块。

射频信号处理模块主要由调制解调电路模块及天线组成，主要功能有两个：一是实现将识读器欲发往射频标签的命令调制到射频信号上，经由发射天线发送到射频标签上，而射频标签对照射的其上的射频信号做出响应；二是实现将射频标签返回到识读器的回波信号进行加工处理，并从中解调提取出射频标签回送的数据。

基带信号处理模块的重要功能也有两个：一是将识读器智能单元发出的命令加工(编码)实现为便于调制(装载)到射频信号上的编码调制信号；二是实现对经过射频模块调解处理的标签回送数据信号进行必要的处理(包含解码)，并及时地把处理后的结果送入识读器的智能单元。

3. 识读器的工作模型

(1) 识读器的天线。

根据射频识别系统的基本工作原理，发生在识读器和电子标签之间的射频信号的耦合类型有两种，即电感耦合方式(变压器模型)和反向散射耦合方式(雷达模型)。

① 电感耦合。

电感耦合方式通过空间高频交变磁场实现耦合，依据的是电磁感应定律。电感耦合方式一般于适合于中、低频工作的近距离射频识别系统。

电感耦合方式的实质，是识读器天线线圈的交变磁力线穿过电子标签天线的线圈，并在标签天线的线圈中产生感应电压。在耦合过程中，利用的是识读器天线线圈产生的未辐射出去的交变磁能，相当于天线辐射的近场情况。

识读器到电子标签的命令通过识读器天线线圈的电压变化，馈送给电子标签的天线线圈，并以标签天线线圈中感应电压的变化反映出来。反过来，电子标签发送的信息通过加载调制，反映到电子标签的天线线圈的负载变化中，体现于反作用的感应电压变化上。

② 反向散射耦合。

在反向散射耦合方式中，发射出去的电磁波，遇到目标后反射，同时携带回目标信息，依据的是电磁波的空间传播规律。反向散射耦合方式一般适合于高频、微波工作的远距离射频识别系统。

反向散射耦合方式的实质，是识读器天线辐射出的电磁波照射到电子的标签天线后，形成反射回波，反射回波再被识读器天线接收。耦合过程中，利用的是识读器天线辐射出来的交变电磁能，相当于天线辐射的远场情况。

识读器到电子标签的命令，通过调制识读器辐射出的电磁波的幅度、频率、相位的方式来实现。反过来，电子标签的信息，则通过加载调制反射回波的幅度、频率、相位的方式，来实现到识读器的回送。从雷达原理角度来说，电子标签等效于一个雷达目标。反射截面积的变化跟随标签数据调制量的变化。当电子标签向识读器方向传送的标签数据采用幅度调制时，等效的雷达目标反射截面积相当于一个随标签数据调制而变化的实数量。

(2) 识读器的工作模型。

识读器的工作模型没有一个确定的模式，随着技术的发展及应用的需求而不断变化。根据目前市场出现的射频识读器的基本情况，考虑到面向 EPC 应用的射频识读器的发展方向，将识读器的工作模型做如下简单归纳。

① 标准识读器的工作模型。

② 自带数据库的识读器工作模型。

③ OEM 化的识读器工作模型。

④ 多射频端口(天线)识读器工作模型。

⑤ 便携式识读器工作模型。

4. 识读器的未来发展趋势

随着 RFID 技术的发展，尤其是在 EPC 概念的带动下，识读器的价格将会进一步走低，性能将会进一步提高。

从技术角度来说，识读器设备的发展趋势将主要体现在以下几个方面。

(1) 识读器射频信号处理模块与基带信号处理模块的标准化设计及相关的集成模块设计日益完善、品种将更加丰富。

(2) 随着集成模块(射频信号处理模块与基带信号处理模块)的推出，识读器的设计将更简单、更快捷。

(3) 低成本的多端口射频网络模块技术更趋完善和标准化。

(4) 让多标签读写更加有效、更加快捷。

(5) 兼容性方面包括对不同厂家电子标签、不同工作频段电子标签的兼容读写。

(6) 不断降低成本。

(7) 不断产生新的识读器设计方案与设计思想。

5.4.5 EPC 射频识别系统的建设

1. 射频识别系统的构成

EPC 射频识别系统是实现 EPC 代码自动采集的功能模块，主要由射频标签和射频识读器组成。射频标签是产品电子代码(EPC)的物理载体，附着于可跟踪的物品上，可全球流通并对其进行识别和读写。射频识读器与信息系统相连，是读取标签中的 EPC 代码并将其输入网络信息系统的设备。EPC 系统射频标签与射频识读器之间利用无线感应方式进行信息交换，具有以下特点：

- 非接触识别。
- 可以识别快速移动的物品。
- 可同时识别多个物品等。

EPC 射频识别系统为数据采集最大限度地降低了人工干预，实现了完全自动化，是“物联网”形成的重要环节。

(1) EPC 标签。

EPC 标签是产品电子代码的信息载体，主要由天线和芯片组成。EPC 标签中存储的唯一信息是 96 位或者 64 位产品电子代码。为了降低成本，EPC 标签通常是被动式射频标签。

EPC 标签根据其功能级别的不同，分为 5 类，目前所开展的 EPC 测试使用的是 Class 1 Gen2。标签根据不同的需求，具有不同的识读距离。有些标签具有防水、防震等性能，也有越来越多的标签能够用在金属物体上。

(2) 识读器。

识读器是用来识别 EPC 标签的电子装置，与信息系统相连，实现数据的交换。识读器使用多种方式与 EPC 标签交换信息。近距离读取被动标签最常用的方法是电感耦合方式。只要靠近，盘绕于识读器中的天线与盘绕于标签中的天线之间就形成了一个磁场耦合关系。标签利用这个磁场发送电磁波给识读器，返回的电磁波在识读器中被转换为数据信息，也就是标签中包含的 EPC 代码。

识读器的基本任务就是激活标签，与标签建立通信，并且在应用软件和标签之间传送数据。EPC 识读器和网络之间不需要 PC 作为过渡，所有的识读器之间的数据交换直接可以通过一个对等的网络服务器进行。

识读器的软件提供了网络连接能力，包括 Web 设置、动态更新、TCP/IP 识读器界面、内建的兼容 SQL 的数据库引擎。

当前 EPC 系统尚处于测试阶段，EPC 识读器技术也还在发展完善之中。Auto-ID Labs 提出的 EPC 识读器工作频率为 860~960MHz。

2．射频识别系统的应用

(1) 邮政/航空包裹分拣。

目前，意大利邮政局采用 ICODE 射频识别系统进行邮包分拣，包括普通邮包和 EMS 速递业务，大大提高了分拣速度和效率。在邮包上封装了电子卷标，可以被各地的识别装置识别，以保证邮包能被正确地投递，并将信息输入联网主机。该系统能够达到 100%准确读卡。防碰撞技术可以允许 30 张电子卷标同时经过安置天线的货物信道。Philips 公司还将 ICODE 射频识别系统成功地推广到航空包裹的分拣。

2001 年，英国航空公司在 Heathrow(英国伦敦希思罗机场)安装了 ICODE 射频识别系统，在两个月内的测试中，对来自德国慕尼黑、英国曼彻斯特等地乘客的 75000 件行李进行了识别，测试效果令人满意，而且射频卡电路设计得非常薄，可以嵌在航空专用行李包里。

(2) 图书馆图书管理。

图书馆和音像制品收藏馆面临的巨大难题，是要对数以万计的图书音像数据进行目录清单管理。而且要准确迅速地为读者提供服务。ICODE 技术可以满足这一需求。可以在书架上确定书的位置；借书登记处可以同时对多本书录入并去掉 EAS(电子防盗)功能，不经录入而拿出的书将启动 EAS 报警。

(3) 零售业。

零售业中需要解决的三个问题是：产品商标、防伪标志和商品防盗。这三项要求通过

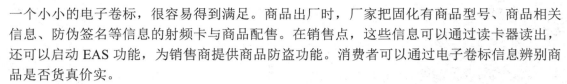

一个小小的电子卷标，很容易得到满足。商品出厂时，厂家把固化有商品型号、商品相关信息、防伪签名等信息的射频卡与商品配售。在销售点，这些信息可以通过读卡器读出，还可以启动 EAS 功能，为销售商提供商品防盗功能。消费者可以通过电子卷标信息辨别商品是否货真价实。

(4) 高速公路自动收费及交通管理。

高速公路自动收费系统是 RFID 技术最成功的应用之一。目前，中国的高速公路发展非常快，在地区经济发展中占据的位置也越来越重要。而现在的人工收费系统却常常造成交通堵塞。将 RFID 系统用于高速公路自动收费，能够在携带射频卡的车辆高速通过收费站的同时自动完成收费，可以有效解决问题。

1996 年，佛山安装了 RFID 系统用于自动收取路桥费以提高车辆通过率，缓解了公路瓶颈。车辆可以在 250 公里的时速下，用少于 0.5 毫秒的时间被识别，并且正确率达 100%。通过采用 RFID 系统，中国有把握改善其公路基础设施。

(5) RFID 金融卡。

无纸交易是必然的发展方向，目前已经出现了 RFID 金融卡。

在香港非常普及的 Octopus(八达通卡)从 1997 年发行至今，已售出近 2100 万张，遍布于超市、公交系统、餐厅酒店及其他消费场所。

RFID 系统更能适用于不同的环境，包括磁卡、IC 卡不能适用的恶劣环境，可以作为公共汽车的电子月票、食堂餐卡等。由于射频卡上的存储单元能够分区，每个分区可以采用不同的加密体制，一个射频卡就可以同时应用于不同的金融收费系统，甚至可同时作为医疗保险卡、通行证、驾驶执照、护照等使用。一卡多用也是未来的发展潮流。射频识别技术由于使用方便，很有竞争力。

(6) 生产线自动化。

采用 RFID 技术，可以在生产流水线实现自动控制，提高生产率，改进生产方式，节约成本。

例如，德国宝马汽车公司，在装配流水线应用射频识别技术，实现了用户定制的生产方式。即可按用户要求的式样来生产，用户可以从上万种内部和外部选项中选定自己所需车的颜色、引擎型号，还有轮胎式样等。这要求汽车装配流水线得装配上百种不同式样的宝马汽车，如果没有一个高度组织的、严密控制的系统，是很难完成如此复杂的任务的。宝马公司在其装配流水线上安装了 RFID 系统，他们使用可重复使用的射频卡，该射频卡上带有详细的汽车定制要求，在每个工作点处都有识读器，这样，可以保证汽车在各个流水线工作点处能毫不出错地完成装配任务。

又如，世界上最大的复印机制造商 Xerox 公司，每年从英国的生产基地向欧洲各国销售 400 多万台设备，这得益于基于 RFID 的货运管理系统，它们杜绝了任何运送环节出现的漏洞，实现了 100%的准确配送，也因此获得了良好的声誉。他们采用了 TI 公司的射频识别装置，在每台复印机的包装箱上贴有电子卷标(最终的设想是将卡片集成到复印机架上)，在 9 条装配线上，RFID 识读器自动读出每一个要运走的货物唯一的卡号，并将相应的配送信息在数据库中与该卡信息对应，随后编入货物配送计划表中。如果任何一台设备不小心被误送到的其他的运输车里，出检的 RFID 识读器将提供报警和纠正信息。整个流程可以大大节省开支，并减少了误送的可能，提高了货物配送的效率。

(7) 防伪技术。

将射频识别技术应用在防伪的领域，有它自身的技术优势。防伪技术本身要求成本低，但是却很难伪造。射频卡的成本就相对便宜，而芯片的制造需要有昂贵的芯片工厂，使伪造者望而却步。射频卡本身具有内存，可以储存、修改与产品有关的数据，利于销售商使用；并且体积十分小，便于产品封装。像计算机、激光打印机、电视等产品上都可使用。

建立严格的产品销售渠道是防伪问题的关键。利用射频识别技术，厂家、批发商、零售商之间可以使用唯一的产品号来标识产品的身份。

生产过程中，只要在产品中装入射频卡，记载上唯一的产品号，则批发商、零售商就可以用厂家提供的识读器严格检验产品的合法性了。而且利用这种技术不会改变现行的数据管理体制；使用标准的产品标识号，完全可以做到与已有的数据库体系兼容。

本章小结

EPC(Electronic Product Code，产品电子代码)是基于射频识别、无线数据通信，以及 Internet 的一项物流信息管理新技术。EPC 的载体是 RFID 电子标签，可借助互联网来实现信息的传递。EPC 旨在为每一件单品建立全球的、开放的标识标准，实现全球范围内对单件产品的跟踪与追溯，从而有效提高供应链管理水平、降低物流成本。

EPC 是一个完整的、复杂的、综合的系统，本章针对 EPC 系统，详细介绍了它的发展历程、特点、工作流程以及国内外发展状况。

EPCglobal 标准是全球中立、开放的标准，由各行各业、EPCglobal 研究工作组的服务对象用户共同制定。EPCglobal 标准由 EPCglobal 管理委员会批准和发布并推广实施。

本章针对 EPC 系统的编码体系进行了详细的阐述并对 GS1 系统进行了简要的介绍。

本章还对 EPC 与自动识别技术、射频识别技术之间的联系进行了分析和说明，对 EPC 标签及 EPC 标签识读器进行了深入的介绍，并对 EPC 射频识别系统的构建和应用进行了归纳和总结。

本章最后主要从多方面介绍了 EPC 系统网络技术，内容主要包括 EPCglobal 网络与全球数据同步网络(GDSN)、中间件、ONS 的工作原理及 EPC 信息服务(EPCIS)这几个方面。

习　题

(1) 简述 EPC 的组成要素及其含义。

(2) 简述静态 ONS 与动态 ONS 的关系。

(3) 简述 EPCIS 框架的组成。

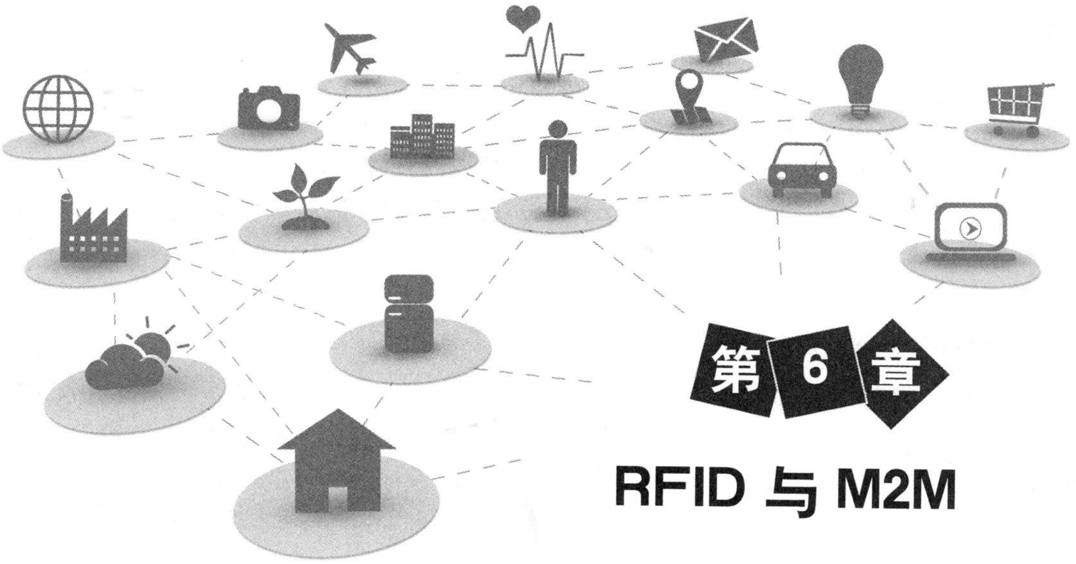

第 6 章 RFID 与 M2M

学习目标

1. 掌握 M2M 的概念、M2M 在国内外的发展状况及其业务模式。

2. 掌握 M2M 技术的高层框架。

3. 了解 RFID 技术在 M2M 技术中的重要作用。

4. 了解 M2M 技术的实际应用场景及前景。

知识要点

M2M 的概念、RFID 技术在 M2M 中的重要作用、M2M 的实际应用及前景。

6.1 什么是 M2M

6.1.1 M2M 的发展现状

M2M 就是 Machine to Machine，Man to Machine(机器对机器，人对机器)，是将数据通过有线和无线方式，从一台终端传送到另一台终端。M2M 不是什么新概念，比如上班用的门禁卡、超市的条码扫描，再比如目前比较流行的 NFC 手机支付。

M2M 技术正演变成为一种用来监控全球行业用户资产、机器及其生产过程以带来高性能、高效率、高利润的方法，同时具有可靠、节省成本等特点。无线 M2M 方案的无限潜力，意味着未来几年，市场将会爆炸性地增长。

1. 国外的发展状况

在国外，法国的 Orange 公司、英国的 Vodafone 公司、日本的 DoCoMo 公司已进入 M2M 产业多年。2006 年 4 月，Orange 推出了一个名为“M2M 连接”的计划，为欧洲的公司提供 M2M 较低的单位数据传输价格和一系列软件工具。Vodafone M2M 业务开展于 2002 年，与 Nokia、Wavecom 等开发商合作，应用领域主要为实时账务解决方案。DoCoMo 于 2004 年底启动了基于 m2m-x 的商业服务。

M2M 应用市场正在全球范围内快速增长，随着包括通信设备、管理软件等相关技术的深化，M2M 产品成本的下降，M2M 业务将逐渐走向成熟。目前，在美国和加拿大等国，已经实现了安全监测、机械服务、维修业务、自动售货机、公共交通系统、车队管理、工业流程自动化、电动机械、城市信息化等领域的应用。

根据法国 IDATE 调研的数据，2006 年，全球范围内的 M2M 应用已经达到 200 亿欧元。美国 Alexander Resources 预测 2010 年全球 M2M 市场总额将增长至 2700 亿美元，其中，“由于欧洲采用了统一全球移动通信系统的技术标准，更是蕴藏着大量的商机”。日本 NTT DoCoMo 的研究指出，2010 年，“全球将有超过 4000 亿台机器装设行动传输功能，让机器与机器进行数据传输，取代人力控制、操作的成本”。

2. 国内的发展状况

在国内，中国电信、中国移动、中国联通也已经进入 M2M 市场。中国电信广州研究院 2005 年受中国电信集团委托，开始立项研究 M2M 产业，并在 2005 年底对中国电信进入 M2M 产业运营模式提出了建议，2006 年底，完成了统一 M2M 平台开发，2007 年，在全国开始推广智能家居、水电抄表、远程无人彩票销售系统等业务。

中国移动在 2006 年与 Moto、华为、深圳宏电、北京标旗公司进行了开发合作，其业务覆盖浙江、广东、北京、江苏和山东。目前，中国移动正大力开拓基于 GPRS 的 M2M 行业应用市场，其产品包括煤气抄表、电力监控、销售数据传输等，应用领域包括金融、交通物流、公用事业、政府办公等。

中国联通 2006 年在浙江、广东、北京、江苏和山东开展了 M2M 业务，Moto、SK、深圳宏电公司为其合作开发商，应用领域涉及电力、水利、交通、金融、气象等行业，GPRS 网络系统应用比较典型的有江苏省无锡供电局的配网自动化、湖北省气象局的气象监控、江西省的水利监控、北京市商业银行的 POS 机业务等。在 CDMA 网络系统开展的典型应用包括江苏省扬州供电局的配网自动化、江苏省气象局的气象监控、胜利油田的油井监控等。

全球主要的无线通信解决方案提供商泰利特(Telit)、西门子、Wavecome 等，都在中国销售模块产品。其中，Telit 于 2007 年初宣布正式在中国成立了办事处。

此前，党的十七大明确提出要推进“两化”融合，而作为重要内容的——M2M，也已被正式纳入国家信息产业科技发展规划和 2020 年中长期规划纲要，加以重点扶持。

运用 M2M 技术，如果能够将人类社会的所有机器及设备连成网络，实现所有人与人、物与物、人与物间的连接，这一重大理论和实践问题是值得我们深入研究的。

目前，人们普遍看好 M2M 技术及商业发展的前景，认为数量众多的机器联网，将为通信产业带来极大的发展机遇。在市场上，很多传统的大企业纷纷制定了 M2M 的战略规划：摩托罗拉、诺基亚等通信设备商纷纷加大了 M2M 通信模块的投入和研发；沃达丰等电信运营商推出了自己的业务。国内起步虽然较晚，但也开始形成规模，中国移动作为 M2M 业务的领头羊，不仅成立了专门的 M2M 运营中心，而且还开发了众多的 M2M 产品。

6.1.2 M2M 的业务模式

1. 内涵

M2M 的理念在 20 世纪 90 年代就已经出现了，当时还停留在理论研究阶段。2000 年以后，随着移动互联网的运用，使得以移动通信技术为基础实现机器之间的联网成为可能。2002 年以后，M2M 业务开始在西方发达国家出现，近 10 年来，得到了迅速的发展，并成为国际通信领域设备商和运营商们热议的焦点。尤其是 2002 年，Opto22、Nokia 联合发布了《Opto22 携手 Nokia 共同开发旨在为企业提供无线通信的新技术》，首次用 M2M 来诠释“以以太网和无线网络为基础，实现网络通信中各实体间的信息交流”，随后，Nokia 产品经理 Pisani 在《M2M 技术——让你的机器开口讲话》一书中，将 M2M 定义为“人、设备、系统的联合体”，并从此被广泛接受。目前，国外(尤其是欧美等发达国家)已经形成了比较成熟的产业链，设备商、软件商、运营商等从中获利颇丰。尤其是对运营商而言，由于话音等业务市场饱和了，都格外关注附加值高的业务的发展，仅 2010 年，M2M 收入就占到电信运营商收入的 20%。

从产品分类、产品特点和产品功能等方面，可以看出 M2M 与众不同的特点。

(1) M2M 的产品分类。

① 按通信对象分类：机器到机器、机器到人、人对机器。

② 按服务对象分类：行业领域、个人领域。

③ 按接入方式分类：其中无线可分为 SMS/USSD/GRPS/3G 等移动通信方式，蓝牙、ZigBee 等短距通信方式；有线可以分为同轴、LAN、ADSL、光纤等方式。

(2) M2M 的产品特点。

① 可以实现数据的分散采集、机器的集中控制。根据行业应用需求随意布点机器，比较灵活，同时，根据移动通信网络，对分散的机器进行集中管理。

② 可以实现低成本、高收益。一次投入建设，降低布线成本，压缩系统建设周期，实现集约化建设等。

③ 可以降低劳动强度。通过机器自动采集传输数据，可以减少手工劳动，提升自动化效率。

④ 可以满足不同需求。通过对不同行业、企业的生产需求，定制开发与企业的生产和管理流程密切相关的应用。

(3) M2M 的产品功能。

M2M 是一个不同行业应用的产品集合。因此，由于行业需求的差异性，造成产品功能上存在较大的差异，但是，一般还是集中于以下 4 个功能。

① 数据查询功能。就是可以通过终端设备访问到数据库，与数据库内的数据进行交互及实时查询。

② 信息采集功能。就是将各终端设备采集到的信息及时发送回平台。

③ 遥测遥信功能。就是对危险源、无人看守或者远程目标的生产过程、运行过程进行检测与控制。

④ 故障管理功能。就是实时地对终端设备可能的故障和问题继续进行诊断、预警和修复的过程。

2. M2M 的应用领域

M2M 潜在的应用范围极广，从电力、银行到石油行业，从车辆调度到智能公交，从企业安防到农业自动化监测，从远程抄表到医疗检测等，包含了人类社会生产生活的方方面面。同时，随着经济社会的不断发展，还会不断地产生新的需求类型，进而产生更多的全新的应用。不言而喻，随着智能化时代的到来，任何一个行业都有可能成为下一个 M2M 的应用领域。M2M 的主要运用领域包括公共安全、智能建筑、数字化医疗、农业、电力等，其中，参与 M2M 主要业务，比如工程建筑、能源与公共事业、医疗卫生、工业和制造业、金融和服务、交通运输的提供者众多。

(1) 电力行业。

M2M 业务在电力行业中应用，主要是监测配电网运行参数，通过无线通信网络，将配电网运行参数传回电力信息中心，将配电网在线数据和离线数据、配电网数据和用户数据、电网结构和地理图形进行信息集成，实现配电系统正常运行及事故情况下的监测、保护、控制、用电和配电的现代化管理和维护。

(2) 石油行业。

M2M 业务在石油行业中应用，主要是采集油井工作情况信息，通过无线通信网络传回后台监控中心，根据油井现场工作情况，远程地对油井设备进行遥调、遥控，降低工作人员的管理劳动强度，及时、准确地了解油井设备的工作情况。

(3) 交通行业。

M2M 业务在交通行业中应用，主要是车载信息终端采集车辆信息(如车辆位置、行驶速度、行驶方向等)，通过移动通信网络，将车辆信息传回后台监控中心，监控中心通过 M2M 平台对车辆进行管理和控制。

(4) 环保行业。

M2M 业务在环保行业中应用，主要是采集环境污染数据，通过无线通信网络，将环境污染数据传回环保信息管理系统，对环境进行监控。环保部门灵活布置环境信息监测端点，及时掌握环境信息，解决环境监测点分布分散、线路铺设和设备维修困难、难以实施数据实时搜集和汇总等难题。

(5) 金融行业。

M2M 业务在金融行业中应用，主要是无线 POS 终端采集用户交易信息，对交易信息进行加密签名，通过无线通信网络传输到银行服务处理系统，系统处理交易请求，返回交易结果，通知用户交易完成。

(6) 公安交管。

M2M 业务在公安交管行业中应用，主要是帮助公安交管部门灵活布置交通信息采集点，及时掌握道路交通信息，以便根据实际情况迅速反应，从而提高公安交管部门的办公效率。

(7) 医疗监控。

M2M 业务在医疗行业中应用，主要是帮助医院实时监控病人的情况。即使病人离开医院，医生依然可以实时监控病人的状况。医生在病人脚部安装监控器，获得的数据通过移动通信网络传输给医生。显然，这种系统无论在人性化方面还是在节省社会资源方面，都有非常大的优势，而且只占用非常有限的医疗资源。

3. M2M 的技术基础

M2M 系统分为三层，分别是应用层、网络传输层和设备终端层，因此，相关的技术基础也主要涉及三个方面。设备终端层的技术主要涉及通信模块及控制系统；通信传输层的技术主要涉及用于传输数据的通信网络，比如以公众电话网、无线移动通信网络、卫星通信网络等为代表的广域网、以以太网、Bluetooth、WLAN 等为代表的局域网和以传感器网络、ZigBee 等为代表的个域网等；而应用层的技术主要涉及中间件、业务分析、数据存储和用户界面等。

目前，各种移动通信技术都可以作为 M2M 的通信技术基础，但是，各自有其不同的优势和特点，在一定的领域都有运用。但目前来看，主要还是移动通信技术占主导地位，其优点在于网络基础好、应用范围广。

未来一段时间，移动通信技术还将成为主流，而短距离通信技术将成为其重要补充。将来，移动通信甚至将可能实现全球设备监控的联网，是实现 M2M 的最理想的方式。目前，已经有不少基于移动通信的 M2M 业务，只是由于移动通信模块和网络建设等成本较高，所以无线传感器等短距离通信技术成为其重要的补充。比如蓝牙，可以直接与移动通信模块连接，或者通过无线传感器网络与移动通信模块连接，实现扩展和运用，有线网络和 Wi-Fi 技术由于其高速率和高稳定性，在一些特殊领域也将有深入的运用。

4. M2M 的产业链

我国目前的 M2M 市场才刚起步。以运营商推动为主，产业链存在很多空白。完整的 M2M 产业链包括芯片商、通信模块商、外部硬件提供商、应用设备和软件提供商、系统集成商、M2M 服务提供商、电信运营商、设备制造商、客户、最终用户、管理咨询提供商和测试认证提供商。

(1) 芯片商。

通信芯片是 M2M 产业中最底层的环节，也是技术含量最高的环节，是整个通信设备的核心。

(2) 通信模块商。

通信模块商是根据芯片商提供的通信芯片，设计生产出能够嵌入在各种机器和设备上的通信模块的厂商。通信模块是 M2M 业务应用终端的基础，除了通信芯片以外，还包括数据端口、数据存储、微处理器、电源管理等功能。通信模块提供商针对 M2M 业务应用，可定制开发通信模块。

(3) 外部硬件提供商。

外部硬件提供商是提供除 M2M 终端除通信模块外的其他硬件设备的厂商，包括可以进行数据转换和处理的 I/O 端口设备，供网络连接的外部服务器和调制解调器，可以操控远程设备的自动控制器，在局域网内传输数据的路由器和接入点，以及外部的天线、电缆、通信电源等。外部硬件虽然不是 M2M 终端的核心，但却是终端正常工作所必需的。

(4) 应用设备和软件提供商。

应用设备和软件提供商是提供应用软件和相关设备的厂商。产品类型包括应用开发平台、应用中间件、远程监控系统和监测终端、应用软件、嵌入式软件、自动控制软件等。

(5) 系统集成商。

系统集成商是把所有的 M2M 组件集成为一个解决方案的厂商。系统集成商是整个产业链的重要环节，其推出的解决方案直接影响 M2M 业务的应用和推广。

(6) 电信运营商。

电信运营商是运营固定和移动通信业务的运营商。传统运营商的优势在于拥有自己的移动通信网络，可采用系统集成商的解决方案来推出 M2M 业务。也可自主推进 M2M 业务。

(7) M2M 服务提供商。

M2M 服务提供商一般不拥有自己的移动通信网络。他们往往租用传统移动运营商的网络来推广 M2M 业务。M2M 服务提供商的优势，在于可以协调不同地区和协议的通信网络，整合 M2M 业务。

(8) 设备制造商。

M2M 业务要实现机器的联网，需要设备制造商的支持。而通信模块与设备的接口和协议也需要模块制造商和设备制造商之间协商。

(9) 管理咨询提供商。

管理咨询提供商提供 M2M 产业的项目计划管理咨询以及产品设计、集成的支持。与国外的产业发展状况相比，中国的产业链环节有所缺失，特别是 M2M 服务商等重要的环节。这说明，虽然我国 M2M 业务应用市场已经初具规模，但产业还比较零散，市场尚处于摸索阶段，未来还有很长的路要走。

因为价值链长且复杂，导致各家各有所长，很难形成统一的标准与规范。例如，在硬件环节，M2M 同质化严重、竞争激烈，各家都是私有协议与标准，附加值低；应用系统开发商各持所长。

在软件商和系统集成商环节，应用系统开发领域缺乏竞争机制，没有规模化的发展，发展的路会越走越窄；在运营商环节，一些电信运营商面对大量差异化的行业需求束手无策。电信运营商面临各行业的差异化特征，除了做数据通道，还未找到新的应用服务。技术规范未统一则是影响 M2M 业务快速发展的另一主要原因。市场的快速、规模化发展，离不开技术标准的统一。统一的接口、统一的协议使终端生产厂家在产品标准化的基础上可以大大降低开发成本，才能让应用企业可以自由选择市场上的所有终端，不必受制于哪家终端厂商，使整个 M2M 市场步入常态化发展。

M2M 在通信芯片商、通信模块商、应用设备和软件商、系统集成商、电信运营商、M2M 服务商、管理咨询提供商、测试认证商等产业链上的主要参与者有德州仪器、IBM 等众多世界 500 强企业。

5. M2M 的业务流程

M2M 的业务流程涉及众多环节，其数据通信过程内部也涉及多个业务系统，包括 M2M 终端、M2M 管理平台、应用系统。

M2M 终端具有的功能包括接收远程 M2M 平台激活指令、本地故障报警、数据通信、远程升级、使用短消息/彩信/Gros 等几种接口通信协议与 M2M 平台进行通信。终端管理模块为软件模块，可以位于 TE 或 MT 设备中，主要负责维护和管理通信及应用功能，为应用层提供安全可靠和可管理的通信服务。

M2M 管理平台具有的功能包括 M2M 管理平台为客户提供统一的行业终端管理、终端设备鉴权；支持多种网络接入方式，提供标准化的接口，使数据传输简单、直接；提供数据路由、监控、用户鉴权、内容计费等管理功能。

M2M 终端获得了信息以后，本身并不处理这些信息，而是将这些信息集中到应用平台上来，由应用系统来实现业务逻辑。因此，应用系统的主要功能，是对感知和传输来的信息进行分析和处理，做出正确的控制和决策，实现智能化的管理、应用和服务。

水平平台的出现和部署是 M2M 行业成熟迈进第二阶段的标志。这个水平平台，指的是一个贯穿业务领域、网络和设备的，连贯的有效框架。这是一系列能够功能分离的技术、体系结构和过程，特别是在应用层和网络层。

M2M 平台系统在结构上分为以下几个模块：终端接入模块、应用接入模块、业务处理模块、管理门户模块、BOSS 接口模块、网管接口模块、监控平台接口模块。其中，终端接入模块、应用接入模块、业务处理模块的功能描述如下。

(1) 终端接入模块。

终端接入模块负责 M2M 平台系统通过行业网关或 GGSN 与 M2M 终端收发协议消息的解析和处理。该模块支持基于短消息、USSD、彩信、GPRS 的几种接口通信协议消息，通过将不同网络通信承载协议的接口消息进行处理后封装成统一的接口消息，提供给业务处理模块，从而使业务处理模块专注于业务消息的逻辑处理，而不必关心业务消息承载于哪种通信通道，保证了业务处理模块对于不同网络通信承载协议的稳定性。

终端接入模块实现对终端消息的解析和校验，以保证消息的正确性和完整性，并实现流量控制和过负荷控制，以消除过量的终端消息对 M2M 平台的冲击。

终端接入模块从结构上又可以划分为以下两种。

① SMS/USSD/MMS 通信模块。该模块与 IAGW 或者 ISMG 连接，IAGW/ISMG 通过不同的网络协议与 USSDC/USSDG、SMSC、MMSC 等业务网元连接，最终实现 M2M 平台系统与 M2M 终端的通信，完成与 M2M 终端之间的上下行消息的传送处理。

② GPRS 通信模块。M2M 平台系统与 M2M 终端通过 TCP 或者 UDP 方式进行通信，接收终端的上报数据，并对数据进行校验，保证数据的正确性、完整性。

(2) 应用接入模块。

应用接入模块实现 M2M 应用系统到 M2M 平台的接入。M2M 平台支持 MAS 模式和 ADC 模式的 M2M 应用的接入，通过该模块，M2M 平台对接入的应用系统进行管理和监控，从结构上又可以分为以下几种。

① 应用接入控制模块。该模块负责接收 M2M 应用系统的连接请求，并对应用系统进行身份验证和鉴权，以防止非法用户的接入。

② 应用监控模块。此模块对 EC 应用系统的运行行为进行监控和记录，包括对系统的状态、连接时间、退出次数等进行记录；并对应用发送的信息量、信息条数、接收的信息量进行记录。

③ 应用通信模块。此模块与 M2M 应用系统通过 TCP/IP 方式进行通信，实现上行到应用的业务消息的路由选择，通过 M2M 平台与 M2M 应用之间的接口协议进行数据传输。

(3) 业务处理模块。

业务处理模块是 M2M 平台的核心业务处理引擎，实现 M2M 平台系统的业务消息的集中处理和控制，它负责对收到的业务消息进行解析、分派、路由、协议转换和转发，对 M2M 应用业务实时在线的连接和维护，同时，维护相应的业务状态和上下文关系。还负责流量分配和控制、统计功能、接入模块的控制，并产生系统日志和网管信息。

业务处理模块完成各种终端管理和控制的业务处理，它根据终端或者应用发出的请求消息的命令，执行对应的逻辑处理，也可以根据用户通过管理门户发出的请求，对终端或者应用发出控制消息，进行操作。

业务处理模块从结构上可以划分为以下几种。

① 终端监控模块。该模块负责对终端进行远程监控和控制，包括响应终端的注册请求和退出请求、维护终端的在线状态、终端参数采集、终端异常情况报警等功能。

② 终端配置模块。该模块实现对终端配置参数的管理，对终端参数的配置包括终端主动请求和 M2M 平台主动下发两种模式。

③ 软件升级模块。该模块实现终端软件版本的自动升级功能。M2M 平台发送软件升级通知短信到 M2M 终端，通知短信里包括了升级服务器的 IP 地址、端口号和升级文件的 URL。M2M 终端可以选择在合适的时候进行升级，下载升级软件后进行安装。

④ 应用消息传送模块。此功能用于业务流与管理流并行模式，即终端业务流经过 M2M 平台转发到 M2M 应用，或者 M2M 应用业务流经过 M2M 平台转发到终端，终端或 M2M 应用可以通过 TRANSPARENT_DATA 指令要求平台透传应用消息。M2M 平台对消息中的用户数据不做解析，直接转发到目的终端或 M2M 应用。对于下行数据，M2M 平台通过消息头中的终端序列号来定位目的终端；对于从终端上行的数据，M2M 平台通过消息体中第一个字段的 EC 账号信息，来定位目的 M2M 应用。

⑤ 日志模块。该模块记录每个通过 M2M 平台的终端和应用之间的上下行消息，作为日后进行业务统计的原始数据。日志模块记录详细的系统运行日志，包括系统运行状态、系统异常情况、异常消息记录等系统运行的各种记录，以便对系统运行进行监控。

6.1.3 促进 M2M 技术的成熟

任何一项业务的成熟都需要经历从萌芽、发展到成熟的三个阶段，在每个不同的阶段，其业务运营模式和各方参与方式都将呈现出不同的特点，对于 M2M 业务而言同样如此。

M2M 市场的成熟曲线包括三个阶段。第一阶段是设备联网，即把设备连接到 M2M 网络中；第二阶段是设备管理，设备能够与使用者实现双向沟通；第三阶段是创新，即思考创新性的应用，以降低经营成本，开拓收入来源。其中，第一阶段强调尽可能地将设备接入网络，运营商主要考虑市场上可能存在的需求，为满足这些需求去开发点对点的应用，这些应用因为只针对某种需求，因此是相对孤立的；第二阶段，运营商建立平台式的发展模式，提供中间件，帮助行业参与者进行业务的开发。

从全球发展来看，M2M 起步较早的市场，比如美国和欧洲等部分国家，已经进入了第二阶段，一些起步较晚的国家仍处于第一阶段向第二阶段的过渡期。

要实现这两个阶段的顺利过渡，运营商首先需要改变思维方式，从第一阶段就思考自己有什么需求，扩展到考虑能为合作伙伴提供什么样的平台，以实现多种应用的开发。

促进 M2M 技术成熟的因素主要包括以下几个方面：

- 高水平的框架。这指的是一套新兴的基于结构、平台、技术的标准，是以开发非筒仓式的、不过时应用程序为方法整合的框架。
- 政策和政府鼓励措施。
- 各个行业需要创造出新的标准需求，在全球系统的水平上处理 M2M。

M2M 技术扩展了通信的范围，使得通信不再局限于电话、手机、计算机等 IT 类电子设备，而使诸如空调、电冰箱等家用电器，汽车、船舶等交通工具，乃至任何没有生命的设备或物品都能进行信息交互，成为通信系统中的一员。随着越来越多设备感知能力和通信能力的获取，网络一切的物联网将初现雏形。只有当 M2M 规模化、普及化，并且终端之间通过网络实现了智能的融合和通信，才能最终实现物联网的构想，所以，物联网是 M2M 发展的高级阶段，也是 M2M 发展的最终目标。

因此，M2M 目标实现过程中，将经历三个阶段。首先是单一行业的 M2M 单一应用阶段，也是目前我们所处的阶段；其次是跨行业的终端、应用融合集成阶段；最后是网络无处不在的物联网阶段。

M2M 业务潜力巨大，运营商已试验或开展的 M2M 业务只是 M2M 应用中的一小部分，可以说，M2M 业务仍处于起步阶段。

(1) 存在的问题。

在看到 M2M 业务潜在的巨大市场的同时，也应看到 M2M 业务发展存在许多问题。

① 缺乏完整的标准体系。由于国内目前尚未形成统一的 M2M 技术标准规范，甚至业界对 M2M 概念的理解也不尽相同，这将是 M2M 业务发展的最大障碍。目前，各个 M2M 业务提供商根据各行业应用特点及用户需求，进行终端定制，这种模式造成终端难以大规模生产、成本较高、模块接口复杂。此外，不同的 M2M 终端之间进行通信，需要具有统一的通信协议，让不同行业的机器具有共同的“语言”，这些将是 M2M 应用的基础。

② 商业模式不清晰，未形成共赢的、规模化的产业链。M2M 作为一项复杂的应用，涉及到应用开发商、系统集成商、网络运营商、终端制造商及最终用户等各个环节，以及与人们生活相关的各个行业。目前，M2M 应用开发商数量众多，规模较小，各自为战，针对具体业务的开发系统各不相同，开发成本较高；系统集成商只是针对具体某个行业进行的系统提供，多个系统和多个行业之间很难进行互联互通；网络运营商正沦为提供通信的管道，客户黏性低，转网成本低，尚未发挥其在产业链中的主导作用；M2M 终端耦合度低，

附加值低，同质化竞争严重；用户对 M2M 业务的认识还比较模糊。由于 M2M 业务多数是以具体的行业应用程序来命名，大多数用户对此类业务并不称其为 M2M 业务。可见，涉及 M2M 业务的各个环节不能很好地协调，还没有建立一套完整的产业链，也没有形成成熟的商业模式。

③ M2M 各行业间融合难度大。M2M 业务的最终目标是网络一切，实现全社会的信息化，这必然涉及到社会的各个行业，行业融合难度巨大，所以最终目标的实现将会是一个缓慢而曲折的过程。

(2) 如何应对挑战。

为了促进全社会的信息化进程，实现物联网的美好理念，需要保证 M2M 业务快速健康地发展。针对 M2M 业务发展过程中遇到的挑战，可以从以下几方面进行考虑。

① 尽快研究制定统一的技术标准和体系。

标准对业务发展的作用不言而喻，我们急需建立和健全覆盖到通信协议、接口、终端、网络、业务应用等各方面的标准。只有完善了标准化工作，业务的发展才能处于主动地位。目前，国内的一些运营商已经清醒地认识到了这个问题，如中国电信开发的 M2M 平台基于开放式架构设计，可以在一定程度上解决标准化问题；中国移动制定了 WMMP 标准，能在网上公开进行 M2M 的终端认证测试工作。所有这些尝试，是基于各企业自身特点进行的规范，还需进一步打破企业、行业的界限，尽快研究和制定统一的技术标准和体系，以引导 M2M 业务的发展。

② 加快创新研究和突破。

M2M 业务发展尚处于起步阶段，需要在技术、政策、商业模式等各方面引入创新机制，特别要在影响 M2M 发展的关键方面进行突破。现有的技术对目前开展的部分 M2M 业务能够良好支持，但面对 M2M 业务的巨大蓝海，却显得无能为力。M2M 最终实现所需要的全面感知、安全可靠的传送能力和智能处理是现有技术还无法完全满足的。因此，需要在传感器、传感器网络、自组织网络、泛在网络和无线通信技术等领域不断研究、不断创新。政策层面涉及的部门、行业众多，需要各部门、各行业通力协作，消除人为障碍，实现共赢。跨部门、跨行业关系和利益的处理，更加需要我们用创新的思维来解决。商业模式方面，还没有成熟可供依循的参照，前期只能靠我们大胆探索、勇于创新，去寻找。

③ 加快融合进程。

目前，我国正处在“两化”融合的进程中，从技术角度来说，M2M 理念、技术和应用的发展深刻地诠释了“两化”融合的理念，M2M 产业的发展将是“两化”融合的核心推动力，因此，可以以此为契机，促进 M2M 产业的发展。M2M 最终目标的实现，是各个行业不断融合、不断信息化的结果，所以，加快推进信息技术与各个行业的融合进程，可以促进 M2M 产业的快速发展。

6.2 M2M 高层框架及标准

6.2.1 M2M 高层框架介绍

从数据流的角度来考虑，在 M2M 技术中，信息总是以相同的顺序流动。在这个基本的框架内，涉及到多种技术问题和选择。例如，机器如何连成网络？使用什么样的通信方式？

数据如何整合到原有的或者新建立的信息系统中？

但无论哪一种 M2M 技术与应用，都涉及到 5 个重要的技术部分：智能化机器、M2M 硬件、通信网络、中间件、应用。

(1) 智能化机器：使机器“开口说话”，让机器具备信息感知、信息加工(计算能力)、无线通信能力。实现 M2M 的第一步，就是从机器/设备中获得数据，然后把它们通过网络发送出去。使机器具备“说话”(talk)能力的基本方法有两种：生产设备的时候嵌入 M2M 硬件；对已有机器进行改装，使其具备通信/联网能力。

(2) M2M 硬件：进行信息的提取，从各种机器/设备那里获取数据，并传送到通信网络。M2M 硬件是使机器获得远程通信和联网能力的部件。现在的 M2M 硬件产品可分为 5 种。

① 嵌入式硬件。

嵌入到机器里面，使其具备网络通信能力。常见的产品是支持 GSM/GPRS 或 CDMA 无线移动通信网络的无线嵌入数据模块。典型产品有 Nokia 12 GSM 嵌入式无线数据模块，Sony Ericsson 的 GR 48 和 GT 48，Motorola 的 G18/G20 for GSM、C18 for CDMA，Siemens 的用于 GSM 网络的 TC45、TC35i、MC35i 嵌入模块。

② 可组装硬件。

在 M2M 的工业应用中，厂商拥有大量不具备 M2M 通信和联网能力的设备仪器，可改装硬件就是为满足这些机器的网络通信能力而设计的。实现形式也各不相同，包括从传感器收集数据的 I/O 设备(I/O Device)；完成协议转换功能，将数据发送到通信网络的连接终端(Connectivity Terminals)。有些 M2M 硬件还具备回控功能。典型产品有 Nokia 30/31 for GSM 连接终端。

③ 调制解调器(Modem)。

上面提到嵌入式模块将数据传送到移动通信网络上时，起的就是调制解调器的作用。如果要将数据通过公用电话网络或者以太网送出，分别需要相应的 Modem。典型产品有 BT-Series CDMA、GSM 无线数据 Modem 等。

④ 传感器。

传感器可分成普通传感器和智能传感器两种。智能传感器(Smart Sensor)是指具有感知能力、计算能力和通信能力的微型传感器。由智能传感器组成的传感器网络(Sensor Network)是 M2M 技术的重要组成部分。一组具备通信能力的智能传感器以 Ad Hoc 方式构成无线网络，协作感知、采集和处理网络覆盖的地理区域中被感知对象的信息，并发布给观察者。也可以通过 GSM 网络或卫星通信网络，将信息传给远方的 IT 系统。典型产品如 Intel 的基于微型传感器网络的新型计算的发展规划——智能微尘(Smart Dust)等。

目前，智能微尘面临的最具挑战性的技术难题之一，是如何在低功耗下实现远距离传输。另一个技术难题在于如何将大量智能微尘自动组织成网络。

⑤ 识别标识(Location Tags)。

识别标识如同每台机器、每个商品的“身份证”，使机器之间可以相互识别和区分。常用的技术如条形码技术、射频识别卡 RFID(Radio-Frequency Identification)技术等。标识技术已经被广泛用于商业库存和供应链管理。

(3) 通信网络：将信息传送到目的地。

网络技术彻底改变了我们的生活方式和生存面貌，让我们生活在一个网络社会中。今天，M2M 技术的出现，使得网络社会的内涵有了新的内容。网络社会的成员除了原有的人、计算机、IT 设备外，数以亿计的非 IT 机器/设备正要加入进来。随着 M2M 技术的发展，这些新成员的数量和其数据交换的网络流量将会迅速地增加。

通信网络在整个 M2M 技术框架中处于核心地位，包括广域网(无线移动通信网络、卫星通信网络、Internet、公众电话网)、局域网(以太网、无线局域网 WLAN、Bluetooth)、个域网(ZigBee、传感器网络)。

在 M2M 技术框架的通信网络中，有两个主要参与者，即网络运营商和网络集成商。尤其是移动通信网络运营商，在推动 M2M 技术应用方面起着至关重要的作用，他们是 M2M 技术应用的主要推动者。第三代移动通信技术除了提供语音服务外，数据服务业务的开拓是其发展的重点。随着移动通信技术向 3G 的演进，必定会将 M2M 应用带到一个新的境界。国外提供 M2M 服务的网络有 AT&T Wireless 的 M2M 数据网络计划，Aeris 的 MicroBurst 无线数据网络等。

(4) 中间件：在通信网络和 IT 系统间起桥接作用。

中间件包括两部分：M2M 网关、数据收集/集成部件。网关是 M2M 系统中的“翻译员”，它获取来自通信网络的数据，将数据传送给信息处理系统。主要的功能是完成不同通信协议之间的转换。典型产品如 Nokia 的 M2M 网关。

数据收集/集成部件是为了将数据变成有价值的信息，对原始数据进行不同的加工和处理，并将结果呈现给需要这些信息的观察者和决策者。这些中间件包括：数据分析和商业智能部件、异常情况报告和工作流程部件、数据仓库和存储部件等。

(5) 应用：对获得的数据进行加工分析，为决策和控制提供依据。

6.2.2 M2M 标准

20 世纪 90 年代中后期，随着各种信息通信手段(如 Internet、遥感勘测、远程信息处理、远程控制等)的发展，加之地球上各类设备的不断增加，人们开始越来越多地关注于如何对设备和资产进行有效监视和控制，甚至如何用设备控制设备——M2M 理念由此起源。

M2M 所表达的概念，是把多种不同类型的通信技术有机地结合在一起，实现机器对机器(Machine to Machine)、人对机器(Man to Machine)、机器对人(Machine to Man)、移动网络对机器(Mobile to Machine)的沟通。M2M 让机器、设备、应用处理过程与后台信息系统共享信息，并与操作者共享信息。

M2M 是一种以机器智能交互为核心的、网络化的应用与服务。简单地说，M2M 是指机器之间的互联互通。M2M 技术使所有机器设备都具备联网和通信能力，它让机器、人与系统之间实现超时空的无缝连接。M2M 通信技术综合了通信和网络技术，将遍布在日常生产生活中的机器设备连接成网络，使这些设备变得更加“智能”，从而可以创造出丰富的应用，给人们的日常生活、工业生产等带来新一轮的变革。

M2M 机器与机器之间自动的数据交换，包括传统意义上的机器，如汽车、自动售货机等，也包括虚拟意义上的机器，如软件等。基于通用通信网络实现的机器与机器之间的“交流”引出了所谓“物联网”的概念，其设想是：在未来，机器与机器之间能够通过通信媒介，像人与人之间一样进行交流，并且这种交流是自助的、具有一定智能的。

M2M 是现阶段物联网最普遍的应用形式，是实现物联网的第一步。

未来的物联网将由无数个 M2M 系统构成，不同的 M2M 系统会负责不同的功能处理，通过中央处理单元协同运作，最终组成智能化的社会系统。

6.3 M2M 需要 RFID 技术

6.3.1 自动识别技术是 M2M 可以实施的关键

1. 自动识别技术

自动识别技术就是应用一定的识别装置，通过被识别物品和识别装置之间的接近活动，自动地获取被识别物品的相关信息，并提供给后台的计算机处理系统来完成相关后续处理的一种技术。

自动识别技术将计算机、光、电、通信和网络技术融为一体，与互联网、移动通信等技术相结合，实现了全球范围内物品的跟踪与信息的共享，从而给物体赋予智能，实现人与物体以及物体与物体之间的沟通和对话。

物联网中非常重要的技术就是自动识别技术，自动识别技术融合了物理世界和信息世界，是物联网区别于其他网络(如电信网、互联网)最独特的部分。

自动识别技术可以对每个物品进行标识和识别，并可以将数据实时更新，是构造全球物品信息实时共享的重要组成部分，是物联网的基石。通俗地说，自动识别技术就是能够让物品“开口说话”的一种技术。

按照应用领域和具体特征的分类标准，自动识别技术可以分为条码识别技术、生物识别技术、声音识别技术、人脸识别技术、指纹识别技术、图像识别技术、磁卡识别技术、IC 卡识别技术、光学字符识别技术、射频识别技术。

2. 射频识别技术(RFID)与 M2M 技术

将来，更为重大的发展也许不再是现今互联网上的 PC 和移动网上的手机，而是具有通信性能的其他设备。能够上网的设备或器具将比现在广泛得多，包括从电视机到 MP3 播放机，再到电子报刊、智能大楼，甚至于电冰箱等家电，它们如同互联网上的计算机一样工作，形成机对机(M2M)的通信方式。

随着射频标识(RFID)和传感器的大量使用以及网格计算的应用，目前尚处于早期阶段的 M2M 应用将逐渐趋于成熟。在未来某一天，由机器产生的流量将超过“人-机”应用和“人-人”应用产生的流量，甚至可能占据全部流量的绝大部分(目前所占百分比很小)。

M2M 应用意味着在传统上不联网的设备或器具(例如空调机、安全系统和电梯等)之间传送遥测、遥控信号。M2M 不仅仅是并行处理，而是分布式计算的使能器。它能使一个家庭变成一台超级计算机，在所有的家庭用具内都装有嵌入式的处理器。

在企业中，M2M 有两种初期应用：监视和控制。监视应用包括资产跟踪、库存管理和供应链自动化。一家制造商可以使用 RFID 标记来跟踪产品部件在厂内的流动情况，或者对仓库内的箱子进行定位。在这种应用中的数据传送是严格单向的，不需要传送任何响应信号。控制应用比较复杂，需要基于多个来源的输入做出决定，再把决定回送出去。例如，一个分布式温度传感器网络可以控制一个取暖系统，以节省开支。运动传感器可以检测到有人走向电梯，然后为此人调用电梯，可以节省时间。这种利用无线通信的大楼自动化，将带来更好的成本节约。

为了促进 M2M 应用的发展，需要给所有移动物体赋予无线通信功能，给所有难以安装固定线路的地方赋予无线通信功能，给所有执行命令、验证和控制功能的器具(包括用户随身配件)赋予无线通信功能。显然，当单芯片无线电装置便宜得足以附着于几乎所有东西时，我们就需要考虑用相应的无线技术来形成新的网络了，这些网络把各种电气用具，甚至把类惰性物体连接在一起。只要在无线覆盖范围内，就可以形成 M2M 的连接。

在如此众多的 M2M 功能实现中，RFID 无线技术将会扮演极为重要的角色。

3. 无源 RFID

无源 RFID 是比 ZigBee 更小、更便宜的无线电技术，现在已经存在。由于它们自身不含电源，所以无源 RFID 不能启动传送或中继彼此的业务。只有当它们进入 RFID 阅读器的电磁场范围内才被激活。

无源 RFID 本身并非新东西，成千上万的建筑物在使用 RFID 接入卡，数百万辆汽车在使用附着在挡风玻璃上的 RFID 来付过路费。但有两件事情是新的，一是无源 RFID 的成本已经降到让这种标签可以随意贴的程度；二是新的标准已经推出。一个价值 10 美分的无源 RFID 标签使用电子产品码(EPC)可以存储对某一物体的完整描述。EPC 是基于可扩展标记语言(XML)的一种用来描述物品的标准。

但是，现在很少有企业急于给每件东西都贴上无源 RFID 标签。这是因为，虽然标签很便宜，但阅读它们和处理信息所需的基础设施并不便宜，无源 RFID 阅读器的覆盖距离与蓝牙相同，所以，被跟踪的物品必须在阅读器附近。一种做法是把阅读器放在建筑物的每一个入口或出口，再用 ZigBee 把它们连接在一起。另一种做法是使用移动阅读器，它通过 Wi-Fi 转发库存数据或把数据存入存储器。

目前，对无源 RFID 的用途和潜力存在估计过高的现象。在美国，使用无源 RFID 最多的是 Walmart，它要求其供货商给所有的进货贴上 RFID 标记。但这也就影响了其 100 家最大的供货商，通常只在纸板箱和货柜上使用标签。而对于货架上的每件产品，在可预见的将来，并不会使用 RFID 标记。

6.3.2 RFID 应用于 M2M 技术

一种典型的物联网概念是将所有的物品通过短距离射频标签(RFID)等信息传感设备与互联网连接起来，实现局域范围内的物品“智能化识别和管理”。而移动业务运营商所定义的 M2M 业务，是另一种狭义的物联网业务，特指基于蜂窝移动通信网络，使用通过程序控制自动完成通信的无线终端开展的机器间交互通信业务，其中至少一方是机器设备。

现阶段各种形式的物联网业务中，最主要、最现实的形态是 M2M 业务，其主要原因在于：M2M 业务所基于的数据传输网络是在广阔范围内覆盖的，相对于很多行业而言，通信行业更加注重全程全网的标准化和体系架构的开放性，另外，电信运营商在 ICT 产业链建设和应用推广中，具有重大的影响力和推动力，这些因素，使得 M2M 业务正处于快速、规模化的发展过程中。

事实上，对于移动业务运营商而言，M2M 业务的战略价值在于：有助于强化移动运营商之间的经营差异化，M2M 业务所处的市场是一个比较典型的蓝海市场，其市场容量是很大的；大量的 M2M 应用具有非实时或者占用带宽小的特征，对无线接入网络和核心网的压力不大，有助于提高移动运营商的网络资源利用率。

M2M 业务最深层次的价值在于，可以推动社会信息化向纵深发展，将信息化从满足面向人与人的沟通和办公业务流程的支持，深入到众多行业的生产运营末端系统，从而对“两化融合”形成有效的支撑。M2M 业务可以广泛地应用到众多的行业中，包括车辆、电力、金融、环保等。

据了解，M2M 技术应用系统主要包括企业级管理软件平台、无线通信解决方案以及现场数据采集和监控设备。简单地说，这套系统主要是利用 RFID 收集特殊行业应用终端的相关数据，通过从无线终端到用户端的行业应用中心之间的传输通道，将终端上传的数据进行集中，从而对分散的行业终端进行监控。这样的技术架构，可以充分地解决特殊终端与系统中枢之间数据传输困难的问题，突破机器之间数据传输的瓶颈，真正地解决“信息孤岛”的问题。

随着 M2M 技术的不断成熟，其在运输信息化、医疗信息化、物流信息化以及制造业信息化方面的巨大作用将日渐突出，M2M 技术的推广，将进一步促进 RFID 技术的应用。

6.4 M2M 技术在贸易与物流中的应用

6.4.1 为什么要在物流中应用 M2M

在当今全球化的世界中，每天都有大量的人和货物通过“机器”进行流动，由此所引起的，无论是在陆地上、水上还是空中不断增多的物料流动，必须被有效地协调起来。

M2M 技术在运输和物流领域具有巨大的应用潜力，能够给物料流动中的协调任务提供非常大的帮助。另外，产品从生产到销售的中间流程变得越来越复杂，这里也存在着大量对于流程优化的需求。

M2M 技术为运输、贸易和物流提供了各种各样的应用可能，例如，车队管理和供应链管理、道路通行费管理、海关、超市购物以及其他很多应用场合。

我们首先以车队管理来作为一个示例进行分析：在过去几十年里，货物跟踪系统得到了广泛应用，这种系统实现了对物体的动态监控和跟踪。货物跟踪系统的基础，是美国的全球卫星定位系统，全球卫星定位系统覆盖了全球，并且可以提供卫星定位服务。通过全球卫星定位系统，不仅可以确定一个物体的位置，还可以确定物体移动的速度和方向。

结合全球卫星定位系统的 M2M 应用的基本结构如图 6-1 所示。

这里描述的系统是一个端到端(End to End)解决方案。在这里，数据集成点是一个移动的对象，如一辆货车。与数据终端的通信可以通过全球移动通信系统和移动电话网络来完成，如车队管理控制中心，就是一个数据终端。移动物体的定位由全球卫星定位系统来完成。交通工具上的信息技术应用(如导航设备的软件)构成了对于驾驶人员的接口，通过这种方式，驾驶人员可以获得相关的信息。基于上述原则的高速公路收费系统可以监控行驶在高速公路上的货车，甚至可以实现高速公路的自动结算。

车队管理的原理与此类似，只是出发点和目标不一样而已。

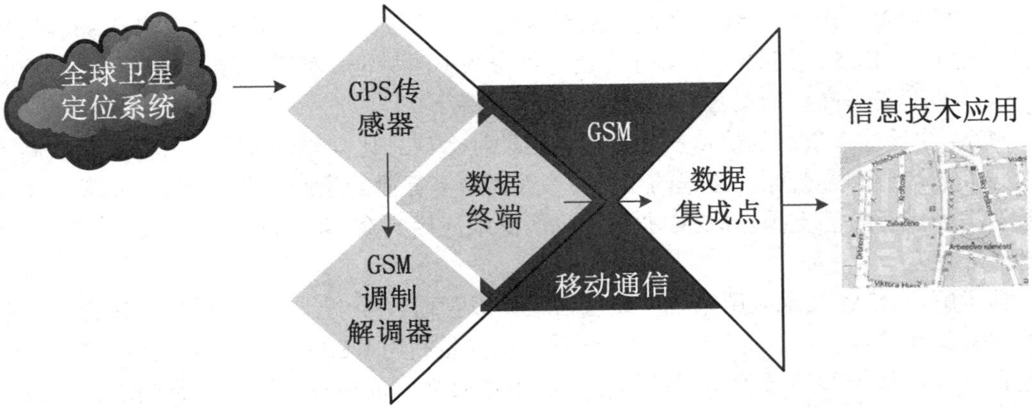

图 6-1　结合全球卫星定位系统的 M2M 应用的基本结构

从图 6-2 可以看出，只需要在交通工具中对上述系统稍加变化，就可以实现相关的功能，而且相对于所能达到的效果来讲，所需要的成本很低。

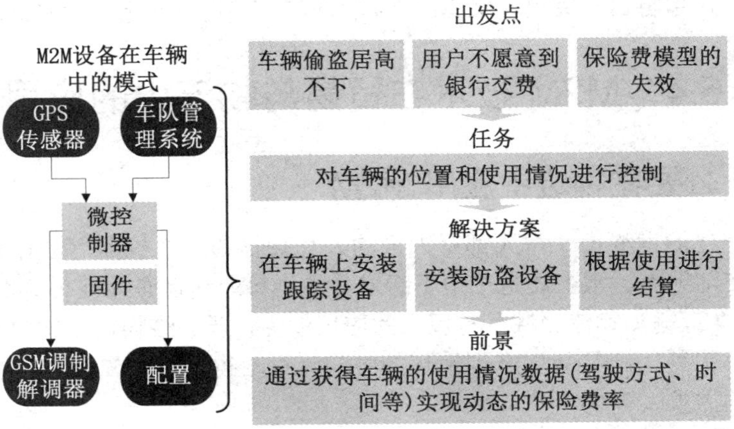

图 6-2　车队管理

另外，供应链管理(Supply Chain Management，SCM)也可以从 M2M 的解决方案中获益，如对冷链物流全程的无缝监控或者运输时间的精确计算。M2M 技术在供应链管理中应用的推动力来自于对产品质量的高要求、要避免损失、给路线优化提供更详细的基础数据，以及相关的法律规定。

供应链中的每个成员都可以通过互联网查看跨企业货物运输的相关数据，并且可以根据他们各自的需求，对这些数据进行分析。在一个冷链物流中，系统可以明确划分每个环节各自的责任范围，在出现一个错误的时候，供应链中相关的成员能够很快地得到这个错误信息。运输过程中，可以通过 M2M 技术实现对冷藏车中的车厢温度进行全程监控，并且通过移动通信网络来传输相应的数据。通过类似的方式和方法，可以借助于 M2M 技术来实现对货物运输的实时跟踪，从而提高顾客服务的满意度。

上述应用的成功，主要通过无线射频识别芯片来实现。无线射频识别芯片可以记录整个生产流程中的产品数据。从产品的生产、运输，一直到仓储和配送，这些数据可以被传输到中央监控系统，以便进行分析与应用。无线射频识别能够实现运动物体的识别和定位，并且减轻了数据收集和储存的负担。一个无线射频识别系统由一个发送器(Transponder)和一个接收器(读取设备)组成。通常，发送器只有一个米粒大小，并且与物体连接在一起，接收器用来接收发送器所发出的信号。

无线射频识别中间件构成了这两个系统之间的接口。

使用无线射频识别进行物流流程的优化，具有以下三个方面的主要优势。

- 降低成本：提高运输效率、减少无效运输、降低仓库库存、自动化配送、订单的合并与分解。
- 稳定性：运输任务的收集和处理系统化，避免信息传输断点，数据基础的统一化和完全化。
- 安全性与透明性：能够及时发现日期和数量的偏差，保证运输服务协议的履行和运输指令的执行，对物流流程的所有参与者提供数据和记录。

目前，全球范围内的生产环境已经发生了根本性的变化。在生产成本压力不断增加的同时，生产订单的波动、订货提前期的缩短、产品客户个性化需求的提高、同类产品供货选项的不断增加以及产品研发成本和市场开发的不可预见性，都对企业生产提出了更高的要求。

通过采用无线射频识别，可以实现对每一个产品的数据跟踪，所以可以实时监控整个物流流程的状态，在其中出现任何意外情况的时候，都可以得到及时的处理。有关每个产品当前状态和位置的数据一直都可以随时获得，这样，就可以实现从一开始便把产品相关信息储存起来。这种解决方案的优点，是可以自动识别产品在物流流程中的位置变化、库存状态的实时更新、加工过程中的生产数据透明，以及在产品出入库时可以在管理系统中自动进行销账操作。为此，需要在生产的一开始，就给每个产品都配带一个无线射频识别芯片。

通过对每个物品的实时数据的读取，将使流程变得更加优化，生产过程也将变得更加柔性化和可控化，这对于企业的客户关系管理(Customer Relationship Management，CRM)也同样有益处，因为自始至终，顾客都可以知道他们所订购的产品在生产过程中的状态。

在产品离开生产车间运往销售商的过程中，通过前面所述的货物跟踪系统，可以获得运输车辆的实时位置，再通过产品上的无线射频识别芯片以及车厢里的其他传感器，就可以在任何时间远程获得该产品在运输过程中所处的地理位置，及实时的外部状态(如通过车厢内的温度传感器可以了解到该产品所处的环境温度)，这些功能全部由系统自动完成。这对于冷链物流来讲尤为重要，因为冷链物流的整个流程中不允许出现任何断点。其次，通过这种方式，可以很容易准确计算车辆到达时间。另外，由于可以实时地了解到产品所处的位置，就可以实现产品的防盗保护，提高物品在整个物流流程中的安全性。

在产品到达销售商的时候，通过无线射频识别技术，可以自动实现产品收货流程，并且可以通过短信息和通用分组无线业务，给供应商自动发送收货凭证，也可以使从供应商/运输商到销售商的产品责任转移精确到秒，这样，也给产品质量问题的界定提供了方便。

这里提到的产品，在货物接收和最终销售之间还存在一个临时仓储环节。通过无线射频识别的读取设备，可以获得产品的相关数据，也可以实现自动入库操作，以及随时了解产品在仓库中的库存数量与位置。仓库中的运输设备及其他仓储设备可以通过 M2M 技术与仓库管理系统自动联系到一起，通过仓库管理系统对仓库整体资源的有效集成，可以更加有效地管理仓库内部的运输操作，和提高仓库管理的效率。

M2M 技术在物流流程中的应用可以带来如下一些好处。

(1) 生产：控制生产流程，监控工作流程，在生产过程中，可以随时获得相关的状态信息。

(2) 销售：提高产品可获取性，通过全自动的信息基础，可以实现更好的客户关系管理，降低成本和提高销售额。

(3) 运输：优化产品容器具管理，使货物的远程跟踪变得更加简单，可以实现贵重产品的防盗。

(4) 入库：入库自动化和接收确认自动化，产品责任权转移快速化。

(5) 库存：产品仓储位置和数量的自动识别，通过智能的仓库管理系统实现仓库内部货物运输的优化，提高仓库的管理效率。

另外一个应用领域是自动售货机。人们在很多地方都可以看到自动售货机，很多产品可以通过自动售货机来实现无人销售，如零食、饮料、玩具、各种票证、护照照片或者停车凭证等。通过现金或者银行卡，每周 7 天，每天 24 小时，人们都可以在自动售货机上购买他们需要的产品。对在自动售货机内货物的库存数据和自动售货机本身状态的监控是自动售货机运营商们面临的一种挑战，而通过 M2M 技术的应用，可以实现自动售货机的远程监控和控制。自动售货机可以随时检查货物的库存状态，在需要进行补货的时候，自动发出补货订单。运营商在及时了解到所有自动售货机的缺货品种和数量信息后，就可以更好地组织对它们的补货流程，如配送路线优化等。剩下的工作将主要由物流来完成。在自动售货机发生故障的时候，运营商可以及时获得相关信息，并进行及时维护，从而可以显著降低自动售货机的故障时间。同时，运营商可以根据销售季节的变化，在远程及时调整所销售货物的价格，或者在自动售货机的显示屏上发布广告。通过 M2M 技术在自动售货机中实现上述功能，将会大大增加其赢利能力。

6.4.2 发展现状

M2M 技术在物流中的应用具有越来越重要的意义，这种解决方案允许物流流程中的所有参与者能够根据变化的顾客期望、外部条件和交通状况，灵活地进行相应的调整，这样，企业不仅能够实现操作流程的透明化，而且可以提高他们的灵活性和响应速度。相应的数据传输和处理技术保证了在制造商、供应商、运输服务商、销售商和顾客之间无缝流畅的信息流。但是，并不是所有企业都期望实现这种不断提高的流程透明化。目前，有一些企业通过“不透明”来获得好处，并且担心应用 M2M 技术所带来的透明化会带来不可预见的结果。所以，企业的态度决定了市场的发展。

Berg Insight 公司认为，目前 M2M 技术在物流中的应用主要集中在运输方面。移动网络运营商提供了几乎覆盖所有范围的网络，并且该网络的价格还可以被人们接受(图 6-3)。同时，移动计算提供了一个空前的处理能力以及优良的实用性。但是，经济危机减缓了 M2M 技术在物流中的发展应用，一些企业的计划都变成短期行为，并且对于企业来讲，有关 M2M 技术应用方面投资的负担也变得越来越重要，所以，M2M 相关试验的数量有所减少。

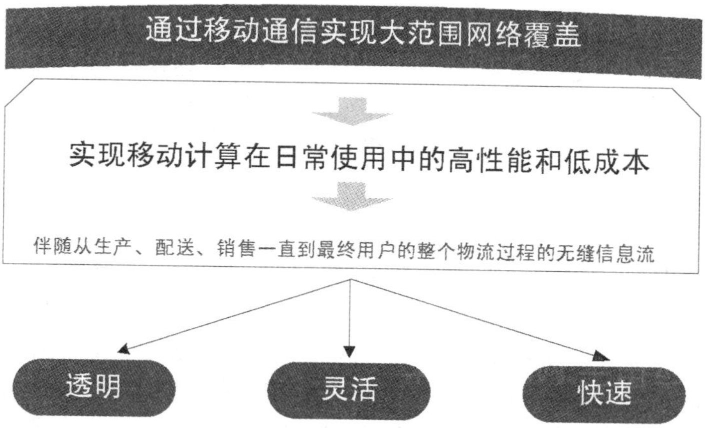

图 6-3 移动通信作为推动力

移动电话公司沃达丰和 O_2 针对运输和物流领域内的特别需求，提供了一个量身定做的应用解决方案。其车队管理系统(Fleet Management System)实现了在车队和调度中心之间的无缝实时通信，并且不需要在车辆上面安装专门的车载单元(On Board Unit，OBU)。调度中心可以直接在互联网上发出相关的指令消息，该信息通过相关系统，直接被传递到指定车辆。这个车辆管理系统的应用前提，是足够的移动电话网络覆盖范围。目前，欧洲移动电话网络已经能够无缝地覆盖所有高速公路、国道和省道，所以其应用完全没有问题。

Berg Insight 公司的调查表明，目前，基本上所有生产载重汽车的大型制造企业都在他们的汽车上安装了委托代工(Original Equipment Manufacture，OEM)电信设备解决方案，这样，就可以通过第三方，来读取汽车的相关信息。REWE Für SIE EG 公司监事会成员马蒂亚斯·霍伊里希认为，在德国，已经有 90%的载重汽车上安装了这种车载单元。与此相关的一个重要的事件是 2008 年出现的一个实现“远程下载”汽车行驶里程数的解决方案。

在荷兰，大约有四分之一的物流企业应用了运输管理系统，其中，几乎所有拥有超过 100 辆车的物流企业都应用了，但是，在少于 10 辆车的物流企业中，迄今为止都没有使用运输管理系统，其原因估计还是成本问题。另外，只有 5%的物流企业应用了 M2M 技术相关的应用。

西门子公司在前几年开始提供一项名为 M2M One(现在叫 Cinterion M2M One)的服务，这项服务填补了 M2M 技术试用者和 M2M 服务提供者之间的空白。这项技术是一项端对端的解决方案，它不仅包括了软件和硬件，也包括了系统集成。这个系统是基于全球卫星定位系统的。此系统的第一位顾客是墨西哥第二大汽车保险公司，该保险公司使用这套系统来跟踪被偷盗的汽车。西门子公司同样也在很早以前就在市场上推出了地理栅格解决方案，该解决方案可以实现自一个特定的区域，记录被观察对象的进出情况。

目前，无线射频识别技术在物流领域得到了广泛的应用，也出现了很多行业内应用。马蒂亚斯·霍伊里希认为，到目前为止，物流领域内大概有 30%的企业已经在实践中使用了无线射频识别技术。柏林应用科技大学在 2007 年进行的一项网上调查显示，在柏林和勃兰登堡，有 82%的被调查企业已经了解无线射频识别技术，但是，只有五分之一的企业使用了这项技术。无线射频识别的性能得到了大部分企业很高的评价，有超过 90%的企业希望能够提高信息透明度，有 81%的企业意识到了信息的缺乏是进行系统集成的主要障碍。

通过产品电子编码(Electronic Product Code，EPC)可以实现产品编码的统一。这不仅可以应用在商场货架中的产品上或者结账处，也可以用于商品发货包装和托盘中。通过无线射频识别，结合企业特定的装载单元标识，可以实现从生产到消费者整个物流流程的覆盖。

目前还存在一些技术难题，例如，无线射频识别读取设备本身在读取过程中对于货物数量的读取能力有局限性，在金属和液体环境下，读取无线射频标签的效果受到影响。

尽管如此，卡尔斯塔特百货公司(Karstadt)已经强制性规定，他们的供应商要应用无线射频识别，沃尔玛(Walmart)和麦德龙集团(Metro)也是这样。德国铁路下属的物流企业辛克(Schenker)于 2009 年在企业内部使用了无线射频识别技术，并且在他们的物流流程中应用了 M2M 解决方案，现在，他们的货运车辆已经可以通过短信息来报告其所处的位置了。

一个特别有意义的项目，是麦德龙集团进行的未来商店计划(Future Store Initiative)，参见图 6-4：来自于商业、消费品业、信息技术业和服务业的 90 多家企业参与其中，这些企业从 2002 年中期开始，在一个共同平台下开发一项创新的商业技术，以便能在购买过程中给消费者提供更多的舒适性和服务，以及能够提高商业效率。该计划的核心关键技术就是无线射频识别。麦德龙集团在实际中利用大约 40 台设备进行了试验，企业可以在不同应用领域中测试无线射频识别技术的性能。

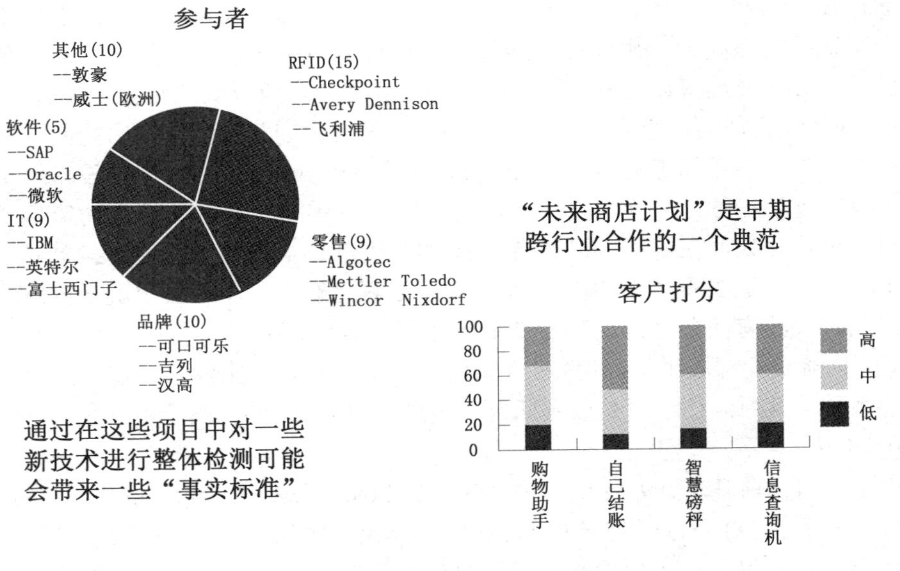

图 6-4　未来商店计划

未来商店计划中的很多创新技术在实际中得到了应用，信息终端就属于其中的一种。客户可以通过使用信息终端触摸屏得到特定的商品信息，这种系统是一项基于网络的服务，它已经在加莱里亚购物中心得到了应用。在麦德龙集团提供的 Cash&Carry 服务中，顾客可以得到购物辅助设备(MASSI)的帮助，其移动微型电脑可以提供个性化的价格和活动信息。还有一个已经在实际中逐步得到应用的 M2M 应用是自助服务结账台，在 Real 购物中心或宜家(IKEA)内，可以发现这种应用。

Real 未来商店(Real Future Store)也是一个重要的测试平台。通过这个平台，可以在现实环境中测试与仓库管理和销售有关的创新的操作流程和解决方案。在 Real 未来商店计划中，有一项通过手机实现的应用，即可以通过手机来获得商品的相关信息，并且通过这个帮助，可以很快地找到商品所处的位置。在结账的时候，顾客还可以使用移动支付。这是真正的 M2M 应用。

由于这些试验性项目允许人们进行关于商业、运输和物流的类似的创新技术流程的试验，所以每一个参与者对此类试验性项目都几乎一直保持着充分的积极性。

另外，在百货商店和超市中的应用是以移动电话为中心的。“宏达魔术”智能手机(HTC Magic)和苹果智能手机中，已经存在一种可以分析商品条形码的软件。实际应用中，在顾客扫描一件比较感兴趣商品的条形码后，这个软件可以得到产品编码，然后可以根据此编码，从互联网上查询到该商品的相关信息并进行价格比较，这样，顾客就可以发现这件商品的相关详细信息和价格情况了。

在自动售货机领域，这些自动售货机已经可以通过全球移动通信系统、通用分组无线业务、数字用户线路、综合业务数字网、蓝牙、ZigBee、无线局域网或者无线射频识别来传输销售信息和商品库存状态。法兰克福火车站的霍夫曼公司(Hofmann)是该领域的一个非常成功的案例，该公司在他们的 80 台自动售货机上面使用了上述 M2M 应用。

M2M 技术应用在运输和物流方面存在的主要问题，是系统的脆弱性、缺乏标准和数据保护。另外，还存在着便宜的全球卫星定位系统干扰器，这种干扰器可以装在汽车的点火器上面以干扰方圆 5km 内的信号。这样的话，在一辆汽车被偷窃时，就无法对其进行跟踪。当然，也可以通过一些设备来识别这样的情况，然后采取相应的措施。但是，目前对于防盗保护所使用的基于 M2M 技术的独立解决方案，还不能够完全满足这种需求。

在所有行业中，成本是阻碍大范围内应用 M2M 技术的首要因素，只有一些大型企业才能够负担起实施相应系统的费用。

6.4.3 预测和前景

市场研究机构美国海港研究公司(Harbor Research)强调，运输领域属于 M2M 市场中增长最快的一个部分。Berg Insight 公司的调查研究表明，在 2008 年，整个欧洲范围内一共有大约 2.54 亿辆机动车，2006 年大约 600 万辆的中型和大型载重汽车承担了欧盟内大约 75%的内陆货物运输量，70 万辆的公交汽车承担了 9.3%的乘客运输量，有 2720 万辆微型车用于上下班和配送服务。经济危机过去之后，这些数字又会出现长期的不断增长。德国交通部的一份报告表明，到 2050 年，德国的货物交通流量将会比 2007 年翻一番。

上面这些数据表明，单单在欧洲，M2M 技术就具有巨大的发展空间。所有机动车辆都需要导航、监控、维修以及防盗，但是，在机动车辆中集成 M2M 技术还只是部分应用。很多车辆都在运输货物，这些货物同样需要进行监控，以便在一些信息系统的帮助下提高客户满意度。可以在空中、海上或者铁路运输过程中对集装箱进行连续的、无缝的跟踪。世界货物运输量的不断增加，也使得物流对于 M2M 技术的需求不断增加。

Berg Insight 公司预计，欧洲范围内，车辆管理系统的数量每年将以 20.5%的增长率增加。这就意味着，欧洲内的车辆管理系统将会从 2008 年的 110 万套增加到 2013 年的 330 万套，同时，公用车辆的比例也将会不断增加。根据预测，公用车辆的比例将会从 2008 年的 3.1%增加到 2013 年的 9.3%。这种增长也会带来 M2M 市场的巨大发展潜力。

目前，美国国防部控制之下的全球卫星定位系统是物流应用中的跟踪解决方案的基础，但是，值得注意的是，在未来一些年内，全球卫星定位系统将会面临竞争，其他一些国家也在研发卫星导航系统，如俄罗斯的“格洛纳斯”系统，中国的“北斗星”系统以及欧洲的“伽利略”系统。目前还不清楚这些全球卫星定位系统的竞争对手究竟在什么时候才能提供民用的导航服务，但是，可以确定的是，这些新的、现代的卫星导航系统将能够使 M2M 技术的效率和性能得到进一步提高。

在很多企业实施精益管理的过程中，M2M 技术在仓储、内部生产协调和运输中具有非常大的应用潜力，这里的关键是通过自动化实现精益化，这样可以降低成本，提高生产率以及实现竞争优势。

在类似于亚马逊公司(Amazon)的企业中，每天，在他们的仓库中有大量的出入库操作，通过 M2M 技术实现的自动化，将在面对这些操作的时候具有很大优势。

通过应用 M2M 技术，可以实现整个物流流程的优化。M2M 技术的应用，对于百货商店、电子商务和超市等来讲特别重要，因为通过 M2M 技术的应用，可以使这些企业实现物流流程的更加透明、降低成本、保证产品质量，给顾客提供更多服务的同时，还可以实现对订单的全程实时跟踪，并通过物流组织的高效有序化，实现成本降低。因为可以在任何时间跟踪产品所处的地点，即产品处于物流流程中的哪个环节，从而可使物流流程变得更加透明；通过 M2M，可以更加精确地计算运输时间，并且可以自动地进行相关操作的记录；通过对产品在物流流程中整个流动过程的监控，可以提高产品质量。例如，如果冷藏食品供应商不能在整个物流流程中实现对产品所处环境的温度状况进行全程无缝监控和记录的话，将无法保证产品的质量，未来也就没有顾客愿意与这样的冷藏食品供应商做交易了。

未来，商店中的购物方式也会发生很大变化。除了在购物结账的时候可以使用移动支付和通过无线方式获得顾客购物车的相关信息外，商店还可以给顾客提供很多其他服务。例如，通过在购物车中集成的终端设备或者直接通过移动电话，可以进行商品的选择；顾客选择好商品之后，在移动终端或者手机屏幕上，可以自动显示该商品所处的位置，同时，顾客可以通过移动终端设备来读取某个产品的详细信息；通过 M2M 网络，顾客还可以获得产品详细的保质期、生产背景等信息，并进行价格比较。

6.4.4 纵向 M2M 集成

相对于 M2M 技术在其他很多领域的应用来讲，运输、贸易和物流领域中的标准话语权主要集中在价值链的终端企业手里。从麦德龙股份公司(Metro AG)实施的未来商店计划项目、前面所提到的卡尔斯塔特百货公司和沃尔玛超市的有关案例中可以看出，这些企业已经在制定相关的技术标准，未来，他们会把这些技术标准在他们所处的整个物料流程中强行推广实施。为了能够实现 M2M 技术应用的兼容性，首先需要上面这些大型企业之间进行合作。

运输冷冻披萨或者肉制品的物流企业，需要在他们的车辆中安装相应的车载单元，来实现对车厢温度的监控和相关数据的传输。但是，如果这些车载单元只能与他们特定系统兼容的话，将无益于市场竞争。正如在其他行业中的情况一样，如果只使用专用系统，则 M2M 技术很难获得网络效应的优势。

到目前为止，人们在无线射频识别应用中都使用了统一可行的标准，对这种做法应该给予很高的评价。几乎所有的大型百货商店和超市都使用了同样的系统，从而对整个市场产生了影响。沿着整个物流流程的 M2M 技术纵向集成(图 6-5)具有特别重要的意义。在一个企业决定使用一项技术之后，整个供应链内的其他成员就必须与这项技术进行兼容，那么，从生产企业、批发商到物流企业直至零售商的整个物流流程，就可以通过 M2M 技术应用来实现优化了，现在，这些市场参与者之间的流程已经发展得非常成熟。如很多其他场合一样，M2M 技术不仅可以优化现有的结构，而且可以扩展到新的业务范围中。

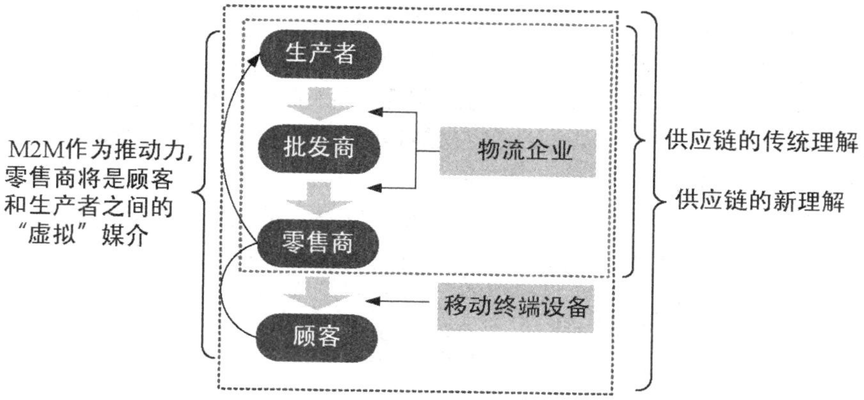

图 6-5　物流中的纵向集成

在传统商业中，零售商通常是物流流程的终点。本书中，将把顾客也集成到商业物流流程中，作为一个扩展。顾客作为商业物流流程的终点，拉动了整个流程中的商品流动。通过 M2M 技术的应用，零售商将作为顾客和生产之间的连接纽带。

在这种情况下，人们可以想象下面的场景：一个顾客在一家电子产品专业商店那儿寻找一款新的笔记本电脑。通过近距离无线通信技术，他的移动电话可以获得该产品的系列信息以及相应的资料，并且可以从互联网上及时获得更详细的其他信息和测试报告。最终，有一款笔记本电脑让这个顾客非常满意，但是，这个顾客突然又想起来，在这一系列型号的笔记本电脑中，还有一款具有更大的磁盘空间和其他颜色，可是，这个店里恰巧没有他想要的那一款，于是，这个顾客可以通过他的移动电话来完成这个笔记本电脑的采购。他把这个产品放入他的虚拟购物筐，然后走向结账台。在那儿同样通过近距离无线通信技术进行结算，同时，这个订单被自动发往他所订购笔记本电脑的制造商。制造商收到订单之后，将可以通过批发商和物流企业，直接把该款笔记本电脑送到顾客手中。

在上面描绘的场景中，顾客的购买过程仍是通过零售商来完成，但是，整个商业流程的纵向集成中，顾客处于此流程的最低端，零售商作为一个中间媒介，只是起到一个把顾客订单传递到生产企业的作用。

基于 M2M 技术，顾客手中的联网终端设备使得供应链、零售商和顾客融合为一个有机整体。手机制造商或者网络运营商应该在硬件或预装的应用软件的标准化中起到导向作用，以便这个有机整体中的各个部分能够互相兼容。同样值得注意的是在运输、贸易和物流及移动支付(金融服务商)之间的联系，上述领域内的不同企业通过终端设备联系到了一起，这些企业的系统之间，也需要实现互相兼容。

本章小结

M2M 技术正演变成为一种用来监控全球行业用户资产、机器及其生产过程以带来高性能、高效率、高利润的方法，同时具有可靠、节省成本等特点。无线 M2M 方案的无限潜力，意味着未来几年，市场将会爆炸性地增长。本章简要介绍了 M2M 的概念、现今的发展状况、业务模式及促进 M2M 成熟的因素。

无论哪一种 M2M 技术与应用，其涉及的内容都包括 5 个重要的技术部分：机器、M2M 硬件、通信网络、中间件、应用。本章对 M2M 的高层框架进行了详细解析，并针对 M2M 标准的内涵进行了简要说明。

本章最后对 M2M 与自动化识别技术、射频识别技术的关系进行了分析，并举例说明了 M2M 在物流方面的具体应用，介绍了在物流方面的发展状况以及应用前景。

习　题

(1) 简述 M2M 技术的概念。

(2) 简述 M2M 技术成熟的因素。

(3) 简述 M2M 技术成熟需要经历的各个阶段。

(4) 简述 M2M 技术的高层框架。

(5) 简述自动识别技术的概念。

(6) 简述无线射频识别技术在物流流程优化中具有的优势。

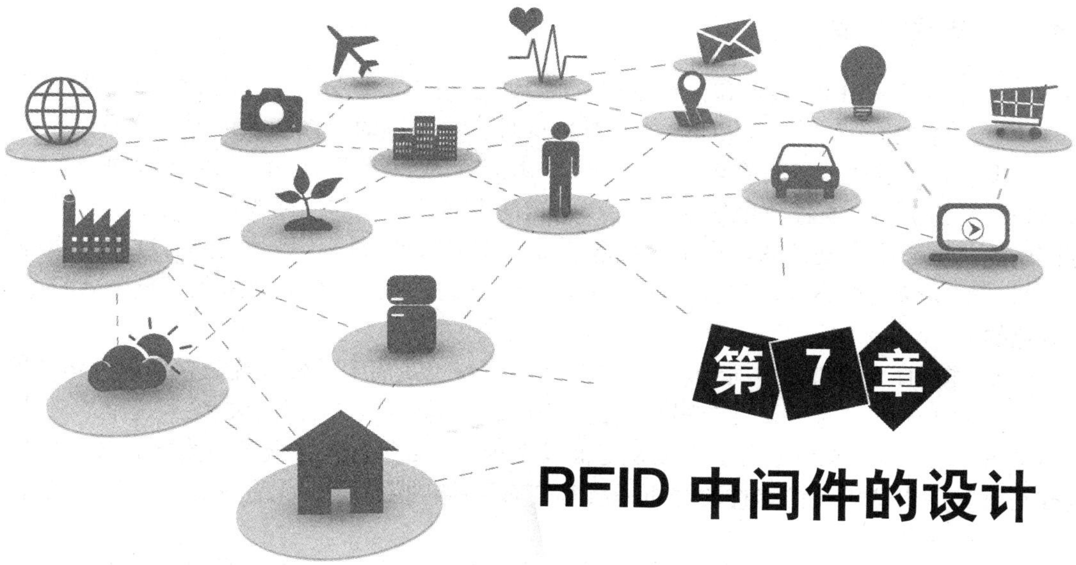

第 7 章 RFID 中间件的设计

学习目标

1. 掌握 RFID 中间件的概念。
2. 掌握设计中间件所依赖的技术及设计方法。

知识要点

RFID 中间件的概念、RFID 中间件的设计方法。

7.1 为什么需要 RFID 中间件

7.1.1 背景介绍

2002 年以后，RFID 技术和市场迅速发展，很多用户大胆尝试了 RFID 项目。经过若干年的发展，与 RFID 发展密切相关的 RFID 中间件，在用户的反馈和呼声中应需而生。

如果说以往的中间件旨在解决局域网或广域网上成百上千个不同系统或者同一系统不同部分之间的协调、支撑作用的话，那么，RFID 中间件面对的阅读器数量则是以万甚至十万计算的，这么多的阅读器，一端扫描着企业的重要移动数据，另一端要通过服务器进入企业网，如果管理得不好，那么，数据混乱、数据泄露以及不良分子进入等危险就将是不可避免的。

然而，RFID 对 RFID 中间件发展的推动，还不仅仅是由于硬件设施数量的巨大造成的，标签后面的逻辑的复杂性，才是最重要的。例如，一瓶可乐从配送中心送到超市，又从超市卖出去，这一过程意味着什么？要从里面发现规律，必须对来自众多阅读器的 RFID 数据进行复杂的逻辑分析。而这样的分析最终都会有回报，它很有可能启发企业决策者发现一个新的商业模型。

看到目前各式各样 RFID 的应用，企业最想问的第一个问题是："我要如何将我现有的系统与这些新的 RFID Reader 连接？"

这个问题的本质，是企业应用系统与硬件接口的问题。

一般情况下，硬件系统一旦开发好以后，就往往是相对固定的，而主机程序却是千差万别的，并且这种差别不可避免，其原因如下：

- 软件应用的背景领域可能不同，不可能各个领域使用同一套软件。
- 开发时使用的软件语言和软件技术可能不同。
- 软件运行的平台可能不同。

而主机程序却必须与硬件系统通信。在这样的情况下，就很有必要开发一个中间件，让该中间件位于硬件和主机中间，专门负责应用程序与硬件系统之间的通信。

因此，通透性是整个应用的关键。正确抓取数据、确保数据读取的可靠性，以及有效地将数据传送到后端系统，都是必须考虑的问题。

传统应用程序与应用程序(Application to Application)之间的数据通透性，是通过中间件架构解决的，并发展出各种应用服务器软件；同理，中间件的架构设计解决方案便成为 RFID 应用的一项极为重要的核心技术。

7.1.2 中间件介绍

RFID 中间件(RFID Middleware)是一种介于 RFID 读写器硬件设备与企业后端软件系统之间的软件。RFID 中间件的主要功能包括：管理 RFID 硬件及其配套设备，屏蔽 RFID 设备的多样性和复杂性；过滤和处理 RFID 标签数据流，完成与企业后端软件系统的信息交换；作为一个软硬件集成的桥梁，降低系统升级维护的开销。

RFID 中间件是 RFID 应用系统中的一个重要组成部分，被视为 RFID 应用的运作中枢。

各种 RFID 系统集成商和软件商都提出了相关的解决方案，RFID 中间件的概念和范畴还在演进之中。与 RFID 其他标准(例如空中接口、标签等)相比，RFID 中间件的标准化工作进展较为缓慢。目前，主要是 EPCglobal 组织推出了与 RFID 中间件相关的系列标准建议，其他国际标准化组织尚没有相关的 RFID 中间件标准。

1．RFID 中间件标准化体系

(1) RFID 中间件标准化组织。

目前，活跃在 RFID 舞台上的具有影响力的国际五大标准化组织分别是 EPCglobal、UID、ISO/IEC JTC1 SC31 第四工作组、AIM 和 IP-X。这些标准组织代表了国际上不同团体或者国家的利益。EPCglobal 并不是一个官方的标准组织，但由于它获得了许多国际知名企业的鼎力支持，在 RFID 行业中，被广泛认同。它所制定的一些标准也逐渐被 ISO 所采纳。

目前，只有 EPCglobal 提出了 RFID 中间件的规范，其他标准组织关于 RFID 的标准多是集中于空中电磁接口、标签等方面。

EPCglobal 是国际物品编码协会(EAN)和美国统一代码委员会(UCC)的一个合资公司。它是一个受业界委托而成立的非营利性组织，负责 EPCglobal 网络的全球化标准的制定，以便快速、准确、自动地识别供应链中的对象。EPCglobal 的目的，是促进 EPC 网络在全球范围内更加广泛地应用。EPC 网络由自动识别实验室(Auto-ID Lab)开发，其研究总部设在美国麻省理工学院，并且还有全球各地的研究型大学的实验室参与。2003 年 10 月 31 日以后，自动识别中心的管理职能正式停止，其研究功能并入自动识别实验室。EPCglobal 将继续与自动识别实验室密切合作，以改进 EPC 技术，使其满足将来自动识别的需要。

(2) RFID 中间件。

① RFID 中间件的最初概念——Savant。

美国麻省理工学院的 Auto-ID 实验室最先提出了 RFID 中间件的概念，称为 Savant。

Savant 是一种位于读写器和企业应用系统之间的中介软件，用来处理从一个或多个 RFID 读写器设备传来的 RFID 标签或者 RFID 事件的数据流。Savant 对标签的数据执行过滤、聚合以及统计等功能，从而降低传向企业应用系统的数据量。

在 Savant 1.0 的规范中，Savant 被定义为一系列处理模块的容器，通过读写器接口和应用接口，分别与前端的 RFID 读写器设备和后端的企业应用系统进行互联。Savant 1.0 的规范中，讨论了读写器接口、应用接口和部分标准的处理模块，并给出了基于 XML-RPC/HTTP 的 SOAP-RPC/HTTP 两种消息与传输的绑定实现机制。

② RFID 中间件标准的演进。

与 RFID 中间件交互的信息设备和系统包括读写器、其他的中间件、对象名称解析服务(ONS)、EPC 信息服务(EPCIS)、其他的 RFID 中间件、企业应用系统等。

Savant 的规范不但包含了中间件与其他信息设备和系统的接口规范，而且涉及 Savant 内部的具体实现细节。这种既包括接口又包括实现的标准定义方式，具有明显的局限性，有可能不能适应个性化用户系统的需求。出于这种考虑，EPCglobal 的 RFID 中间件标准也经历了从侧重于功能定义到侧重于接口规范的演进过程。

(a) 在 Auto-ID 实验室 2003 年的原始 Savant 规范中，仅仅将 Savant 与读写器和企业应用的交互部分定义为接口，而将其他的交互称为处理模块的服务。

(b) 在 Auto-ID 实验室 2004 年对 EPC 框架的讨论中，开始弱化 Savant 处理模块的概念，强调服务(Service)的概念，并且进一步将 ONS、EPCIS 等服务称为 Savant 需要交互的外部服务。

(c) 从 2005 年开始，EPC 网络的规范改由 EPCglobal 组织发布，其关于 EPC 系统结构框架的文档指出 EPCglobal 将避免对组件进行定义，以便给用户足够的自由来设计系统，EPCglobal 的重点将是定义接口标准，以确保不同用户部署的系统能互操作。

(d) 本着上述原则，EPCglobal 在结构框架中规定了几种 RFID 中间件的接口，将 RFID 中间件与企业应用的接口定义为应用层事件接口，与读写器的接口定义为读写器协议，并预留了 RFID 中间件的管理接口。

(e) 近期，EPCglobal 公布了其标准化工作的进一步进展，对 RFID 中间件的接口规范方面，增加了读写器管理接口、读写器组网协议、读写器发现及初始化接口等。

(3) RFID 中间件标准化体系。

当前，RFID 中间件的标准化工作主要是对与 RFID 中间件有交互的信息组件的接口规范与定义，而不对功能与实现方面做出详细规范。在 EPCglobal 的规范中，仅仅约定 RFID 中间件的基本功能，即 RFID 标签数据流的过滤和控制。规范允许各厂商结合不同的场景扩展 RFID 中间件的功能，而目前中间件厂商提供的 RFID 中间件的功能还有读写器管理、读写器组网管理、EPC 信息服务的访问、对象名称解析服务的访问等。出于这些考虑，可以将 RFID 中间件的接口分为四类，分别是读写器控制接口、应用接口、公共服务接口、中间件管理接口。

2. 中间件系列标准

(1) 读写器接口标准。

① 读写器协议。

读写器协议指定了读写器设备的读写能力与应用软件(中间件或者企业应用)之间的相互作用。读写器协议的目标是对主机屏蔽掉读写器与标签之间的任何交互作用，读写器可能会使用多种协议去跟标签交互。读写器协议规定了几个层次的区分信息，包括读写器层、消息层、传输层等，协议支持以不同的绑定方式来实现。

读写器协议是 RFID 中间件必须实现的一个标准。

② 读写器管理。

读写器管理协议详细规范了读写器设备与管理软件之间的交互。管理软件可以是用来处理 SNMP 信息的管理控制台，或者是具备监控读写器状态能力的特定应用。读写器管理协议与读写器协议的区别是，前者是监控读写器运行状态所需的通信协议，后者是读写器与主机之间采集标签数据的规范。读写器管理协议包括两个规范，用于描述读写器运行状态的 EPCglobal SNMP MIB 格式规范和读写器管理所需的通信协议。

在 EPCglobal 的 RFID 中间件的功能定义中，只有过滤与收集，并没有包括设备管理，如果 RFID 中间件实现读写器设备管理的功能，则需要服从该读写器管理协议。

③ 读写器组网协议。

低层读写器协议定义了客户与读写器之间的接口，这样，客户端与读写器就可通过基于 IP 的网络进行连接。协议也明确地为客户与读写器之间的通信提供了格式和步骤。实际上，就是定义通信数据、协议数据，达到客户对读写器进行操作的目的。这样，多个读写器可以通过 IP 网络集合起来，用户可以对多个读写器进行操作。该协议实际上是一种读写器组网协议，该协议的出现，终结了原 IETF 推出的简单轻量级 RFID 读写器协议。

在 EPCglobal 的 RFID 中间件的功能定义中，只有过滤与收集，并没有包括读写器网络管理，如果 RFID 中间件实现读写器网络管理的功能，则需要服从该读写器组网协议。

④ 读写器发现与配置。

该协议正在制定之中，它实际上是一种新设备组件通道控制器的标准。通道控制器可实现多种 DCI 功能，包括初始化 RFID 读写器或客户必须保证的配置需求，以确保 DCI 操作的成功。这个标准用来定义读写器如何发现一个或多个客户，客户如何发现一个或多个读写器，读写器如何获取配置信息，下载固件，以及为允许其他读写器操作协议而进行的初始化行为。

在 EPCglobal 的 RFID 中间件的功能定义中，只有过滤与收集，并没有包括读写器发现与配置管理，如果 RFID 中间件需要实现读写器发现与配置管理的功能，则需要服从该读写器发现与配置协议。

(2) 应用接口标准。

制定应用层事件规范(ALE)的目的，是为了减少原始数据的冗余性，从大量数据中提炼出有效的业务逻辑，而且可以满足不同的应用需求。ALE 接收从一个或多个读写器中发来的原始标签读取信息，而后，按照时间间隔等条件累计数据，将重复或不感兴趣的内容剔除过滤，最后，将这些信息以应用系统需要的形式向应用系统进行汇报。ALE 接口实现了最后提交给应用层的数据已经经过滤除和格式化，即应用层完全可以读懂数据含义了。应用层只要告诉 ALE 该到何处寻找数据源，然后接收报告、进行高层操作就可以了，从而实现了向上屏蔽设备细节，向下屏蔽操作细节的目的。

应用层事件规范是 RFID 中间件必须实现的一个标准。公共服务应用接口如下。

① RFID 信息服务。

EPC 信息服务的目标，是实现不同应用之间 EPC 数据的共享，这种共享，可以是企业内的，也可以是企业间的。

EPCIS 分几个层次规范相关信息的交换，分别是抽象数据模型层、数据定义层、服务层等。该规范给出了基于 XML 等方式的不同层次的绑定实现。

在 EPCglobal 的 RFID 中间件的功能定义中，只有过滤与收集，并没有包括对 RFID 信息服务的访问，如果 RFID 中间件需要实现 RFID 信息服务的访问功能，则需要服从该 RFID 信息服务接口。

② 对象名称服务。

对象名称服务的目标，是实现从 EPC 编码到 RFID 信息服务地址的解析系统与服务。对象名称服务采用现有的互联网的域名解析系统(DNS)来解析和查询 EPC 的服务地址信息。对象名称服务是实现开环公共 RFID 信息服务和信息共享的前提和基础。

在 EPCglobal 的 RFID 中间件的功能定义中，只有过滤与收集，并没有包括对对象名称服务的访问，如果 RFID 中间件需要实现对象名称服务的访问功能，则需要服从该对象名称服务接口。

7.2 RFID 中间件设计依赖的技术

1. RFID 的功能

RFID 中间件在实际应用中主要起到数据的处理、传递和读写器的管理等功能。通过对RFID 系统的分析，RFID 中间件应具备以下几个功能。

(1) 数据读出和写入。

目前，市场上的电子标签，不但存储标识数据，有的还能够提供用户可进行自定义读写操作的附加存储器。当网络因某种原因失效时，通过读取附加存储器的内容，仍能够获得必要的信息。RFID 中间件应提供统一的 API，完成数据的读出和写入工作。中间件应提供对不同厂家读写设备的支持、对不同协议的设备支持，实现应用对设备的透明操作。

(2) 数据的过滤和聚合。

读写器不断地从 Tag 读取大量的未经处理的数据，一般来说，应用系统并不需要大量的重复数据，数据必须进行去重和过滤。

不同的应用需要取得不同的数据子集，例如，装卸部门的应用只关心包装箱的数据而不关心包装箱内物品的数据。RFID 中间件应能够聚合汇总上层应用系统定制的数据集合。

(3) RFID 数据的分发。

RFID 设备读取的数据，并不一定由某一个应用程序来使用，它可能被多个应用程序使用(包括企业内部各个应用系统，甚至是企业商业伙伴的应用系统)，每个应用系统可能需要数据的不同集合，中间件应能够将数据整理后发送到相关的应用系统。数据分发还应支持分发时间的定制，例如，应立即将读取的 RFID 数据传送到生产线控制系统以指导生产，在整批货物处理完成后再将完整的数据传送到企业合作伙伴的应用系统中，每天业务处理完成后，再将当天的全部数据传送到决策支持系统等。

(4) 数据安全。

RFID 的使用往往在不为人所知的地方，在家用电器上、服装上甚至是食品包装盒上也许都嵌入了 RFID 芯片，在芯片的内部保存着 ID 信息，也许还有其他的附加信息，一些别有用心的人也许能够通过收集这些数据而窥探到个人隐私。RFID 中间件应该考虑到用户的这些担心，并在法律法规的指导下进行数据收集和处理工作。

2. RFID 中间件设计要点

在进行 RFID 中间件设计的过程中，应注意以下一些问题：

- 有客观条件限制时怎样有效利用 RFID 系统进行数据的过滤和聚集。
- 明确聚集类型将减少和降低标签检测事件对系统的冲击。
- RFID 中间件中消息组件的功能特点。
- 怎样支持不同的 RFID 读写器。
- 怎样支持不同的 RFID 标签内存结构。
- 如何将 RFID 系统集成到客户的信息管理系统中。

(1) 过滤和聚集。

过滤就是按照规则取得指定的数据。过滤有两种类型：基于读写器过滤；基于标签和数据的过滤。

过滤功能的设计，最初主要是用于解决读写器与标签之间进行无线传输时带宽不足的问题，但是否真正解决，还不能够下定论，但至少可以优化数据传输的效率问题。

聚集的含义，是将读入的原始数据按照规则进行合并。例如，重复读入的数据只记录第一次读入的数据和最后一次读入的数据。聚集的类型可以分为 4 种：进入与移出、计数、通过和虚拟阅读。

目前，聚集功能主要依靠代理软件来实现，但也有一些功能较强的读写器能够自己设置，并完成聚集功能。

(2) 消息传递机制。

在 RFID 系统中，一方面是各种应用程序以不同的方式频繁地从 RFID 系统中取得数据，另一方面，却是有限的网络带宽。其中的矛盾，使得设计一套消息传递系统成为自然而然的事情。

用消息来传递系统读写器产生的事件，并将事件传递到消息系统中，由消息系统决定如何将事件数据传递给相关的应用系统。在这种模式下，读写器不必关心哪个应用系统需要什么数据，同时，应用程序也不需要维护与各个读写器之间的网络通道，仅需要将需求发送到消息系统中即可。由此，设计出的消息系统应该有如下功能。

① 基于内容的路由功能：对于读写器获取的全部原始数据，应用在大多数情况下仅仅需要其中的一部分，例如，设置在仓库门口的读写器读取了货物消息和托盘消息，但是业务管理系统只需要货物消息，固定资产管理系统需要托盘消息。这就需要中间件必须提供通过事件消息的内容来决定消息的传递方向的功能。否则将导致消息系统不得不将全部信息都传递给应用程序，而应用程序不得不自己实现部分过滤工作。

② 反馈机制：消息系统的设计初衷之一，就是降低 RFID 读写器与应用系统之间的通信量。其中，比较有效的方式，就是使 RFID 系统能够明白应用系统对哪些 RFID 数据感兴趣，而不是需要获得全部的 RFID 数据。这样，就可以将部分数据过滤的工作安排在 RFID 读写器，而不在 RFID 中间件上进行。目前，市场上的 RFID 读写器，有些已经具备了进行数据过滤等高级功能，RFID 中间件应该能够自动配置这些读写器，将数据处理的规则反馈到读写器，从而有效降低对网络带宽的需求。

③ 数据分类存储功能：有些应用(如物流分拣系统或销售系统)，需要实时得到读取的标签信息，所以消息系统几乎不需要存储这些标签数据。而有些系统则需要得到批量 RFID 标签数据，并从中选取有价值的 RFID 事件信息，这就要求消息系统应该提供数据存储功能，直到用户成功接收数据为止。

(3) 标签的读写。

RFID 中间件的一个重要功能，就是提供透明的标签读写功能。对于应用程序来讲，通过中间件从 RFID 标签中读写数据，应该就像从硬盘中读写数据一样简单和方便。这样，RFID 中间件应主要解决两方面的问题，第一，是要兼容不同读写器的接口；第二，是要识别不同的标签存储器的结构以进行有效的读写操作。

每一种读写器都有自己的 API，根据功能的差异，其控制指令也是各不相同的。RFID 中间件定义一组通用的应用程序接口，对应用系统提供统一的界面，屏蔽各类设备之间的差异。

标签的存储器分为只读和读写两种类型，存储空间可分为不同的数据块，每个数据块均存储定义不同的内容，可读写的存储器还可以由用户来定义存储的内容和方式。进行写入操作时，如果只针对指定的数据块进行，而不是全部读写，可以提高读写性能，并降低带宽需求。

为了实现这样的功能，中间件应该设计虚拟的标签存储服务。

标签存储服务设计虚拟的存储空间，与实际的标签存储空间一一对应，RFID 中间件接收用户提供的数据(单个数据或一组结构数据)，先写入虚拟存储空间，再由专用的驱动接口，通过读写器写入 RFID 标签。

如果写入操作成功，则中间件向应用系统返回信息，并按照规则，将已经写入的数据暂存在 RFID 中间件系统中；如果标签的存储器损坏而写入失败，则可由中间件系统在虚拟存储空间中保存应写入的数据，对于而后应用程序发出的读出请求，均由中间件将虚拟存储空间的数据返回到应用，在标签即将离开中间件部署范围之前，将标签更新即可。

类似这样的操作同样适用于标签能源不足、数据溢出等情况。实现虚拟存储空间的一个重要前提，是虚拟存储空间应该是分布式的架构，所有的 RFID 中间件实例均能够访问虚拟存储空间。

7.3 RFID 中间件的设计方法

中间件设计包括 RFID 设备管理组件和事件过程管理组件。RFID 设备管理组件是分布式的代理，它负责第一级的事件过滤。设备管理包括设备询问器，对每一个读写器和传感器设备，代理必须互相作用，过程管理组件通过 RFID 事件下一级的过滤，把事件放置到事务(又称交易)环境中，然后发布应用层事件(ALE)，如图 7-1 所示。

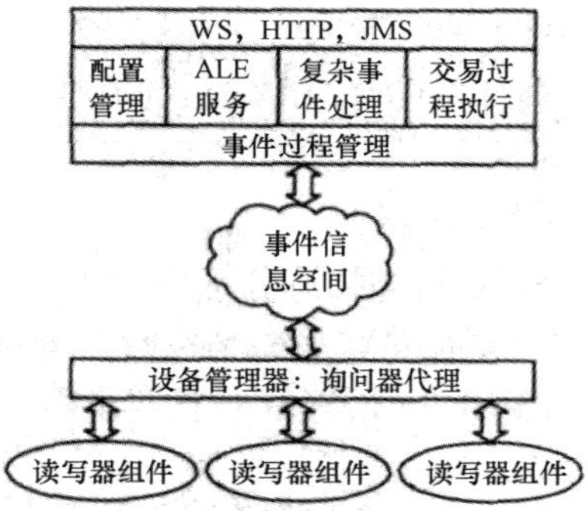

图 7-1　RFID 中间件的结构设计

1. 设备管理

设备管理器提供远端设备的配置接口，管理一个或多个询问器到读写器和其他传感器的操作，管理被指定的 ALE 事件。设备和询问器之间是一对多的关系。每一个询问器被分配一个物理设备概要表，每一个物理设备概要表可能有多个传感器(如多个天线)。当一个设备管理初始化自身的时候，会确定它负责哪一个物理设备表及其配置信息，然后安全地下载和初始化合适的询问器，最后注册事件。

设备管理器接听来自询问器的传感器事件，这些传感器事件与它们指定的读写器事件等同。来自多个询问器的传感器事件必须合并创建读写器事件，这些读写器事件与指定的由设备管理器发送到 ALE 服务的逻辑读写器事件相同。逻辑读写器可由任何数目的其他读写器构成，由一个或多个设备管理器的实例来管理。设备管理器对参与到一个逻辑读写器中的其他读写器是没有什么反应的。同样，一个读写器被限定到一个设备管理器的实例所控制的范围内。

由于每个 ALE 读写器事件流可能来自多个物理设备配置表，设备管理器为每个设备表创建一个询问器，并通知询问器什么样的传感器被绑定到指定的读写器上。询问器发送传感器事件流到设备管理器，设备管理器将一个或多个传感器事件流构造成读写器事件，这是因为读写器事件流可能来自不同的传感器事件流。设备管理器把初步处理的读写器事件发送到 ALE 服务器。设备管理器必须设定的唯一的物理识别符如下：设备管理 ID，是唯一的识别号；设备概要 ID，是物理设备表的唯一的识别符；读写器 ID，是每个传感器事件来源的唯一识别符，一个物理设备概要表可能有多个读写器；传感器 ID，是唯一的物理设备(传感器)标志。

(1) 询问器代理。

一个设备管理器的配置由它管理的设备和它要咨询的询问器组成，然后与它对应的设备管理器交互。每一个设备概要表由物理设备属性和询问器配置组成。物理设备属性是被命名过的传感器(例如天线和一个金属传感器)。

询问器代理是一个对应于特定读写器或其他设备的适配器实例。每个物理设备概要表有一个询问器代理，每个读写器模块有一个特定类型的代理。尽管一个询问器代理可以服务于多个物理设备概要表，但每一个物理读写器只能有一个询问器。每一个被指定设备的询问器可以有多个传感器。每个传感器有一个 SensorID。

设备管理把带有物理设备概要表的配置信息进一步组合。询问器代理把来自每个传感器的信息流发送到设备管理器，进而构造读写器事件。

(2) 事件信息空间。

事件信息空间类似于一个公共的容错事件信息经纪人。它支持异步接收来自设备管理器的事件、ALE 事件以及其他来自事件过程管理的配置需求。事件信息空间同时提供一个存储转发机制，确保重要的事件在中断的网络或其他组件失效的情况下不丢失。

2. 事件管理过程

事件过程管理(Event Process Managment，EPM)由 ALE 服务、配置管理、复杂事件过程以及事务规则执行组成，对 EVP 的访问能通过 HTTP、JMS 以及网络服务接口来实现。EPM 登记/订阅它感兴趣的事件，这样，当在信息空间中有事件时，它就会被通知。

一旦接收到这些事件，随后会应用复杂事件处理(过滤器)，结合事务规则，对这些事件进行处理，或者在另一种情况下，外部的客户端(如 EPCIS)已经注册接收 ALE，这些过滤后的事件会被发送到 ALE 客户端指定的位置。这种事务规则意味着：来自设备管理器的信号需要与其他企业信息系统的具体要求结合，才能达到事务过程的要求。

(1) 配置管理。

物理设备的物理信息，例如 MAC 地址、IP、公钥、逻辑读写器任务等，被放在这个组件中管理。这些信息可以存放在本地，也可以放在通过密钥访问的外部服务地址，或者其他企业的信息管理仓库中。

它包括下列项：传感器(天线、单一的事件)、物理设备概要表(可以有一个或多个传感器)、读写器(来自一个或多个物理设备概要表的传感器事件)、逻辑读写器。

(2) 应用层事件服务。

这些服务是一个对 EPCglobal ALE 规范的实现。它会提供一个网络服务客户端接口，以及与 ALE API 的 JMS 接口。

ALE 规范中，允许含有逻辑的读写器、被创建的逻辑读写循环、一个或多个读写器，以及一个更多的来自那些能组成一个逻辑事件的读写器事件。ALE 也规定了那些必须发送的逻辑事件。ALE 服务精心编制了设备管理器的参与者：逻辑读写器以及相应的逻辑事件，ALE 服务将这些事件通知到合适的接收器。

(3) 复杂事件处理。

它是一种规则引擎，是一种过滤器，它把事件变为有意义的可用事务规则的事务事件。ALE 服务将维持复杂事件规则，随后产生有用的事件。这些事件被用来启动事务规则。

(4) 事务过程的执行。

因为中间件期望在各种商业环境中被应用，所以具体的功能不能硬性规定，必须链接到中间件中。事务过程一般可定义为：通过接口接听事件，通过使用规则引擎启动各种事务过程。ALE 提供了一个丰富的事件接口，但这些事件的翻译及随后必需的处理过程，只有在具体的环境中才能最后明确。事务过程可以是一个可被关闭的门或启动的警告等。

当事务过程在一个较高的层次上时，需要与企业系统如仓储管理系统集成，所以在中间件层中的事务规则引擎应允许有较好的定制性，以及与其他底层设备相结合的可扩展性。

本章小结

2002 年以后，RFID 技术和市场迅速发展，很多用户大胆尝试了 RFID 项目。经过若干年的发展，与 RFID 发展密切相关的 RFID 中间件，在用户的反馈和呼声中应需而生。本章介绍了 RFID 中间件产生背景，对 RFID 中间件的标准化组织、演进过程以及标准化体系进行了简要说明，对中间件的系列标准进行了阐述。

本章最后对 RFID 的功能进行了说明，对 RFID 中间件设计要点及设计方法进行了详细介绍。

习　题

(1) 简述 RFID 中间件的主要功能。

(2) 简述 RFID 在国际上的五大标准化组织。

(3) 简述 RFID 的中间件接口分类。

(4) 简述 RFID 中间件的设计要点。

(5) 简述 RFID 中间件的设计方法。

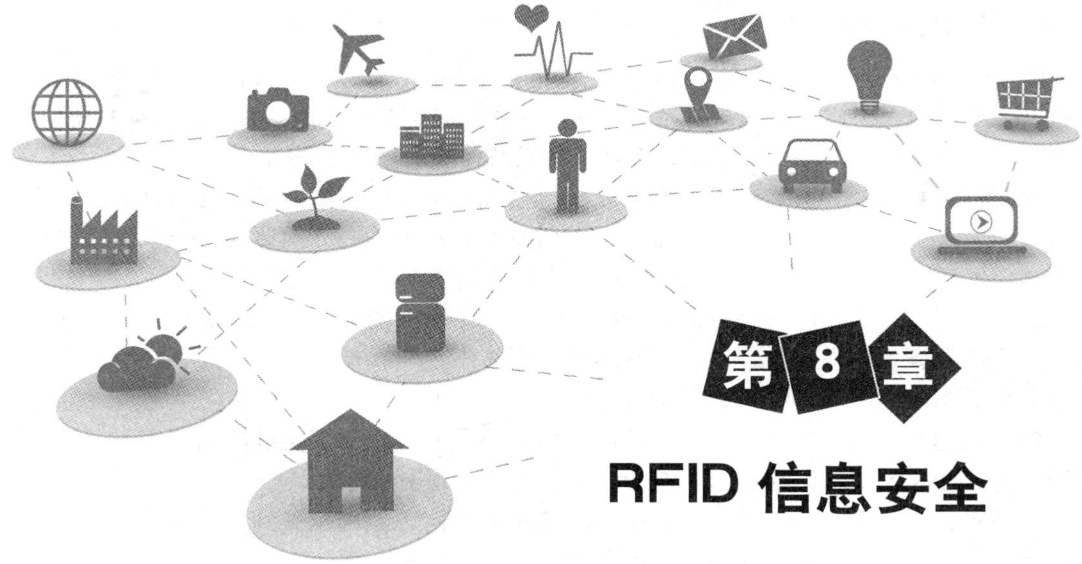

第 8 章

RFID 信息安全

学习目标

1. 了解信息安全的重要性。
2. 掌握密码学在信息安全中的应用。
3. 学习 RFID 技术中信息安全的实现技术。
4. 掌握密钥管理的原理。

知识要点

信息安全的重要性、密码学、RFID 技术中信息安全的实现、密钥管理。

8.1 信息安全概述

1．信息安全的重要性

随着以 Internet 为代表的全球性信息化浪潮日益高涨，计算机以及信息网络技术的应用正日益普及和深入，应用领域从传统的、小型业务系统逐渐向大型的、关键业务系统扩展。典型的应用如政府部门的业务系统、金融业务系统、企业商务系统等。

伴随网络应用的普及和深入，网络安全日益成为影响网络效能的重要问题，而由于网络自身所具有的开放性和自由性等特点，对信息安全提出了更高的要求。一旦网络中传输的用户信息被恶意窃取、篡改，对用户和企业都将造成不可估量的损失。

无论是那些庞大的服务提供商的网络，还是一个企业的某一个业务部门的局域网络，信息安全的实施都迫在眉睫。如何使网络信息系统不受黑客及非法人员的入侵，已成为社会信息化健康发展所要考虑的重要问题之一。

随着人们对信息依赖性的增强，社会对信息的保密程度和真实程度的要求不断提高，而网络化又使因泄密、假冒引起的信息危害程度呈指数规律增大。

在信息化时代的今天，信息化所引发的信息安全问题越来越受到广泛关注和重视。因为信息安全不仅涉及国家的经济、金融和社会安全，也涉及国防、政治和文化的安全，可以说，信息安全就是国家安全。

信息安全的基本内容，是研究信息和承载信息系统的事先保护，以免信息受到各种攻击的破坏。如果不能保证信息防护措施的有效性，则对攻击事件的快速响应和对攻击所造成的灾难的恢复，将是重要的补救措施，它们是近几年兴起，并得以快速发展的课题。

从信息网络系统上讲，信息安全主要包含两层含义：一是运行系统的安全，二是系统信息的安全。

机密性、可用性、认证性和不可否认性是信息安全的特征，密码技术是信息安全的核心，安全标准和系统评估是信息安全的基础。

信息安全作为信息化发展的根本保障、社会稳定乃至世界安全的保障，已经成为经济安全的核心。因此，对信息和信息系统的防护具有重要的战略意义。

2．信息安全的发展阶段

信息安全的发展，历经了三个主要阶段。

(1) 通信保密阶段。

在第一次和第二次世界大战期间，参战军方为了实现作战指令的安全通信，将密码学引入实际应用，各类密码算法和密码机被广泛使用，如 Enigma 密码机。在这个阶段中，关注的是通信内容的保密性，保密等同于信息安全。

(2) 信息安全阶段。

计算机的出现以及网络通信技术的发展，使人类对于信息的认识逐渐深化，对于信息安全的理解也在扩展。人们发现，在原来所关注的保密性属性之外，还有其他方面的属性也应当是信息安全所关注的，这其中最主要的是完整性和可用性属性。由此构成了支撑信息安全体系的三要素。

(3) 安全保障阶段。

信息安全的保密性、完整性、可用性三个主要属性，大多集中于安全事件的事先预防，属于保护(Protection)的范畴。

但人们逐渐认识到了安全风险的本质，认识到不存在绝对的安全，即事先的预防措施不足以保证不会发生安全事件，而一旦发生了安全事件，那么事发时的处理以及事后的处理，都应当是信息安全要考虑的内容，安全保障的概念随之产生。

所谓安全保障，就是在统一安全策略的指导下，安全事件的事先预防(保护)、事发处理(检测 Detection 和响应 Reaction)、事后恢复(恢复 Restoration)这几个主要环节相互配合，构成一个完整的保障体系。

3. 信息安全的定义

ISO 国际标准化组织对于信息安全给出了精确的定义，这个定义的描述是：信息安全是为数据处理系统建立和采用的技术和管理的安全保护，保护计算机硬件、软件和数据不因偶然和恶意的原因遭到破坏、更改和泄露。

ISO 的信息安全定义清楚地回答了人们所关心的信息安全主要问题，包括三方面含义。

(1) 信息安全的保护对象。

信息安全的保护对象是信息资产，典型的信息资产包括了计算机硬件、软件和数据。

(2) 信息安全的目标。

信息安全的目标就是保证信息资产的三个基本安全属性。信息资产被泄露，意味着保密性受到影响；被更改，意味着完整性受到影响；被破坏，意味着可用性受到影响。而保密性、完整性和可用性三个基本属性是信息安全的最终目标。

(3) 实现信息安全目标的途径。

实现信息安全目标的途径要借助于两方面的控制措施，即技术措施和管理措施。从这里，就能看出技术和管理并重的基本思想。重技术轻管理，或者重管理轻技术，都是不科学的，并且是有局限性的错误观点。

4. 信息安全的目标

信息安全的概念从早期只关注信息保密和通信保密的信息内涵时代，发展到关注信息及信息系统的机密性、可用性、认证性和不可否认性的信息安全时代，再发展到今天的信息保障时代。

目前，信息安全包含 5 个主要方面，即信息及信息系统的机密性、完整性、可用性、认证性和不可否认性。

单纯的保密和静态的保护已经不能适应时代的需要，针对信息及信息系统的安全预警、保护、检测、反应、恢复 5 个动态反馈环节构成了信息保障模型的基础。

任何危及信息系统的活动都属于安全攻击，信息安全的目标，就是保护信息系统的硬件、软件及系统中的数据，使其不因偶然的或者恶意的原因而遭到截取、更改、泄露、重放，系统能够连续、正常地运行，信息服务不中断。

因此，信息安全的任务包括：保障各种信息资源稳定、可靠地运行，保障各种信息资源可控并合理地使用。为了保证信息系统中的信息安全，人们通常基于某些安全机制，向用户提供一定的安全服务。

安全服务是保证信息正确性和传输保密性的一类服务，其目的在于利用一种或多种安全机制阻止安全攻击。对于信息系统而言，安全服务通常包括以下几个方面。

(1) 机密性(Confidentiality)。

机密性是指保证信息不泄露给非授权的用户或实体，确保存储的信息和被传输的信息仅能被授权的各方得到，而非授权用户即使得到信息，也无法知晓信息的内容，不能使用。

通常通过访问控制，来阻止非授权用户获得机密信息，通过加密变换，来阻止非授权用户获知信息的内容。

(2) 完整性(Integrity)。

完整性是指信息未经授权不能进行篡改的特征，维护信息的一致性，即信息在生成、传输、存储和使用过程中，不应发生人为或非人为的非授权篡改(插入、修改、删除、重排序等)。一般通过访问控制阻止篡改行为，同时通过消息摘要算法来检验信息是否被篡改。

(3) 认证性(Authentication)。

认证性是指确保一个消息的来源或消息本身被正确地标识，同时，确保该标识没有被伪造。认证分为消息认证和实体认证。消息认证是指能向接收方保证该消息确实来自于它所宣称的源；实体认证是指在连接发起时，能确保这两个实体是可信的，即每个实体确实是它们宣称的那个实体，第三方也不能假冒这两个合法方中的任何一方。

(4) 不可否认性(Non-repudiation)。

不可否认性，是指能保障用户无法在事后否认曾经对信息进行的生成、签发、接收等行为，是针对通信各方信息真实性、一致性的安全要求。

为了防止发送方或接收方抵赖所传输的消息，要求发送方和接收方都不能抵赖所进行的行为。当发送一个消息时，接收方能证实该消息确实是由既定的发送方发来的，称为源不可否认性；同样，当接收方收到一个消息时，发送方能够证实该消息确实已经送到了指定的接收方，称为宿不可否认性。

一般通过数字签名来提供抗否认服务。

(5) 可用性(Availability)。

可用性是指保障信息资源随时可提供服务的能力特性，即授权用户根据需要，可以随时访问所需信息，保证合法用户对信息资源的使用不被非法拒绝。拒绝服务攻击就是对可用性的一种攻击。

5. 信息安全模型

人们一直致力于用确定、简洁的安全模型来描述信息安全，在信息安全领域中，有多种安全模型，如 PDR 模型、PPDRR 模型等。

(1) PDR 模型。

PDR 模型之所以著名，是因为它是第一个从时间关系描述一个信息系统是否安全的模型。PDR 模型中的 P 代表保护，D 代表检测，R 代表响应。

该模型中使用三个时间参数。

- Pt：有效保护时间，是指信息系统的安全控制措施所能有效发挥保护作用的时间。
- Dt：检测时间，是指安全检测机制能够有效发现攻击、破坏行为所需的时间。
- Rt：响应时间，是指安全响应机制做出反应和处理所需的时间。

PDR 模型用下列时间关系表达式来说明信息系统是否安全。

① $Pt>Dt+Rt$：系统安全，即在安全机制针对攻击、破坏行为做出了成功的检测和响应时，安全控制措施依然在发挥有效的保护作用，攻击和破坏行为未给信息系统造成损失。

② $Pt<Dt+Rt$：系统不安全，即信息系统的安全控制措施的有效保护作用，在正确的检测和响应做出之前就已经失效，破坏和攻击行为已经给信息系统造成了实质性破坏和影响。

(2) PPDRR 模型。

正如信息安全保障所描述的，一个完整的信息安全保障体系，应当包括安全策略(Policy)、保护(Protection)、检测(Detection)、响应(Reaction)、恢复(Restoration)这 5 个主要环节，这就是 PPDRR 模型的内容。

保护、检测、响应和恢复 4 个环节要在策略的统一指导下构成相互作用的有机整体。PPDRR 模型从体系结构上给出了信息安全的基本模型。

6. 信息安全保障体系

要想真正为信息系统提供有效的安全保护，必须系统地进行安全保障体系的建设，避免孤立、零散地建立一些控制措施，而是要构成一个有机的整体。在这个体系中，包括了安全技术、安全管理、人员组织、教育培训、资金投入等关键因素。信息安全建设的内容多、规模大，必须进行全面的统筹规划，明确信息安全建设的工作内容、技术标准、组织机构、管理规范、人员岗位配备、实施步骤、资金投入，才能够保证信息安全建设有序可控地进行，才能够使信息安全体系发挥最优的保障效果。

信息安全保障体系由一组相互关联、相互作用、相互弥补、相互推动、相互依赖、不可分割的信息安全保障要素组成。一个系统的、完整的、有机的信息安全保障体系的作用力远远大于各个信息安全保障要素的保障能力之和。

在此框架中，以安全策略为指导，融汇了安全技术、安全组织与管理和运行保障三个层次的安全体系，以实现系统可用性、可控性、抗攻击性、完整性、保密性的安全目标。

(1) 安全技术体系。

安全技术体系是整个信息安全体系框架的基础，包括了安全基础设施平台、安全应用系统平台和安全综合管理平台这三个部分，是以统一的安全基础设施平台为支撑，以统一的安全应用系统平台为辅助，在统一的安全综合管理平台管理下的技术保障体系框架。

安全基础设施平台以安全策略为指导，从物理和通信安全防护、网络安全防护、主机系统安全防护、应用安全防护等多个层次出发，立足于现有的成熟安全技术和安全机制，建立起一个各个部分相互配合的、完整的安全技术防护体系。

安全应用系统平台处理安全基础设施与应用信息系统之间的关联和集成问题。应用信息系统通过使用安全基础设施平台所提供的各类安全服务，提升自身的安全等级，以更加安全的方式，提供业务服务和信息管理服务。

安全综合管理平台的管理范围尽可能地涵盖安全技术体系中涉及的各种安全机制与安全设备，对这些安全机制和安全设备进行统一的管理和控制，负责管理和维护安全策略，配置管理相应的安全机制，确保这些安全技术与设施能够按照设计的要求协同运作，可靠运行。它在传统的信息系统应用体系与各类安全技术、安全产品、安全防御措施等安全手段之间搭起桥梁，使得各类安全手段能与现有的信息系统应用体系紧密地结合，实现“无缝连接”，促成信息系统安全与信息系统应用真正的一体化，使得传统的信息系统应用体系逐步过渡为安全的信息系统应用体系。

统一的安全管理平台有助于各种安全管理技术手段的相互补充和有效发挥，也便于从系统整体的角度来进行安全的监控和管理，从而提高安全管理工作的效率，使人为的安全管理活动参与量大幅下降。

(2) 安全组织与管理体系。

安全组织与管理体系是安全技术体系真正有效发挥保护作用的重要保障，安全组织与管理体系的设计立足于总体安全策略，并与安全技术体系相互配合，增强技术防护体系的效率和效果，同时，也弥补了当前技术无法完全解决的安全缺陷。

技术和管理是相互结合的。一方面，安全防护技术措施需要安全管理措施来加强；另一方面，安全防护技术措施也是对安全管理措施贯彻执行的监督手段。安全组织与管理体系的设计，要参考和借鉴国际信息安全管理标准 BS 7799(ISO 17799)的要求。

信息安全管理体系由若干信息安全管理类组成，每项信息安全管理类可分解为多个安全目标和安全控制。每个安全目标都有若干安全控制与其相对应，这些安全控制是为了达成相应的安全目标。信息安全管理体系包括了以下管理类：安全策略与制度、安全风险管理、人员和组织安全管理、环境和设备安全管理、网络和通信安全管理、主机和系统安全管理、应用和业务安全管理、数据安全和加密管理、项目工程安全管理、运行和维护安全管理、业务连续性管理、合规性(符合性)管理。

(3) 运行保障体系。

运行保障体系由安全技术和安全管理紧密结合的内容所组成，包括了系统可靠性设计、系统数据的备份计划、安全事件的应急响应计划、安全审计、灾难恢复计划等。

运行保障体系对于网络和信息系统的可持续性运营提供了重要的保障手段。

8.2 密码学基础

8.2.1 密码学的基本概念

密码学是研究编制密码和破译密码的技术科学。研究密码变化的客观规律，应用于编制密码，以保守通信秘密的，称为编码学；破译密码以获取通信情报的，称为破译学；两者总称为密码学。

例如电报，最早是由美国的摩尔斯在 1844 年发明的，故也被叫作摩尔斯电码。它由两种基本信号(即短促的点信号“嘀”和保持一定时间的长信号“答”)以及间隔时间组成。

密码学是研究如何隐秘地传递信息的学科，在现代特别是指对信息及其传输的数学性的研究，常被认为是数学和计算机科学的分支，与信息论也密切相关。著名的密码学者 Ron Rivest 解释说：“密码学是关于如何在敌人存在的环境中通信”。

密码学是信息安全等相关议题，如认证、访问控制的核心。密码学的首要目的，是隐藏信息的含义，并不是隐藏信息的存在。密码学也促进了计算机科学的发展，特别是广泛用于计算机与网络安全所使用的技术中，如访问控制和信息的机密性。密码学已被应用在日常生活的各个方面：包括自动柜员机的芯片卡、计算机使用者的密码、电子商务等。

密码是通信双方按约定的法则进行信息特殊变换的一种重要保密手段。依照这些法则，变明文为密文，称为加密变换；变密文为明文，称为脱密变换。

密码在早期仅对文字或数码进行加、脱密变换。随着通信技术的发展，对语音、图像、数据等都可实施加、脱密变换。

8.2.2 密码体制的原则

“如果某种问题许多聪明人都不能解决，那么它可能不会很快地得到解决”，这是密码学界普遍承认的一个事实，它暗示很多密码算法的安全性并没有在理论上得到严格的证明，只是这种算法经过许多人若干年的攻击，并没有发现其弱点或漏洞，没有找到攻击它的有效方法，从而认为它是安全的。

密码系统的加密/解密算法即使为密码分析者所知，也无助于推导出明文或密钥。即密码系统的安全性不应取决于不易改变的算法，而应取决于可随时改变的密钥，这就是设计和使用密码系统时必须遵守的柯克霍夫原则(Kerckhoffs Principle)。柯克霍夫原则也称为柯克霍夫假设(Kerckhoffs Assumption)，或称为柯克霍夫公理(Kerckhoffs Axiom)，是荷兰密码学家奥古斯特·柯克霍夫(Auguste Kerckhoffs)于 1883 年在其名著《军事密码学》中阐明的关于密码分析的一个基本假设。也就是说，秘密必须完全寓于密钥中，即加密和解密算法的安全性取决于密钥的安全性，而加密/解密的过程和细节(算法的实现过程)是公开的，只要密钥是安全的，则攻击者就无法推导出明文。

如果密码系统的安全强度依赖于攻击者不知晓的密码算法，那么这个密码系统最终注定会失败。因为密码分析者可以用反汇编代码或逆向设计工程的方法得到密码算法的实现过程，甚至可以采取贿赂等手段，使算法的设计人员泄密。另外，密码算法不公开也不利于该算法的应用。因此，最好的算法是那些已经公开的，并经过世界上最好的密码破解者多年攻击和分析，但尚未破译的算法。

8.2.3 对称密码体制

对称密码算法有时又叫传统密码算法、秘密密钥算法或单密钥算法。对称密码算法的加密密钥能够从解密密钥中推算出来，反过来也成立。在大多数对称算法中，加密解密密钥是相同的。它要求发送者和接收者在安全通信之前，商定一个密钥。对称算法的安全性依赖于密钥，泄露密钥就意味着任何人都能对消息进行加密解密。只要通信需要保密，密钥就必须保密。

对称算法又可分为两类。一类是只对明文中的单个位(有时对字节)运算的算法，称为序列算法或序列密码；另一类算法是对明文的一组位进行运算，这些位组称为分组，相应的算法称为分组算法或分组密码。

现代计算机密码算法的典型分组长度为 64 位——这个长度既考虑到分析破译密码的难度，又考虑到使用的方便性。后来，随着破译能力的发展，分组长度又提高到 128 位或更长。常用的采用对称密码术的加密方案有 5 个组成部分。

- 明文：原始信息。
- 加密算法：以密钥为参数，对明文进行多种置换和转换的规则和步骤，变换结果为密文。

- 密钥：加密与解密算法的参数，直接影响对明文进行变换的结果。
- 密文：对明文进行变换的结果。
- 解密算法：加密算法的逆变换，以密文为输入、密钥为参数，变换结果为明文。

对称加密，也称传统加密或单钥加密，是 20 世纪 70 年代公钥密码产生之前唯一的加密类型。对称加密算法的特点是算法公开、计算量小、加密速度快、加密效率高。它要求发送方和接收方在安全通信之前，商定一个密钥。

对称算法的安全性依赖于密钥，泄露密钥就意味着任何人都可以对他们发送或接收的消息解密，所以密钥的保密性对通信是至关重要的。这个商定密钥的过程，使用上述非对称密码体制。

此外，用户每次使用对称加密算法时，都需要使用其他人不知道的唯一钥匙，这会使得发收信双方所拥有的钥匙数量呈几何级数增长，密钥管理成为用户的负担。

对称加密算法在分布式网络系统上使用较为困难，主要是因为密钥管理困难，使用成本较高。而与公开密钥加密算法比起来，对称加密算法能够提供加密和认证，却缺乏签名功能。对称密码体制的加密过程如图 8-1 所示。

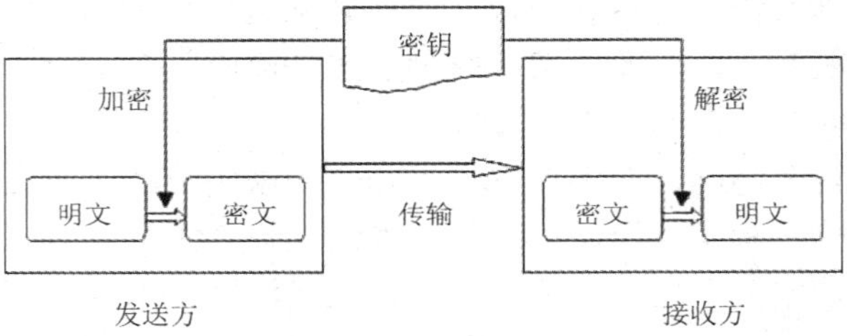

图 8-1　对称密码体制的加密过程

在对称密码体制中，使用的密钥必须完全保密，且要求加密密钥和解密密钥相同，或由其中的一个可以很容易地推出另一个，所以，对称密码体制又称为秘密密钥密码体制(Secret Key Cryptosystem)、单钥密码体制(One Key Cryptosystem)或传统密码体制(Traditional Cryptosystem，因为传统密码都属于对称密码体制)。

对称密码体制包括分组密码和序列密码，典型的对称算法体制有 DES、3DES、AES、IDEA、RC4、A5 和 SEAL 等。

对称密码体制就如同现实生活中保密箱的机制，一般来说，保密箱上的锁有多把相同的钥匙。发送方把消息放入保密箱并用锁锁上，然后，不仅把保密箱发送给接收方，而且还要把钥匙通过安全通道送给接收方，当接收方收到保密箱后，再用收到的钥匙打开保密箱，从而获得消息。

(1) 对称密码体制的优点。

① 加密和解密的速度都比较快，具有很高的数据吞吐率，不仅软件能实现较高的吞吐率，而且还易于硬件实现，硬件加密/解密的处理速度更快。

② 对称密码体制中使用的密钥相对较短。

③ 密文的长度往往与明文长度相同。

(2) 对称密码体制的缺点。

① 密钥分发需要安全通道。发送方如何安全、高效地把密钥送到接收方是对称密码体制的软肋，对称密钥的分发过程往往很繁琐，需要付出的代价较高(需要安全通道)。

② 密钥量大，难于管理。多人用对称密码算法进行保密通信时，其密钥组合会呈指数级增长，从而使密钥管理变得越来越复杂。n 个人用对称密码体制相互通信，总共需要 C_n^2 个密钥，每个人拥有 $n-1$ 个密钥，当 n 较大时，将极大地增加密钥管理(包括密钥的生成、使用、存储、备份、存档、更新等)的复杂性。

③ 难以解决不可否认问题。因为通信双方拥有同样的密钥，所以接收方可以否认接收到某消息，发送方也可以否认发送过某消息，即对称密码体制很难解决鉴别认证和不可否认性的问题。

8.2.4 非对称密码体制

非对称密码体制就如同现在大家都熟悉的电子邮件机制，每个人的 E-mail 是公开的，发信人根据公开的 E-mail 向指定人发送信息，而只有 E-mail 的合法用户(知道口令)才可以打开这个 E-mail 并获得消息。上述例子中的 E-mail 地址可以看作是公钥，而 E-mail 的口令可看作是私钥。发件人把信件发送给指定的 E-mail 地址，只有知道这个 E-mail 地址口令的用户，才能进入这个信箱。

非对称密码体制也叫公钥加密技术，该技术就是针对私钥密码体制的缺陷提出来的。其一是为了解决对称密码体制中密钥分发和管理的问题；其二是为了解决不可否认的问题。基于以上两点可知，公钥密码体制在密钥分配和管理、鉴别认证、不可否认性等方面有重要的意义。

非对称密码体制中使用的密钥有两个，一个是对外公开的公钥，可以像电话号码一样进行注册公布；另一个是必须保密的私钥，只有拥有者才知道。不能从公钥推出私钥，或者说，从公钥推出私钥在计算上困难，或者不可能。非对称密码体制又称为双钥密码体制(Double Key Cryptosystem)或公开密钥密码体制(Public Key Cryptosystem)。典型的非对称密钥密码体制有 RSA、ECC、Rabin、Elgamal 和 NTRU 等。

传统密码体制主要用来对信息进行保密，实现信息的机密性。而公钥密码体制不仅可用来对信息进行加密，还可对信息进行数字签名。在非对称加密算法中，任何人可用信息接收者的公钥对信息进行加密，信息接收者则用他的私钥进行解密。而数字签名者用他的私钥对信息进行签名，任何人可用他相应的公钥验证其签名的有效性。因此，非对称密码体制不仅可保障信息的机密性，还具有认证和抗否认性的功能。

在公钥加密系统中，加密和解密是相对独立的，加密和解密会使用两把不同的密钥，加密密钥(公开密钥)向公众公开，谁都可以使用，解密密钥(秘密密钥)只有解密人自己知道，非法使用者根据公开的加密密钥无法推算出解密密钥，故可称为公钥密码体制。

如果一个人选择并公布了他的公钥，另外任何人都可以用这一公钥来加密传送给那个人的消息。私钥是秘密保存的，只有私钥的所有者才能利用私钥对密文进行解密。

公钥密码体制的算法中，最著名的代表是 RSA 系统。此外还有背包密码、McEliece 密码、Diffe_Hellman、Rabin、零知识证明、椭圆曲线、EIGamal 算法等。公钥密钥的密钥管理比较简单，并且可以方便地实现数字签名和验证，但算法复杂，加密数据的速率较低。

公钥加密系统不存在对称加密系统中密钥的分配和保存问题，对于具有 n 个用户的网络，仅需要 $2n$ 个密钥。公钥加密系统除了用于数据加密外，还可用于数字签名。

非对称密码体制可以对信息发送与接收人的真实身份进行验证、所发出/接收的信息在事后不可抵赖，并可保障数据的完整性，这是现代密码学主题的另一方面。

非对称密码体制应用最广泛的加密算法是 RSA。RSA 算法研制的最初理念与目标是努力使互联网安全可靠，旨在解决 DES 算法利用公开信道传输分发秘密密钥的难题。而实际结果不但很好地解决了这个难题；还可利用 RSA 来完成对电文的数字签名，以防止对电文的否认与抵赖；同时，还可以利用数字签名，较容易地发现攻击者对电文的非法篡改，以保护数据信息的完整性。

(1) 非对称密码体制的优点。

① 密钥的分发相对容易。

在非对称密码体制中，公钥是公开的，而用公钥加密的信息只有对应的私钥才能解开。所以，当用户需要与对方发送对称密钥时，只须利用对方的公钥加密这个密钥，而这个加密信息，只有拥有相应私钥的对方才能解开，并得到对称密钥。

② 密钥管理简单。

每个用户只须保存好自己的私钥，对外公布自己的公钥，则 n 个用户仅需产生 n 对密钥，即密钥总量为 $2n$，当 n 较大时，密钥总量的增长是线性的，而每个用户管理密钥的个数始终为一个。

③ 可以有效地实现数字签名。

这是因为消息签名的产生来自于用户的私钥，其验证使用了用户的公钥，由此可以解决信息的不可否认性问题。

(2) 非对称密码体制的缺点。

① 与对称密码体制相比，非对称密码体制加解密的速度较慢。

② 在同等安全强度下，非对称密码体制要求的密钥位数要多一些。

③ 密文的长度往往大于明文的长度。

8.3 序列密码(流密码)

8.3.1 序列密码体制的结构框架

流密码(也称序列密码)：使用流密码对某一消息 m 执行加密操作时，一般是先将 m 分成连续的符号(一般为比特串)，$m=m_1m_2m_3\ldots$；然后使用密钥流 $k=k_1k_2k_3\ldots$中的第 i 个元素 k_i 对明文消息的第 i 个元素 m_i 执行加密变换，$i=1，2，3，\ldots$；所有的加密输出连接在一起，就构成了对 m 执行加密后的密文。

一般而言，分组密码和序列密码都属于对称密码，但二者还是有较大的不同。分组密码是把明文分成相对较大的块，对于每块使用相同的加密函数进行处理，因此，(纯)分组密码是无记忆的。相反，序列密码可以处理的明文长度可以小到 1bit，而且序列密码是有记忆的。有时，序列密码又被称作状态密码，因为它的加密不仅与密钥和明文有关，而且还与当前状态有关。这种序列密码与分组密码的区别也不是绝对的，如果把分组密码增加少量的记忆模块(如分组密码的 CFB 模块或 OFB 模块)，就形成了一种序列密码。另外，分组密码算法的设计关键，在于加解密算法，使明文和密文之间关联在密钥的控制下，尽可能复杂，而序列密码算法的设计，关键在于密钥序列产生器，使生成的密钥序列具有尽可能高的不可预测性。

与分组密码相比，序列密码受政治的影响很大，目前，应用领域主要还是在军事、外交等部门。虽然也有公开设计和研究成果发表，但作为密码学的一个分支，流密码的大多设计与分析成果还是保密的。目前可以公开见到、较有影响的流密码方案包括 A5、SEAL、RC4、PIKE 等。

流密码可以进一步划分成同步流密码和自同步流密码两类。

(1) 如果密钥序列的产生独立于明文消息和密文消息，则此类序列密码为同步序列密码。在同步流密码中，密钥流的产生与明文消息流相互独立。由于密钥流与明文串无关，所以同步流密码中的每个密文 c_i 不依赖于先前的明文 m_i-1，…，m_1。从而，同步流密码的一个重要优点就是无错误传播：在传输期间，一个密文字符被改变只影响该符号的恢复，不会对后继的符号产生影响。

但是，在同步流密码中，发送方和接收方必须是同步的，用同样的密钥且该密钥操作在同样的位置时才能保证正确解密。如果在传输过程中，密文字符有插入或删除，导致同步丢失，密文与密钥流将不能对齐，导致无法正确解密。要正确地还原明文，密钥流必须再次同步。

(2) 如果密钥序列的产生是密钥及固定大小的以往密文位的函数，则这种序列密码被称为自同步序列密码或非同步序列密码。与同步流密码相反，自同步流密码有错误传播现象，但可以自行实现同步。在自同步流密码中，密钥流的产生与先前已经产生的若干密文有关。其中，密钥流 k_i 的生成过程如下，用函数表示为：

$$\sigma_{i+1}=F(\sigma_i,c_{i-1},\ldots,c_{i-k})$$
$$z_i=G(\sigma_i,k)$$
$$c_i=E(z_i,m_i)$$

其中，σ_i 是密钥流生成器的内部状态(初始状态记作 σ_0)；F 是状态转移函数；G 是生成密钥流的函数；E 是自同步流密码的加密变换，它是 z_i 与 m_i 的函数。

由此可见，如果自同步流密码中某一符号出现传输错误，则将影响到它之后 k 个符号的解密运算，亦即自同步流密码有错误传播现象。等到该错误移出寄存器后，寄存器才能恢复同步，因而，一个错误至多影响 k 个符号。在 k 个密文字符之后，这种影响将消除，密钥流自行实现同步。由于密文流(从而明文流)参与了密钥流的生成，使得密钥流的理论分析复杂化，目前的流密码研究结果大部分都是关于同步流密码的，因为这些流密码的密钥流的生成独立于消息流，从而使它们的理论分析成为可能。

序列密码体制具有以下几个特点：

- 在信息的最小单元上加密，可以达到很高的保密度。
- 不增加消息长度。
- 解密过程不会引起错误扩散。
- 适用于各种速率的信号。

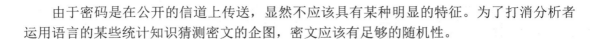

由于密码是在公开的信道上传送，显然不应该具有某种明显的特征。为了打消分析者运用语言的某些统计知识猜测密文的企图，密文应该有足够的随机性。

8.3.2 m 序列

1. m 序列的概念

m 序列是最长线性移位寄存器序列的简称，是一种伪随机序列、伪噪声(PN)码或伪随机码。可以预先确定并且可以重复实现的序列称为确定序列；既不能预先确定又不能重复实现的序列称随机序列；不能预先确定但可以重复产生的序列称伪随机序列。

在所有的伪随机序列中，m 序列是最重要、最基本的一种伪随机序列。它容易产生，规律性强，有很好的自相关性和较好的互相关特性。在 IS-95 的反向信道中，选择了 m 序列的 PN 码作为地址码，利用不同相位 m 序列几乎正交的特性，来为每个用户的业务信道分配一个相位。

2. m 序列的特性

m 序列具有非常优良的数字理论特性，这是它能够得到广泛应用的根本原因，m 序列既具有一定的随机性，又具有确定性(周期性)，以下为它的主要理论特性。

(1) 均衡特性(平衡性)。

m 序列每一周期中 1 的个数比 0 的个数多 1 个。

(2) 游程特性(游程分布的随机性)。

m 序列中，状态“0”或“1”连续出现的段称为游程。游程中“0”或“1”的个数称为游程长度。m 序列的一个周期($p=2^n-1$)中，游程总数为 2^n-1，“0”、“1”各占一半。

(3) 移位可加性。

两个彼此移位等价的相异 m 序列，按模 2 相加，所得的序列仍为 m 序列，并与原 m 序列等价。

(4) m 序列具有良好的自相关性。

3. m 序列的应用

m 序列是目前广泛应用的一种伪随机序列，其在通信领域有着广泛的应用，如扩频通信，卫星通信的码分多址，数字数据中的加密、加扰、同步、误码率测量等领域。

(1) 在通信加密中的应用。

m 序列自相关性较好，容易产生和复制，而且具有伪随机性，利用 m 序列加密数字信号，使加密后的信号在携带原始信息的同时具有伪噪声的特点，以达到在信号传输的过程中隐藏信息的目的；在信号接收端，再次利用 m 序列加以解密，恢复出原始信号。

(2) 在雷达信号设计中的应用。

近年兴起的扩展频谱雷达所采用的信号是已调制的具有类似噪声性质的伪随机序列，它具有很高的距离分辨力和速度分辨力。这种雷达的接收机采用相关解调的方式工作，能够在低信噪比的条件下工作，同时具有很强的抗干扰能力。该型雷达实质上是一种连续波雷达，具有低截获概率，是一种体制新、性能高、适应现代高科技技术战争需要的雷达。采用伪随机序列作为发射信号的雷达系统具有许多突出的优点。首先，它是一种连续波雷达，可以较好地利用发射机的功率。其次，它在一定的信噪比时，能够达到很好的测量精度，保证测量的单值性，比单脉冲雷达具有更高的距离分辨力和速度分辨力。最后，它具有较强的抗干扰能力，敌方要干扰这种宽带信号，将比干扰普通的雷达信号困难得多。

(3) 在通信系统中的应用。

伪随机序列貌似随机，实际上是有规律的周期性二进制序列，具有类似噪声序列的性质，在 CDMA 中，地址码就是从伪随机序列中选取的。在 CDMA 中使用一种最易实现的伪随机序列——m 序列，利用 m 序列不同的相位来区分不同的用户。为了保证数据安全，在 CDMA 的寻呼信号和正向业务信道中，使用数据掩码(即数据扰乱)技术，其方法是用长度为 2 的 42 次方减 1 的 m 序列，对业务信道进行扰码(注意不是扩频)。

8.3.3 非线性反馈移位寄存器序列

随着近十年国际序列密码设计思想的转变，非线性反馈移位寄存器逐渐成为用于序列密码算法的重要的序列源生成器，因此，对非线性反馈移位寄存器序列的密码性质的研究受到很多关注。

近年来，随着相关攻击及代数攻击的不断发展，基于线性反馈移位寄存器(LFSR)的密码体制面临越来越多的安全威胁，于是非线性反馈移位寄存器(Nonlinear Feedback Shift Register，NFSR)序列得到了越来越多的关注。虽然 NFSR 序列因其天然的非线性结构使得代数攻击等传统手段难以分析，然而，由于非线性问题的困难性，NFSR 序列的周期等基本密码性质至今没有令人满意的结论，如欧洲序列密码计划中胜出的硬件算法 Trivium 输出序列的周期，目前仍是一个公开问题。

尽管非线性反馈移位寄存器已广泛用于序列密码设计，但非线性反馈移位寄存器序列的基础理论还很不完善，许多基本的密码性质仍不清楚。例如，非线性反馈移位寄存器的退化性质，即一个 n 级非线性反馈移位寄存器的输出序列是否非线性复杂度都能达到 n，也即是否存在小于 n 级的非线性反馈移位寄存器可以生成其部分输出序列。若一个 n 级非线性反馈移位寄存器的输出序列包含一个级数小于 n 的非线性反馈移位寄存器的输出序列全体，则称该 n 级非线性反馈移位寄存器有一个子簇。子簇问题是非线性反馈移位寄存器退化性质的一个重要研究方面。

8.4 密 钥 管 理

1. 密钥管理的相关概念

随着现代网络通信技术的发展，人们对网络上传递敏感信息的安全要求越来越高，商用密码得到广泛应用。随之而来的密钥使用也大量增加，如何保护密钥和管理密钥也成为重要的问题。

密钥是密码系统中的可变部分。现代密码体制要求密码算法是可以公开评估的，整个密码系统的安全性并不取决于对密码算法的保密或者对密码设备的保护，决定整个密码体制安全性的因素是密钥的保密性。也就是说，在考虑密码系统的设计时，需要解决的核心问题是密钥管理问题，而不是密码算法问题，由此带来的好处为：在密码系统中，不用担心算法的安全性，只要保护好密钥就可以了。显然，保护密钥比保护算法要容易得多。再者，可以使用不同的密钥保护不同的秘密，这意味着当攻击者攻破了一个密钥时，受威胁的只是这个被攻破密钥所保护的秘密，其他的秘密依然是安全的。由此可见，密码系统的安全性是由密钥的安全性决定的。

密钥管理就是在授权各方之间实现密钥关系的建立和维护的一整套技术和程序。密钥管理是密码学的一个重要分支。也是密码学最重要、最困难的部分，在一定的安全策略指导下，负责密钥从产生到最终销毁的整个过程，包括密钥的生成、存储、分发与协商、使用、备份与恢复、更新、撤消和销毁等。密钥管理是密码学许多技术(如机密性、实体身份验证、数据源认证、数据完整性和数据签名等)的基础，在整个密码系统中占有极其重要的地位。

以下为密钥管理中主要内容的基本含义和作用。

(1) 密钥生成和检验。

密钥生成是密钥管理的首要环节，如何产生好的密钥是保证密码系统安全的关键。密钥产生设备主要是密钥生成器，一般使用性能良好的发生器装置产生伪随机序列，以确保所产生密钥的随机性。好的密钥生成应做到：产生的密钥是随机等概率的、避免弱密钥的使用。

(2) 密钥交换和协商。

典型的密钥交换主要有两种形式：集中式交换方案和分布式交换方案。前者主要依靠网络中的“密钥管理中心”根据用户要求来分配密钥，后者则是根据网络中各主机相互间协商，来生成共同密钥。生成的密钥可以通过手工方式或安全信道秘密传送。

(3) 密钥保护和存储。

对所有的密钥，必须有强力有效的保护措施，提供密码服务的密钥装置要求绝对安全，密钥存储要保证密钥的机密性、认证性和完整性，而且要尽可能减少系统中驻留的密钥量。密钥在存储、交换、装入和传送过程中的核心是保密，其密钥信息流动应是密文形式。

(4) 密钥更换和装入。

任何密钥的使用都应遵循密钥的生存周期，绝不能超期使用，因为密钥使用时间越长，重复几率越大，外泄的可能性就越大，被破译的危险性也越大。此外，密钥一旦外泄，必须更换与撤消。密钥装入可通过键盘、密钥注入器、磁卡等介质以及智能卡、系统安全模块(具备密钥交换功能)等设备实现。密钥装入可分为主机主密钥装入、终端机主密钥装入，二者均可由保密员或专用设备装入，一旦装入，就不可再读取。

密钥管理是一项综合性的系统工程，要求管理与技术并重，除了技术性因素外，它还与人的因素密切相关，包括密钥管理相关的行政管理制度和密钥管理人员的素质等。密钥系统的安全强度总是取决于系统最薄弱的环节，因此，再好的技术，如果失去了必要管理的支持，终将使技术毫无意义。密钥管理能够通过相应健全的制度以及加强对人员的教育、培训，得到增强。

2. 密钥管理的原则

密钥管理是一个庞大且繁琐的系统工程，必须从整体上考虑，从细节着手，严密细致地设计、实施，充分完善地测试、维护，才能较好地解决密钥管理问题。为此，密钥管理应遵循一些原则。

(1) 区分密钥管理的策略和机制。

密钥管理策略是密钥管理系统的高级指导，策略着重于原则指导，而不着重于具体实现；而机制是具体的、复杂繁琐的；密钥管理机制是实现和执行策略的技术机构和方法。没有好的管理策略，再好的机制也不能确保密钥的安全；相反，没有好的机制，再好的策略也没有实际意义。

(2) 完全安全原则。

该原则是指必须在密钥的产生、存储、分发、装入、使用、备份、更换和销毁等全过程中对密钥采取妥善的安全管理。只有各个阶段都安全时，密钥才是安全的，否则，只要其中一个环节出了问题，则密钥便不安全，也就是说，密钥的安全性是由密钥整个阶段中安全性最低的阶段决定的。

(3) 最小权利原则。

该原则是指只分配给用户进行某一事务处理所需的最小的密钥集合。因为用户获得的密钥越多，则其权利就越大，所能获得的信息就越多。如果用户不诚实，则可能发生危害信息安全的事情。

(4) 责任分离原则。

该原则是指一个密钥应当专职一种功能，不要让一个密钥兼任几种功能。如用于数据加密的密钥不应同时用于认证，用于文件加密的密钥不应同时用于通信加密。

正确的做法是，一个密钥用于数据加密，另一个密钥用于用户认证；一个密钥用于文件加密，另一个密钥用于通信加密。密钥专职的好处在于即使密钥暴露，也只会影响一种安全，从而使损失最小化。

(5) 密钥分级原则。

该原则是指对于一个大的系统(如网络)，所需要的密钥的种类和数量都很多。应当采用密钥分级策略，根据密钥的职责和重要性，把密钥划分为几个级别。用高级密钥保护低级密钥，最高级的密钥由安全的物理设施保护。这样做的好处，是既可减少受保护的密钥的数量，又可简化密钥的管理工作。

(6) 密钥更换原则。

该原则是指密钥必须按时更换，否则，即使采用很强的密码算法，只要攻击者截获足够多的密文，密钥被破译的可能性就非常大。理想情况是一个密钥只使用一次，但一次一密是不现实的。密钥更换的频率越高，越有利于安全，但密钥的管理就越复杂。实际应用时，应当在安全和效率之间折衷。

(7) 密钥应当有足够的长度。

密码安全的一个必要条件，是密钥有足够的长度。密钥越长，空间就越大，攻击就越困难，因而也就越安全；但密钥越长，用软硬件实现时，所消耗的资源就越多。因此，密钥管理策略也要在安全和效率方面折衷选取。

(8) 密码体制不同，密钥管理也不相同。

由于传统密码体制与公开密钥密码体制是性质不同的两种密码，因此，它们在密钥管理方面有很大的不同。

3. 密钥管理的流程

(1) 密钥生成。

密钥长度应该足够大。一般来说，密钥长度越大，对应的密钥空间就越大，攻击者使用穷举猜测密码的难度就越大。要选择好密钥，避免弱密钥。由自动处理设备生成的随机的比特串是好密钥，选择密钥时，应该避免选择一个弱密钥。对公钥密码体制来说，密钥生成更加困难，因为密钥必须满足某些数学特征。密钥生成可以通过在线或离线的交互协商方式实现，如密码协议等。

通常，密钥生成需要通过密钥生成器，借助于某种噪声源，产生具有较好统计分析特性的序列，以保障生成密钥的随机性和不可预测性，然后再对这些序列进行各种随机性检验，以确保其具有较好的密码特性。不同的密码体制或密钥类型，其密钥的具体生成方法一般是不相同的，与相应的密码体制或标准相联系。密钥可能由用户自己选择生成，也可能是由可信的系统分发。算法的安全性依赖于密钥，如果密钥的生成方法不好，那么，整个系统都将面临安全威胁。

(2) 密钥分发。

采用对称加密算法进行保密通信，需要共享同一密钥。通常是系统中的一个成员先选择一个秘密密钥，然后将它传送给另一个成员或别的成员。X9.17 标准描述了两种密钥：密钥加密密钥和数据密钥。密钥加密密钥加密其他需要分发的密钥；而数据密钥只对信息流进行加密。密钥加密密钥一般通过手工分发。为增强保密性，也可以将密钥分成许多不同的部分，然后用不同的信道发送出去。

(3) 验证密钥。

密钥附着一些检错和纠错位来传输，当密钥在传输中发生错误时，能很容易地被检查出来，并且如果需要，密钥可被重传。接收端也可以验证接收的密钥是否正确。发送方用密钥加密一个常量，然后把密文的前 2~4 字节与密钥一起发送。在接收端，做同样的工作，如果接收端解密后的常数能与发送端的常数匹配，则传输无错。

(4) 更新密钥。

在密钥的有效期截止之前，使用中的密钥材料被新的密钥材料替代。更新的原因可能是密钥使用有效期将到，也可能是正在使用的密钥出现泄露。当密钥需要频繁地改变时，频繁进行新的密钥分发的确是困难的事，一种更容易的解决办法是从旧的密钥中产生新的密钥，有时称为密钥更新。可以使用单向函数来更新密钥。如果双方共享同一密钥，并用同一个单向函数进行操作，就会得到相同的结果。

(5) 密钥存储。

密钥可以存储在人脑、磁条卡、智能卡中。也可以把密钥平分成两部分，一半存入终端、一半存入 ROM 密钥中。还可采用类似于密钥加密的方法，对难以记忆的密钥进行加密保存。

(6) 备份密钥。

将密钥材料存储在独立、安全的介质上，以便需要时恢复密钥。备份是密钥处于使用状态时的短期存储，为密钥的恢复提供钥源，要求以安全方式存储密钥，防止密钥泄露，且不同等级和类型的密钥采取不同的方法。

密钥的备份可以采用密钥托管、秘密分割、秘密共享等方式。最简单的方法，是使用密钥托管中心。密钥托管要求所有用户将自己的密钥交给密钥托管中心，由密钥托管中心备份保管密钥(如锁在某个地方的保险柜里或用主密钥对它们进行加密保存)，一旦用户的密钥丢失(如用户遗忘了密钥或用户意外死亡)，按照一定的规章制度，可从密钥托管中心索取该用户的密钥。

另一个备份方案，是用智能卡作为临时密钥托管。如 Alice 把密钥存入智能卡，当 Alice 不在时，就把它交给 Bob，Bob 可以利用该卡做 Alice 的工作，当 Alice 回来后，Bob 交还该卡，由于密钥存放在卡中，所以 Bob 不知道密钥是什么。

秘密分割是把秘密分割成许多碎片，每一片本身并不代表什么，但把这些碎片放到一块，秘密就会重现出来。一个更好的方法是采用一种秘密共享协议。将密钥 K 分成 n 块，每部分叫作它的“影子”，知道任意 m 个或更多的块，就能够计算出密钥 K，知道任意 $m-1$ 个或更少的块都不能够计算出密钥 K，这叫作(m，n)门限(阈值)方案。

目前，人们基于拉格朗日内插多项式法、射影几何、线性代数、孙子定理等，提出了许多秘密共享方案。拉格朗日插值多项式方案是一种易于理解的秘密共享(m，n)门限方案。秘密共享解决了两个问题：一是若密钥偶然或有意地被暴露，整个系统就易受攻击；二是若密钥丢失或损坏，系统中的所有信息就不能用了。

(7) 密钥有效期。

加密密钥不能无限期使用，有以下几个原因：密钥使用时间越长，它泄露的机会就越大；如果密钥已泄露，那么密钥使用越久，损失就越大；另外，密钥使用越久，人们花费精力破译它的诱惑力就越大——甚至会采用穷举攻击法。对用同一密钥加密的多个密文进行密码分析一般比较容易。不同密钥应有不同的有效期。数据密钥的有效期主要依赖于数据的价值和给定时间里加密数据的数量。价值与数据传送率越大，所用的密钥更换越频繁。密钥加密密钥无须频繁更换，因为它们只是偶尔地用作密钥交换。在某些应用中，密钥加密密钥仅一月或一年更换一次。用来加密保存数据文件的加密密钥不能经常地变换。通常是每个文件用唯一的密钥加密，然后再用密钥加密密钥把所有密钥加密，密钥加密密钥要么被记忆下来，要么保存在一个安全地点。当然，丢失该密钥意味着丢失所有的文件加密密钥。公开密钥密码应用中的私钥的有效期是根据应用的不同而变化的。用作数字签名和身份识别的私钥必须持续数年(甚至终身)，用作抛掷硬币协议的私钥在协议完成之后就应该立即销毁。即使期望密钥的安全性持续终身，两年更换一次密钥也是要考虑的。旧密钥仍需保密，以备用户需要验证从前的签名。但是新密钥将用作新文件签名，以减少密码分析者所能攻击的签名文件数目。

(8) 销毁密钥。

当不再需要保留密钥或保留与密钥相关联的内容的时候，这个密钥应当注销，并销毁密钥的所有副本，清除所有与该密钥相关的痕迹。

4. 密钥管理技术

(1) 对称密钥管理。

对称加密是基于共同保守秘密来实现的。采用对称加密技术的贸易双方，必须要保证采用的是相同的密钥，要保证彼此密钥的交换是安全可靠的，同时还要设定防止密钥泄密和更改密钥的程序。这样，对称密钥的管理和分发工作将变成一件潜在危险的和繁琐的过程。通过公开密钥加密技术实现对称密钥的管理，使相应的管理变得简单和更加安全，同时，还解决了纯对称密钥模式中存在的可靠性问题和鉴别问题。贸易方可以为每次交换的信息(如每次的 EDI 交换)生成唯一一把对称密钥，并用公开密钥对该密钥进行加密，然后再将加密后的密钥和用该密钥加密的信息(如 EDI 交换)一起发送给相应的贸易方。由于对每次信息交换都对应生成了唯一一把密钥，因此，各贸易方就不再需要对密钥进行维护和担心密钥的泄露或过期。这种方式的另一优点是，即使泄露了一把密钥，也只会影响一笔交易，而不会影响到贸易双方之间所有的交易关系。这种方式还提供了贸易伙伴间发布对称密钥的一种安全途径。

(2) 公开密钥管理/数字证书。

贸易伙伴间可以使用数字证书(公开密钥证书)来交换公开密钥。国际电信联盟(ITU)制定的标准 X.509，对数字证书进行了定义。该标准等同于国际标准化组织(ISO)与国际电工委员会(IEC)联合发布的 ISO/IEC 9594-8:195 标准。

数字证书通常包含有唯一标识证书所有者(即贸易方)的名称、唯一标识证书发布者的名称、证书所有者的公开密钥、证书发布者的数字签名、证书的有效期及证书的序列号等。证书发布者一般称为证书管理机构(CA)，它是贸易各方都信赖的机构。数字证书能够起到标识贸易方的作用，是目前电子商务广泛采用的技术之一。

(3) 密钥管理相关的标准规范。

目前，国际上有关的标准化机构都在着手制定关于密钥管理的技术标准规范。ISO 与 IEC 下属的信息技术委员会(JTC1)已起草了关于密钥管理的国际标准规范。该规范主要由三部分组成：一是密钥管理框架；二是采用对称技术的机制；三是采用非对称技术的机制。该规范现已进入到国际标准草案表决阶段，并将很快成为正式的国际标准。

数字签名是公开密钥加密技术的另一类应用。它的主要方式是：报文的发送方从报文文本中生成一个 128 位的散列值(或报文摘要)。发送方用自己的专用密钥对这个散列值进行加密，来形成发送方的数字签名。然后，这个数字签名将作为报文的附件，与报文一起发送给报文的接收方。报文的接收方首先从接收到的原始报文中计算出 128 位的散列值(或报文摘要)，接着再用发送方的公开密钥来对报文附加的数字签名进行解密。如果两个散列值相同，那么，接收方就能确认该数字签名是发送方的。通过数字签名，能够实现对原始报文的鉴别和不可抵赖性。ISO/IEC JTC1 已在起草有关的国际标准规范。该标准的初步题目是“信息技术安全技术带附件的数字签名方案”，由概述和基于身份的机制两部分构成。

8.5 射频识别中的认证技术

1. RFID 安全认证协议

(1) 安全需求分析。

一个 RFID 系统是由标签、阅读器和后端数据库组成的，其中，阅读器与后端数据库之间的通信被认为是安全的，而阅读器与标签之间的通信被认为是不安全的，而且阅读器与标签之间的通信是非对称的，这种信道的“非对称性”对 RFID 系统安全认证机制的设计和分析有着很大的影响。

一个 RFID 系统面临的安全问题，具体地说，主要有以下几种。

① 计数攻击：攻击者可以潜入到某一个仓库中，用一个手持式的阅读器获取仓库中的存货数量。即使攻击者不能读懂标签返回的认证信息，但是，通过记录阅读器与标签的交互信息的数量，即可获取库存货物的数量，从而危及商业机密。这一安全隐患也是目前大多数协议所忽略的。

② 假冒攻击：攻击者可以伪装成阅读器或标签，通过伪造数据而通过验证，从而获得非法利益。

③ 重放攻击：攻击者可以截获阅读器与标签之间传送的有效信息，并在之后将截获到的信息在系统中重新发送，来达到欺骗标签或阅读器并通过认证的目的，进而对系统进行攻击。

④ 拒绝访问攻击：攻击者可以通过同时发送海量信息或将 RFID 标签或阅读器屏蔽，而使得系统不能正常工作。此外，攻击者还可以截获阅读器与标签之间传送的信息，使得标签与后端数据库之间的认证信息不能同步，进而使得标签认证失败，从而达到使系统不能正常工作的目的。

⑤ 无前向安全性：当标签中的信息被攻击者获得后，攻击者可以通过追踪历史记录而获取到过去的通信信息。

⑥ 隐私问题：保存在标签中的信息被非法获取，标签与阅读器之前的传输信息被窃听，或者标签被跟踪等。

(2) 物理解决方案。

物理方法主要采用增设物理屏蔽装置，使标签不能被攻击者访问，或者采用销毁标签或移除标签的方式，使标签不能再次使用。这类方法简单有效，但是，它的简单性限制了其应用范围，一般只能应用于比较简单的应用场合。其具体的方法主要包括以下几种。

① Kill 指令机制。

销毁(Kill)指令机制最先是由 EPCglobal 组织的前身 Auto-ID 中心提出的。这种方法是将销毁功能集成到标签中，当标签接收到来自阅读器的 Kill 指令时，将自身销毁。这种方法彻底从物理上销毁了标签，虽然能够有效地保护隐私，但是，标签却不能再重复利用了，而且标签是否已经被销毁也是难以验证的。

② 主动干扰法。

这是一种强制性的保护标签免受检测的方法，这种方法是指，用户可以随身携带一种能够主动发出无线电信号的设备，来干扰或者阻止附近的阅读器的正常运行。这种方法能够有效地防止自身受到非法监测，但是，同时也对附近的其他需要正常运转甚至不需要隐私保护的 RFID 系统带来严重的干扰，甚至有可能是违法的。一般这种方法不允许单独使用，需要配合 RFID 的 Singleton 协议一起来干扰或者说是破坏 RFID 系统的某些特定的操作。

③ 阻塞标签法。

这种方法是随身携带一种“阻塞标签”来干扰阅读器的查询算法，来达到防止自身合法标签被非法访问的目的，这种方法是由 Juels、Rivest 和 Szydlo 提出的，它基于二进制树形查找算法。这种阻塞标签法能够模拟标签 ID 的所有可能的集合，当阅读器发出读取命令时，阻塞标签会同时广播“0”、“1”，使得阅读器在该节点发生递归，直到遍历整棵树，返回所有可能的 ID。这样，就能够保护标签免受非法阅读器的访问，从而保护标签。由于阻塞标签本身不需要密码运算，成本低，对合法标签也没有影响，使得它成为一种有效的隐私安全问题解决方案。然而，阻塞标签也有可能被恶意攻击者利用，通过模拟标签 ID 制作恶意阻塞标签，对 RFID 系统进行拒绝访问攻击，干扰 RFID 系统的正常服务。

④ 法拉第网罩。

法拉第网罩(又称为静电屏蔽)是利用一个金属网或者箔制容器对标签进行屏蔽，这种容器不能被无线信号穿透，它可以用来保护标签不被攻击者窃听。但是，这种方法需要一个额外的物理设备，增加了成本，而且这种方法不能屏蔽嵌入到产品中的标签。此外，如果包围标签的这个物理屏蔽在需要合法阅读器进行扫描时没有被移除，那么它就变成了一个潜在的威胁。比如，如果用户在授权阅读器附近不能把标签上的法拉第笼移除，那么合法阅读器就不能确认现在不可用的标签，RFID 系统就不能记录这个标签的状态，其数据的完整性就被破坏了。

⑤ 伪名标签法。

由于标签 ID 是固定不变的，很容易被跟踪，从而暴露用户的行踪，侵害用户的隐私安全。为了防止标签被跟踪，对标签返回的标签信息就需要不断更新。考虑到这一点，Juels 提出了一种“最低要求”密码系统。这种方法为每个标签赋予一个伪名集，阅读器访问标签时，标签对这些伪名循环使用，这样，就可以保证标签每次用不同的识别码向阅读器做出响应，实现一种伪动态更新，从而保护用户不被跟踪。但是，这种方法是建立在假设非法阅读器不能获取到标签伪名集的所有内容的前提下，而在实际应用中，这种假设并不能完全排除。

(3) 加密认证解决方案。

密码认证方面，目前已经有很多的认证方法被提出，如比较经典的 Hash-Lock 协议、随机化 Hash-Lock 协议、Hash 链协议、基于 Hash 的 ID 变化协议等，这些都是基于 Hash 函数实现的安全协议。Hash 函数计算比较复杂，在标签中实现一个成熟 Hash 算法大约需要 3000~4000 个逻辑门。此外，还有很多基于密码算法的安全认证协议，如 A5/1 流密码协议、密钥变化协议等，其中用到的密码算法更为复杂。

但是，对于 EPC Gen2 标准下的 RFID 系统，其后端数据库与阅读器计算能力都比较强，能进行比较复杂的运算，而标签的运算能力很弱。

对于一个低成本的标签来说，通常只包含大约 5000~10000 个逻辑门电路，而这些逻辑门除去用于实现一些基本的标签功能的逻辑门之外，可用于安全机制的逻辑门电路为 400~4000 个之间。因此，前面提及的基于 Hash 函数的认证协议和基于密码算法的认证协议，并不适用于 C1G2 标准下的低成本标签。

自 2004 年 EPCglobal C1G2 标准提出以来，针对 EPCglobal C1G2 标准的低成本标签的认证协议也层出不穷，其中最经典的要数 2007 年 Chen 和 Chien 提出的符合 C1G2 标准的双向认证协议(简称为 CC-RAP)，它也是基于 Duc 等人于 2006 年提出的针对 EPCglobal Gen2 RFID 标签的防追踪和克隆攻击的协议(后面简称为 Duc-RAP)改进而来的。然而，2008 年，Daewan Han 与 Daesung Kwon 指出 CC-RAP 协议并不是像他自己所说的那样能抵御一切攻击，并提出循环冗余函数(CRC)自身作为单向函数就存在安全问题。

之后，各领域学者也相继提出了基于 CC-RAP 的改进，如 2010 年 Yeh 等人提出的协议

(简称为 Yeh-RAP)以及 2011 年 Xiaoluo YI 等人提出的基于 Gen2 的安全协议(简称为 XYI-RAP)等。

2. RFID 身份认证协议

(1) 安全需求分析。

在 RFID 系统的应用过程中，面临的安全问题比传统计算机网络的安全问题要多很多，目前常见的 RFID 系统的安全问题包括隐私保护与身份认证问题、标签防碰撞问题、标签所有权转移问题等，而 RFID 系统的隐私保护与身份认证问题是用户最关心的问题，也是当前 RFID 系统能否大规模推广的瓶颈所在。

随着 RFID 应用的不断扩大，安全问题特别是用户隐私问题变得日益严重。RFID 系统所面临的隐私问题主要是追踪问题和隐私泄露问题。

在 RFID 系统中的无线信道中，读写器到标签方向的信道一般称为前向信道，标签到读写器方向的信道称为反向信道。由于天线发射功率不同，RFID 系统前向信道的通信距离要远远大于反向信道的通信距离。这样，攻击者就可能在不通知 RFID 标签持有者的情况下，截获 RFID 标签与读写器的通信信息。因此，只要在允许的读写距离内，标签就有被暗中扫描的危险。一般 RFID 电子标签都有唯一的标识符，因此，当 RFID 标签的所有者携带着一个不断向周围读写器广播固定序列号的标签时，就有了被攻击者暗中追踪的风险。即使标签的响应消息是随机数序列号且不具有本质信息的数据，攻击者仍可进行这种追踪。当标签序列号与个人信息绑定时，对隐私的威胁就更加严重了。

除了标签的标识符，RFID 电子标签上可能还附带有用户敏感资料，攻击者很可能采用其他攻击手段获取这些资料。另外，现在物联网的应用越来越广泛，商家为了定向投放广告，暗中收集客户的消费资料，并将不同地方获得的消息汇总，绑定个人信息，这样，攻击者在此处获得用户的部分信息后，根据获得的线索，可能进一步扩大攻击范围，获取更多的用户隐私，造成严重的隐私泄露问题。

目前，由于 RFID 基础设施很少且不完全，跟踪和隐私泄露引发的问题没有得到很好的解决。一旦 RFID 系统大范围使用，隐私问题可能会造成重大的损失。

(2) 加密认证解决方案。

身份认证是为了让通信的对方相信正在与之通信的对象就是对方所声称的那个实体。在现实世界中，对某人的身份进行认证，基本上可以通过以下 4 种途径。

① 所知：即基于你知道什么(What you know)，根据声称者所知的信息来证明其身份。

② 所有：即基于你拥有什么(What you have)，根据声称者所拥有的东西证明其身份。

③ 所是：即基于你是谁(Who you are)，直接根据声称者唯一的身体特征来证明他的身份，如指纹、虹膜、掌纹等。

④ 根据信任的第三方所提供的信息。

身份认证是信息安全的第一道放线，是最基本的安全服务，而 RFID 本身的特性也决定着身份鉴别在 RFID 系统安全中是最基本的安全应用。要认证 RFID 系统中某一用户的身份，也是根据“所知”、“所有”、“所是”或第三方信息来达到认证目的，为了使身份认证达到更高的安全强度，某些应用场合会在上面所述的 4 种途径中挑选两种混合使用，即所谓的双因子认证，需要对两个条件进行验证才能确认声称者的身份。在 RFID 系统中，身份认证除了要鉴别标签的合法性外，还要鉴别读写器的合法性，防止攻击者假冒通信双方中的任何一方来截获通信消息，进而配合其他攻击手段通过系统认证，获取合法系统使用权限，这就是双向认证。在实际应用中，身份鉴别涉及许多密码学问题，如公钥签名、零知识身份证明等知识。

本章小结

本章对信息安全的概念、发展过程、特性及其模型进行了简要概述，介绍了信息安全的保障体系。

密码学是研究编制密码和破译密码的技术科学。研究密码变化的客观规律，应用于编制密码以保守通信秘密的，称为编码学；应用于破译密码以获取通信情报的，称为破译学；二者总称为密码学。

本章对密码学中的对称密码体制、非对称密码体制进行了详细介绍。对序列密码体制的结构框架、m 序列的相关概念、特性、应用以及非线性反馈移位寄存器的相关内容进行了概括总结。

本章介绍了 RFID 的安全认证协议以及身份认证协议，并在最后着重介绍了密钥管理的发展历程及密钥管理技术。

习　题

(1) 简述密码学的概念。

(2) 简述对称密码术的加密方案的组成部分。

(3) 简述流密码的概念及其分类。

(4) 简述 m 序列的特性。

(5) 简述密钥管理的流程。

第 9 章 物联网 RFID 应用实例

学习目标

1. 学习 RFID 技术在物联网技术领域的应用实例。

2. 根据应用实例的分析，深入理解 RFID 技术的应用领域。

知识要点

RFID 技术在物联网各领域的应用方案及具体实施。

9.1 沃尔玛全面推进 RFID/EPC 在供应链中的应用

沃尔玛百货有限公司是世界上最大的连锁零售商，连续多年在《财富》世界 500 强企业排名中名列前茅，并在全球多个国家被评为“最受赞赏的企业”和“最适合工作的企业”之一。

沃尔玛由传奇人物山姆·沃尔顿于 1962 年在美国阿肯色州创立，历经数十年发展，目前，在全球十几个国家开设了超过 5000 家商场，分布在美国、墨西哥、波多黎各、加拿大、阿根廷、巴西、中国、韩国、德国和英国等国家，拥有员工总数 160 多万。每周光临沃尔玛的顾客多达一亿四千万人次。

1. 应用背景

30 年前，沃尔玛力推的条码以及 POS 识别系统的应用，极大地提高了库存管理和供应链的效率，有效地节省了时间和成本，形成了核心竞争力，从而使沃尔玛一跃成为零售业界的翘楚，多年来稳坐第一的宝座。

30 年来，条码已经进入人们生活的每一个角落。任何一个便利店的任何商品上、快递公司的包裹上，甚至汽车零件生产线上，条码随处可见。

今天，就像当年引领条码代替价格标签一样，沃尔玛期望历史重演，让以 RFID 技术支持的 EPC 可以再次缔造一个新的时代。于是，沃尔玛启动了全球瞩目的 RFID 应用之旅，如图 9-1 所示。

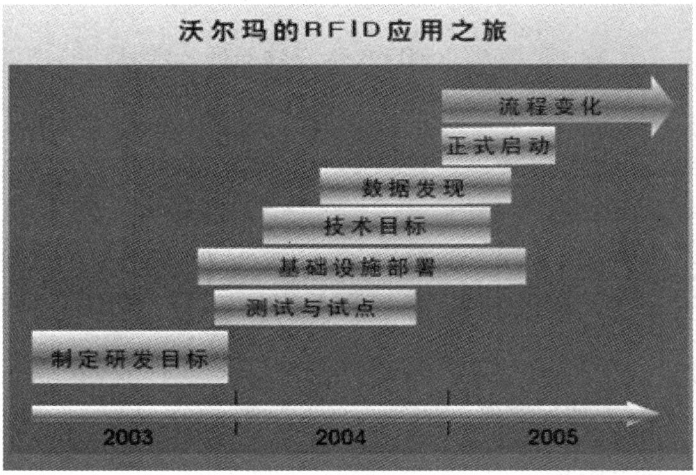

图 9-1 沃尔玛的 RFID 应用之旅

2. 实施过程

2004 年 4 月 30 日，沃尔玛提出“RFID 将能帮助我们在短期内提高满意度，并最终在成本控制和持续保持低价格方面发挥重要的作用。”沃尔玛 RFID 试验正式开始。吉列、惠普、宝洁、联合利华、雀巢等 8 家供应商率先给沃尔玛送来了贴有 RFID 芯片的商品。RFID 的应用加速了沃尔玛物流系统的运转，如图 9-2 所示。

图 9-2 RFID 技术加速了物流系统的运转

2005 年 3 月，沃尔玛在 104 家超市、36 家山姆会员店和 3 个分销中心都已经使用了 RFID 技术；其 100 家中的 57 家供应商完成了货物安装 RFID 标签的要求。在分销中心，沃尔玛已经获得了 95%~98%的标签读取率。

2005 年 6 月，沃尔玛宣布在 2006 年 1 月 1 日会有另外 200 家供应商投入到 EPC 的应用与测试中，并对沃尔玛应用 RFID 技术和 RFID 扩展计划充满信心；同时，沃尔玛与 EPCglobal 香港展开的“中国计划”可以使在中国生产的产品，通过香港的码头运到沃尔玛的分销中心，再到店面和卖场。

2005 年 11 月，沃尔玛宣布计划在 2006 年中期实现 EPC UHF Gen2 取代 Gen1 标签；在 2007 年 1 月前，其前 600 家供应商在货物货盘上加贴了 RFID 标签。

3. 测试研究

由于沃尔玛的一些商场采用了 EPC，人们在这些商场购物时发现，与没有采用这种技术的普通商场相比，商品缺货的情况减少了。

2005 年，沃尔玛委托阿肯色大学独立开展了一项综合性研究，首次对 EPC 对各类商场中商品可获得性的影响进行研究。研究初期选择了一些特殊的商品进行分析。这些研究对象在整个研究过程中保持不变，以保证数据的连贯性。为了确定研究的基线及测定 RFID 的影响，研究人员调查了 12 个普通商场和 12 个 RFID 商场之间的差异，每天在这 24 个商场扫描缺货的商品。除了引入 EPC 和 RFID 技术外，商场继续照常营业。同时，研究人员还通过分析数据和使用 EPC 期间收集到的数据，比较这些商场的运行。

这项研究提供了确实的证据，说明 EPC 增加了把产品送到需要的顾客手里的次数，给购物者、供应商和零售商都带来了好处。阿肯色大学 RFID 研究中心主任兼信息技术研究所常务所长比耳·哈格雷夫博士负责这项研究。他解释说：“经分析后发现，从统计学来看，在整个试验期间，RFID 试点商场在及时为顾客提供商品方面胜过没有用 RFID 的商场。这实际上意味着缺货商品的减少，货架上缺货情况的减少。”

4. 实施结果

沃尔玛很重视将 RFID 直接产生的影响与采用其他措施带来的影响分开研究。研究结果证实了 EPC 技术能够非常有效地帮助零售店减少缺货和库存过多的现象。同样重要的是，沃尔玛人工订货减少了，从而使库存量降低了。

研究表明，采用 RFID 的商场补充缺货货物的效率比普通的商场高 63%。沃尔玛的 RFID 技术小组预测这种技术会对改善缺货有很大的作用。现在，沃尔玛独立进行的研究证实了 RFID 对零售的重大作用。这只是 RFID 将带来的众多变化之一。

哈格雷夫解释说："商品缺货率降低 16%是每天通过人工扫描货架缺货状况确定的。基线确定后，再比较有 RFID 和没有 RFID 的两组商场的缺货数。扣除其他所有影响后，我们发现，RFID 使货架缺货发生率降低了 16%。"

据哈格雷夫透露，除了试点店与普通店比较外，他们在相同的店内进一步研究分析了有 EPC 标签和没有 EPC 标签的商品。通过分析发现，在同一家店内，有 EPC 标签的货物缺货时，其补充速度比没有 EPC 标签的快三倍多，进一步确认了 EPC 带来的积极影响。

在改善库存管理方面，沃尔玛还看到了 EPC 为库存量全面下降带来的益处。库存量降低对降低成本是很重要的。沃尔玛物流副总裁罗林·福特说："我们商店的变化不只停留在减少缺货上，还要利用这种技术降低我们整个供应链的库存量。现在我们没花什么力气就能达到这个目的。商店人工订货约减少了 10%，但对存货的积极影响现在还只是开始。"

关于沃尔玛改变系统和运作过程的结果，哈格雷夫表示，通过分析可以清楚地看到沃尔玛每次加强系统和利用新数据所来的积极影响。

5. EPC Gen2 技术

沃尔玛从最初启动 RFID 项目以来，就一直与厂商联系，希望一旦可购到 Gen2 标准的 EPC 标签就过渡到 Gen2。Gen2 是一个真正的全球标准，世界各地都适用。它将使技术成本降低更快，加速推广过程。

Gen2 标准的制定和批准对沃尔玛的鼓舞很大。沃尔玛鼓励供应商购买容易升级到 Gen2 的硬件，并要求他们在购买标签时考虑到这个情况。

现在该公司对这种全球标准的试验已进入最后阶段。早期的试验已经表明 Gen2 是很成功的，提高了识读速度。

Gen2 的成本将随着这种技术的广泛使用而降低，该技术的实际启动价格比 Gen1 的价格低很多。

供应商们能接受 RFID，开始增加贴标签的产品，标签的成本是最重要的促进因素。一些标签的价格下降了 70%以上，沃尔玛的供应商于 2006 年年中开始停止使用 Gen1 标签，逐步过渡到纯 Gen2 的环境中。目前，全球数百家沃尔玛的供应商都在响应沃尔玛 RFID 计划，全面应用 EPC Gen 2 标签。

6. 新动态

沃尔玛于 2008 年初对其供应商发出通知，要求他们在 2009 年 1 月 30 日前，对所有发往美国山姆会员店分销中心的产品包装箱应用 EPC 标签；在 2010 年 1 月 30 日之前，对所有单品应用 EPC 标签。为了加快 EPC 应用进程，沃尔玛决定在亚洲地区选取约 100 家供应商，率先开展试点项目。沃尔玛特别邀请 GS1/EPCglobal 对其供应商进行培训并提供支持，帮助他们尽快采用 EPC，从而提高从原材料到生产线、包装以及库存管理整个过程中产品信息的可见度。

9.2 班加罗尔心脏病诊疗中心应用 UHF RFID 标签

1．应用概况

位于印度班加罗尔的 Bhagwan Mahaveer Jain(BMJ)心脏病诊疗中心正在使用被动 UHF RFID 标签，如图 9-3 所示。

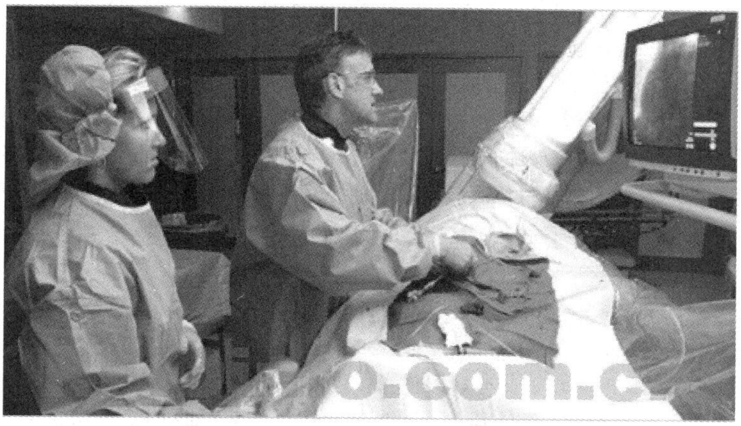

图 9-3 BMJ 应用 RFID 技术管理患者

管理患者记录、监控患者流动并追踪在门诊部流动的资产，大大提高了工作效率和准确度。2006 年秋季起，该诊疗中心使用了圣地亚哥的无线科技公司 Aventyn 提供的临床信息处理平台(CLIP)。目前，BMJ 医院平均每天对 100 个新患者和复诊患者进行追踪。

CLIP 系统基于网络，包括软件、EPC Gen2 询问器和标签。另外，Aventyn 帮助客户应用软件和硬件。2006 年 5 月，该公司发布了 CLIP 解决方案的更新版本，能够支持微软公司管理自动识别设备的 BizTalk RFID 平台。

2．患者跟踪

在 BMJ 医院门诊部登记的每位患者都会获得一张贴有 RFID 标签的患者卡。每个标签有一个唯一 ID 号码，与 CLIP 个人健康管理器中的患者电子病历相连。

Aventyn 使用来自 ThingMagic 和 Alien 的识读器。这些识读器置于医院的候诊室、诊室和实验室，并对所有进出这些场所的患者进行记录。比如，当患者进入诊室时，识读器识读患者卡，并通过 CLIP 中间件将数据传输到 CLIP 个人健康管理器软件。这样，医生或护士能够在计算机上搜索并获得患者记录。

RFID 询问器还可以记录患者在某个区域，比如候诊室停留的时间，这样 BMJ 医院可以追踪医院内患者的治疗和活动。个人健康管理器还与医院的付费系统集成，使工作人员能够使用患者的治疗和流程信息，开出准确的账单。

“我们追踪门诊部患者的流向和健康记录的移动。”BMJ 医院非创伤性心脏病主任医生 Chandra 说道，“我们收集到的数据是就诊患者的数量和患者在门诊部候诊室、诊室、实验室以及最后交费处等各个不同地点的停留时间。”

3．医疗设备跟踪

此外，BMJ 也在高价设备上使用 EPC Gen2 RFID 标签，诸如支撑架、起搏器、轮椅及轮床和一些诸如在临床诊断室使用的可移动设备，然后使用 CLIP AssetLIVE 系统追踪定位这些资产。AssetLIVE 采用可伸缩矢量图形(SVG)绘图技术。这是围绕 XML 建立的 W3C 图形标准，包括丰富的交互图形和多媒体应用。“我们使用矢量图形勾画出屏幕上的格子”，Aventyn 创始人和 CEO Navin Govind 说，“我们所做的与实时定位系统没有多大区别，尽管我们的系统在本质上是静态的。”AssetLIVE 应用通过分析 RFID 数据，然后在图形上标出最后已知的位置，最终实现定位。

4．应用结果

Chandra 表示，关于 RFID 如何为医院节约成本以及改善患者治疗、库存和工作流程等方面的具体数据暂不公布，时机成熟后将与公众分享。然而，该医院表示已经确实从应用 EPC/RFID 技术中受益。应用了该技术，实现了对更多患者的追踪，减少了纸面工作，并改善了医疗供应链的可见度。

5．应用展望

为改善患者治疗状况并节约成本，该医院逐步扩大了 RFID 应用，并对这项技术的应用有着诸多展望。比如，BMJ 希望使用更小型的天线。医院基础设施非常有限，而 RFID 天线占用了非常宝贵的空间，如果无法减小天线尺寸，则希望能加大识读范围。目前，一个 CLIP 系统需要两个应答器和 4 支天线，占用 276 平方米的空间。

此外，BMJ 还希望成本能够下降。Chandra 表示：“我们听说有很多便宜的标签，但医疗服务所使用的标签却极其昂贵。当标签得到广泛应用时，标签成本将变得更容易负担。”BMJ 用来管理住院患者的所有标签都是能防止篡改的，并能够经受恶劣环境的考验。

9.3 意大利纺织商应用 EPC 系统追踪卷板布匹

来自意大利的Griva S.p.A.是纺织品行业的领军者，每年生产超过30万卷布匹，为Leroy Merline和Quelle等欧洲主要零售商提供室内装修装饰的成品布料。为了提高生产率，Griva采用了RFID产品和服务领军公司Alien科技和RFID集成商Siment的UHF EPC解决方案——全球首例应用了EPC的卷板布匹追踪方案。随着该方案应用的成功，采用EPC技术追踪纺织产品将成为各地服装制造商的发展趋势。

RFID仓库管理自动化能够解决下列问题。

(1) 多库协同作业：服装业企业的产品为了流通的需要，往往分布在各地不同的仓库中，以便调货、配货、补货。仓库的类型也较多，如成品库、原料库、流通库、周转库、零散小库等。企业每日都需要监控各个仓库的库存量，以保证及时供应。通过 RFID 系统，可以随时查到各库的存货情况，以便及时跟踪产品的物流过程。

(2) 仓库收、发货和盘点作业：仓库管理中最重要的一项工作就是保证账面数量与实物数量一致，使用 RFID 可以很方便地实现商品收货记录的准确性及发货、配送的自动化，使盘点存货不会有遗漏和丢失。

(3) 先入先出：每个产品都有其使用期限，由于产品种类很多，在实际仓库管理中，通过手工记录和保管员记录，很难保证产品准确地先入先出。通过 RFID 单体跟踪技术，可以给每个产品内置一个时钟，也可以记录每个产品的完好状态，这样就能保证按指定要求期限实现商品的出库作业。

(4) 缺货报警：任何一个仓库出现某个产品短缺时，不但可以自动提示报警，还可以细分到款型、颜色、尺码等产品构成的细节。例如，某一款式的某些尺码出现断档，可以立即提示保管人员及时补货。

(5) 滞销品统计：服装业产品积压仓库是件非常头疼的事情，通过滞销品统计，得到每个产品(细分到款型、颜色、尺码)的在库停留时间，可以很快发现哪些产品滞销、过季，可以很方便地提供降价决策或调换，加速产品销售和资金周转。

1. 实施背景

采用 RFID 系统之前，Griva 在每一个处理织卷的卷轴上贴一个条码，在传送带上安装条码扫描仪。当传送带将织卷从一个处理过程传送到下一个处理过程时，扫描仪一一读取条码。这样就生成了处理记录，使 Griva 可追踪生产过程。然而，在高温和恶劣的工业制造环境下的条码，有时会模糊，导致读取失败。在这种情况下，工作人员不得不手工读取和记录织卷的 ID 号。

即使条码在制造过程中能保持完整，但当卷进入最终处理阶段时(机械用塑料膜包裹织卷)，条码读取难度就进一步加大了。因为条码的读取要求清晰的瞄准线，但塑料膜往往会使条码变形，造成读取困难。实际上，原有的系统只能读取 70%拉伸包装后的织卷。

Griva 的管理层认识到生产率的提高对其在行业内的竞争力是至关重要的。虽然条码技术比较成熟，有其明显优点，但在实际生产环境中，却无法足够准确地控制布匹的产量。

2. 解决方案

Griva 进行了 10 个月的部署，进行时间管理和增加卷板布匹的可追踪性。

这一解决方案包含了 Alien 的 8800 UHF 被动识读器，如图 9-4 所示，以及 EPC Gen2 Squiggle 标签，如图 9-5 所示。

图 9-4 固定在传送带上的 Alien 8800 识读器

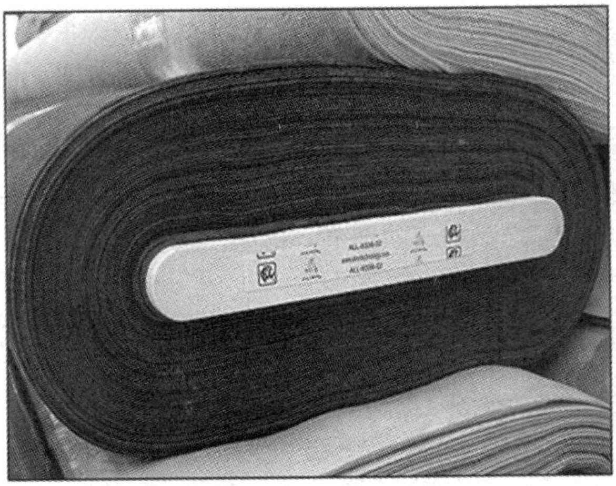

图 9-5 布匹卷轴中心贴有 EPC Gen2 Squiggle 标签

Alien 的标签和识读器组合带来了最优识读范围和稳定的性能。Siment 还为 Griva 的 ERP 软件提供了 reader-to-ERP 接口中间件。Griva 现在能够从生产加工开始到运货的整个过程对板卷布匹进行追踪了。

Griva 将未加工的线材料织成布匹，然后清洗、染色并干燥。一旦布匹通过织机生产出来，自动化流程必须确保卷板布匹都是经过正确处理和加工的。原材料织成纺织品后，经过裁剪，在耐用的纸卷轴或塑料卷轴上卷成一卷。在 15 道独立的染色和涂层过程中，机械自动展开织卷进行处理，再回卷。整个处理流程完全自动化。每卷在每一道处理过程中，都一一被识别。

工作人员在卷轴上贴了内嵌有无源 EPC Gen2 Alien Squiggle 嵌体的标签。当每卷纺织品完成一个处理流程时，一台 Alien ALR-8800 阅读器就会读取标签的 EPC 号码。Simet 的 RFID 中间件过滤重复的读取，并将标签的 ID 号传送给 Griva 的生产追踪系统。

3．实施结果

Griva 应用 RFID 解决方案，解决先前为了在生产和物流阶段中确保可追踪性而面临的所有问题。在物流环节上，应用的标签通过了“塑料贴膜”测试。以前的标签不需要通过这一测试，因为这种贴膜隐藏在条码中。新标签的应用，使追踪已经包装好并准备运输的产品成为可能，更节省了时间，并为客户提供了更准确的信息。

应用 EPC 的 RFID 卷板布匹追踪方案后，Griva 降低了费用，提高了客户对成品布匹的满意度，不到一年的时间，就取得了 30%的投资回报率。

“纺织品制造流程环境是非常恶劣的，因为热缩塑料包装处温度和湿度都很高，且在布匹干燥处理阶段使用了化学药剂”，Simet 的市场经理 Claudio Bertoldo 说道，“Griva 需要一套耐用的 RFID 系统，能够全面追踪板卷布匹，并且不干扰生产流程。这正是 Alien 科技能够为 Siment 和 Griva 提供的。”

Alien 科技公司 EMEA 和印度渠道销售总监 Stephen Crocker 表示：“在 Siment 的帮助下，Griva 已经放弃条码系统，现在只使用 EPC 标签和识读器对板卷布匹进行追踪。Siment 的 RFID 集成技术专业性，使 Griva 成为纺织品行业 RFID 应用的榜样。”

9.4 葡萄牙家具制造商在生产线应用无源 UHF RFID 标签

葡萄牙木制门及家具制造商 Vicaima 成立于 1959 年，主要生产木制门和家具，如图 9-6 所示。历经数十年的发展，Vicaima 以其优质的产品、时尚的设计及创新的理念，享誉欧洲各国，成为欧洲本土木制门市场的主要供应商之一。面对不断变化和发展的市场需求，Vicaima 非常重视在生产线应用新技术，以提高制造效率并扩展制造能力。

图 9-6 葡萄牙 Vicaima 主要生产木质门及家具

1. 应用背景

2006 年，Vicaima 引进一条新的全自动生产线，并开始在葡萄牙的工厂进行生产流程重组，从而使每天木制门的产量增加至 7500 扇。

随着 RFID 技术在物流、供应链管理中的应用趋于成熟，2007 年 5 月，Vicaima 将无源超高频 RFID 技术整合到其在葡萄牙本土的 Vale de Cambra 工厂，如图 9-7 所示，借此提高生产效率并节约管理成本。

图 9-7 Vicaima 在葡萄牙本土的 Vale de Cambra 工厂

2．解决方案

位于葡萄牙 Santa Maria da Feira 自治市的系统集成商 Creative Systems 为 Vicaima 设计并安装了 RFID 管理系统，软硬件设备包括 Alien 科技的 Squiggle 系列 EPC Class 1 Gen2 RFID 标签和 ALR-8800 RFID 阅读器、Printronix 公司制造的 RFID 打印机/编码器以及 Creative Systems 的中间件。

Vicaima 给木制门和家具产品贴上无源超高频 RFID 标签，从而可以追踪到这些产品在生产过程中的移动。当门和家具在工厂的传送带上移动时，安装在每一个生产线上固定的识读器会读出每个 RFID 标签上的唯一标识代码。该代码和产品的库存单元共同记录着产品何时在装配线、何时变为成品以待分发。

尽管 Vicaima 可以使用基于诸如 EPCIS 的 EPCglobal 数据共享标准的软件实现这项功能，但目前，尚未与任何贸易伙伴实现 RFID 数据共享。

在发送信息到 Vicaima 安装在葡萄牙波尔图的一个工厂的 ERP 系统之前，中间件先要捕获、筛选并格式化数据。ERP 系统存储并处理诸如产品库存单元、型号和颜色等制造和运输信息，在成品被运出 Vale de Cambra 工厂大门前，把所有数据联系起来。

Creative Systems 工程师 Pedro Franca 主要负责设计和安装 RFID 系统。据他估计，Vicaima 部署 RFID 系统的投入已达数十万美元，但 Vicaima 公司管理层认为，投资是“物有所值”的。在面积达 39611 平方米的制造工厂里，Vicaima 不仅能实现生产流程的自动化管理，还可以更有效地管理存货，并对生产线实现实时监控。Vicaima 公司总经理 Filipe Maia Ferreira 介绍说，预计可以每年节省 1.5%的生产成本。

3．技术挑战

当然，实施进程不是一帆风顺的，Vicaima 也遇到了技术挑战：生产线上的金属会干扰阅读器对产品上的每个 RFID 标签的读取能力；此外，生产线上阅读器的位置也是一个问题，因为在传送带上，门和家具几乎不可能绝对地在同一个位置完成。该系统最初只能读取 90%的标签，但自从改善后，就几乎达到了 100%。

4．应用展望

Vicaima 计划将 RFID 系统扩张应用到其他制造工厂(其中有 5 家工厂在葡萄牙，1 家在英国)。这个计划一旦完成，制造商将要在其物流配送中心提升并使用 RFID 技术，把葡萄牙的 6 家仓库和英国的一家整合为一体。这个计划使得 Vicaima 可以实现在整个供应链内对货物运输的管理，从制造工厂到仓库，再到终端用户。

Vicaima 从其产业中，每年创造出大约 9 千万美元的税收。公司认为，大多数利润来自对货物进行实时追踪和定位的能力，而不是靠现有系统和人工夜以继日地处理数据得来的。Ferreira 介绍说，Vicaima 管理层一直认为 RFID 技术的应用会成为公司的重要优势，但希望等技术进一步成熟后，再构建一个集成的系统，实现最优化的 RFID 应用。

9.5 海尔美国应用 RFID 超高频标签标识冰箱冰柜产品

海尔集团是世界第四大白色家电制造商，也是中国电子信息百强企业之首，旗下拥有

240 多家法人单位，全球员工总数超过 5 万人，在全球 30 多个国家建立了本土化的设计中心、制造基地和贸易公司，重点发展科技、工业、贸易、金融四大支柱产业，已发展成全球营业额超过 1000 亿元规模的跨国企业集团。

为了实施其全球化战略，海尔集团作为中国第一家在美国投资设厂的大型企业，于 1999 年 4 月 30 日，在美国南卡罗来纳州建立了海尔美国(Haier America)工业园，如图 9-8 所示，园区占地 700 亩，年产能力 50 万台。2000 年正式投产生产家电产品，并通过高质量和个性化设计逐渐打开市场。经历 8 年的发展壮大之后，海尔产品顺利入驻了美国排名前 10 的连锁集团，并获得了“最佳供货商”、“免检供货商资格”等荣誉。

图 9-8 海尔美国厂区概貌

1. 应用背景

海尔在拓展市场份额的同时，也在美国消费者中留下了美誉。设计充分满足消费者的个性化需求，产品线从单一的小冰箱、小冷柜，发展成同主流品牌竞争的庞大产品群。

2003 年，海尔荣获了全美产品设计“金锤”奖。美国大型连锁超市，如沃尔玛、BestBuy、Sears、Lowe’s、HomeDepot 和 Target，都有海尔的产品。

作为沃尔玛的重要供应商合作伙伴，海尔集团很早就开始关注 RFID 和 EPC 的应用。2006 年，海尔美国有数十万件产品销往沃尔玛；而在沃尔玛的 RFID 应用强制命令下达后，限定在 2007 年 1 月以前必须使用 RFID 标签的供应商名单中就有海尔美国，这意味着海尔美国要对其发往配送中心的 4 类产品上贴上 RFID 标签，其中包括两款小型冰箱、一款较大型冰箱和一款冷冻柜。

海尔美国公司的 IT 主管 Michael Moser 介绍说，最初，他对 RFID 的研究并不太顺利，并且他无法理解沃尔玛的要求以及 EPCglobal 网站上发布的信息，无法确切界定 RFID 系统的全部条件。不过，在一次 EPCglobal 会议上，Moser 遇到了沃尔玛的一位代表，与其交流后获得了新的理解。

正是这位代表协助海尔美国部署了 RFID 系统并完成了 RFID 标签测试。海尔美国也对本土员工及时进行了 RFID 技能培训，并与 RFID 打印机制造商进行讨论、沟通。

2．实施进展

为了响应沃尔玛的要求，部署 RFID 系统，海尔找到为沃尔玛和美国国防部供应商提供 RFID 解决方案的 VAI 公司(Vormittag Associates)。此前，VAI 已经为海尔美国提供了一个 UCC/EAN 128 条码标签管理系统。在这个项目中，VAI 设计了 RFID 系统并将其整合到已安装在纽约的海尔美国总部的 ERP 系统中。这项 ERP 系统存储并处理运输数据，包括每一个最小存货单元及其运输状态。整合后，海尔美国可以自动化打印 RFID 标签，并在 SKU 和 RFID 标签上的唯一 ID 标识之间建立关联。

VAI 公司表示，必须确保所使用的设备能够兼容中国所使用的 UHF 频率。VAI 还引入了 Cybra 公司的 MarkMagic 中间件，提供打印机驱动程序并拥有编码及标签设计的功能。

目前，海尔美国部署了 RFID 管理系统，包括 Avery Dennison 的 RFID 嵌体、Nashua 的 RFID 标签、普印力打印机和摩托罗拉的阅读器。整套系统共花费约一万美元。

海尔美国已经完成对其新泽西爱迪生工厂和加利福尼亚州的沃纳特工厂运出的 4 类产品的贴标工作，使用 EPC Gen2 UHF 标签对冰箱、冰柜等产品进行标识与运输管理。贴标工作由专业物流服务商——Dura 货运公司负责。

尽管海尔美国已经完成了 RFID 系统的实施，但这不是一成不变的。Moser 说，每隔几周，他都要查看沃尔玛是否在其可使用 RFID 的分销中心或商店名单后面追加新地址，这样，零售商的数量可以不断扩张。

Moser 还要为新泽西州的爱迪生工厂和 Dura 货运公司提供最新的信息。在这两个地方，如果有一笔来自沃尔玛的订单，货物将被运送到一个可识别 RFID 的分销中心，所有项目信息被发送到 RFID 标签打印机上。打印出来的 RFID 超高频标签尺寸为 10cm×15cm(4 英寸×6 英寸)，内含供应商号码、最小库存单元及唯一 ID 代码等信息。工作人员用摩托罗拉读卡器检查标签的编码是否正确，然后亲手将标签贴在产品包装箱上。

3．应用展望

未来，海尔产品的 RFID 数据将被发送到纽约的一台服务器上，生成一个预先的运输通知给沃尔玛(但目前尚不具备这样的能力)。当货物开始运输时，海尔美国就不再亲自追踪 RFID 数据。

目前，海尔美国的 RFID 应用还仅限于对沃尔玛的物流配送上。据 Moser 透露，公司方面期望进一步扩展 RFID 技术的应用能力，迎合更多大型零售商的要求。

同时，作为海尔美国的母公司——中国海尔集团一直都在关注 RFID 技术。中国海尔集团于 2006 年 10 月加入了 EPCglobal China，为进一步响应沃尔玛的号召在其出口冰柜上应用 EPC 标签做好了准备。

中国海尔集团已经在出口冷柜上应用 EPC 系统方面做好了充分的准备，从 TI、Alien、UPM、欧姆龙等多个国际知名厂商采购了大量的 EPC Gen2 标签，采用 BEA 公司的中间件、Alien、Intermec 等公司的识读器，并自行开发系统。

2007 年，中国海尔集团已经在生产线上完成了所有的相关测试，可以随时向沃尔玛公司供应贴有 EPC Gen2 标签的产品。

9.6 上海世博会采用 RFID 门票

1. 应用背景

我国换发第二代身份证项目作为世界上最大的 RFID 项目，采用国内自主嵌入式微晶片，有力地推动了国内的 RFID 行业发展。2008 年，北京奥运会在食品安全保障体系、奥运宾馆、比赛场地、制造商、物流中心和医院的个人安全监控中，广泛采用了 RFID 技术，为奥运会的成功举行保驾护航。

射频识别技术应用于门票系统，上海经历了一个从小规模示范向大规模推广的渐进过程。在上海举行的“大师杯”网球赛和特奥会上的试点应用，为 2010 年上海世博会票务系统建设积累了经验。

2. 世博会 RFID 电子票务系统

(1) RFID 技术制作门票的优点。

当时，上海世博会预计的参观者有 7000 万人次，从门票的预售到展会结束历时两年，门票的面额较大，这些特点对世博门票系统的处理能力、入园检票的速度，门票的安全性、可靠性以及门票的成本等方面都提出了非常高的要求。在大型活动中使用传统门票，需要大量工作人员进行人工识别，存在效率低下、差错率高的问题。

基于 RFID 技术建立世博票务系统，采用 RFID 技术制作门票的主要优点如下。

① 可以实现快速的机器自动识别，满足大客流的快速检票处理。

② 采用先进的芯片技术，每张标签都有唯一的 ID，难以仿冒。

③ 数据信息的读写具有较高的安全保护等级。

④ 可以实现门票生命周期的全过程数字化管理。

(2) 世博会 RFID 电子票务系统的创新点。

2010 世博会 RFID 电子票务系统包括拥有自主知识产权的射频识别门票芯片和芯片线路、稳定可靠的制票管理和仓储物流配送系统、自动售检票设备和管理系统、自助服务终端以及响应及时的票务运行保障体系等。该系统作为世博会票务管理工作的核心支撑体系，实现门票制作、门票销售管理、账务处理及票检方面的信息化管理职能，同时，该系统还支持提升世博会管理和运营的能力，为决策指挥和应急保障提供数据来源和分析。

运用 RFID 技术的世博会票务系统，建立了世博会的票务信息网络，是基于 RFID 技术在我国二代身份证、北京奥运会后又一个大规模应用。

该 RFID 电子票务系统的主要创新点如下。

① 国际上首次在大规模的活动中使用了带安全认证的 RFID 门票。

② 完全自主知识产权的 RFID 芯片。

③ 采用先进的 EEPROM 芯片设计和制造工艺。

④ 采用先进的芯片倒装(Flip-chip)工艺。

⑤ 机读与视读相结合的门票自动检票技术，方便快速通行和识别。

⑥ 门票数据安全控制和防伪数字签名设计。

⑦ 松耦合的体系架构，保障系统运行安全、可靠、稳定。

如图 9-9～9-11 所示，上海世博会的门票采用了 RFID 技术。门票内含一颗自主知识产权“世博芯”，它采用特定的密码算法技术，确保数据在传输过程中的安全。RFID 电子门票无须接触、无须对准即可验票，持票人只需手持门票在离读写设备 10 厘米的距离内刷一下，便可轻松入场。

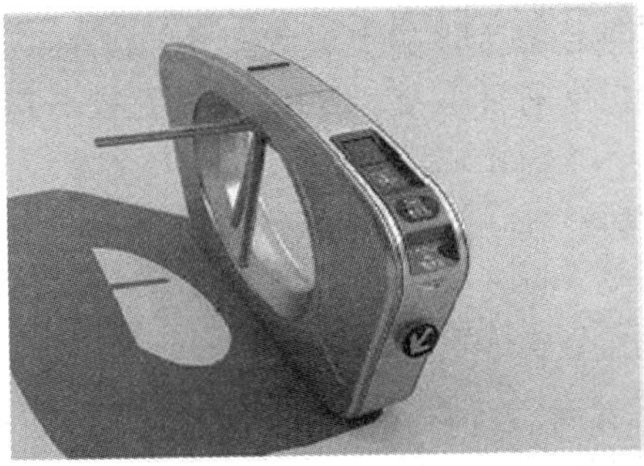

图 9-9　世博会门票验票闸机

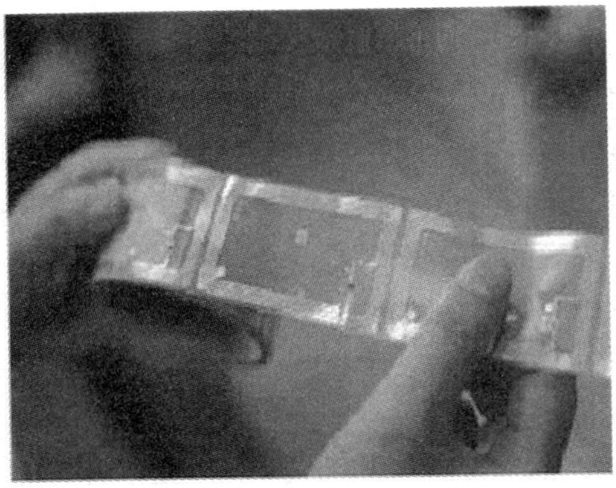

图 9-10　电子门票中的芯片线路

图 9-11　世博会 RFID 门票

此外，“世博芯”还可记录不同信息，并用于不同类别的门票，以便为参观者提供多种类型的服务，比如“夜票”、“多次出入票”等。通过 RFID 芯片采集的参观者信息，汇聚到票务系统的中枢，进行数据处理、分析，便于园区的管理，就犹如一个人的神经系统。管理方就可据此了解园区内的人员密度，并进行科学的分流引导。

3．应用展望

上海世博会基于 RFID 技术的世博会门票应用系统，不仅能满足世博会对门票系统安全、可靠、快速识别的需求，同时，也是一个针对大型活动的、通用的数字化门票的整体解决方案，可以在大型展览、演出、体育竞赛等活动中推广。

通过世博票务系统项目，可形成 RFID 门票系统的核心技术与关键产品，并建立典型应用的系统架构。上海世博会会期半年，其庞大的票务系统是有史以来最大规模的射频识别技术门票应用案例，积累了丰富的管理手段和经验，为 RFID 技术在其他领域的推广，奠定了基础，将大大推动我国射频识别技术和产业的发展。

9.7 RFID 在交通领域的应用

1. 应用背景

随着我国经济社会的快速发展和人们生活水平的提高，近年来，交通领域的主体“汽车”和“驾驶员”也保持着高速增长。交通拥堵、交通安全、交通环境污染等问题已成为社会的热点问题。国际国内的科技人员纷纷研究采用高新技术实现“智能交通”，用以解决“汽车社会”中的问题。

在智能交通领域(ITS)，车辆身份自动识别(AVI)技术是关键。我国在这一方面的多年努力却遇到了“信源”落后这一根本性技术瓶颈的障碍，致使成效不大，进展缓慢。当前，基于传统“汽车号牌”图像识别的系统存在一定的不足，一是对假牌车和套牌车难以识别；二是对环境要求较高，大雪、大雨、大雾、微光等条件下难以适用。

射频识别(Radio Frequency Identification，RFID)技术，是一种利用射频通信实现的非接触式自动识别技术。RFID 标签具有体积小、容量大、寿命长、可重复使用等特点，可支持快速读写、非可视识别、移动识别、多目标识别、定位及长期跟踪管理。

射频识别(RFID)技术的发明，特别是 UHF 频段无源 RFID 产业的发展，为实现“车辆身份自动识别”提供了新的技术途径。正如《中国射频识别(RFID)技术政策白皮书》所述：“利用 RFID 技术对高速移动物体识别的特点，可以对运输工具进行快速有效的定位与统计，方便对车辆的管理和控制。”

当前，我国正致力于研发基于 RFID 技术为汽车创设一个“数字化信源”，并在此基础上开发出一个“信息化系统”，用以实现我国在交通领域的现代化、信息化管理和服务。

2. 世博园内车辆管理 RFID 的应用

上海世博会是一个具有国际影响力的“区域型大规模会议活动”，需要对进出世博园区的车辆进行严格的“身份识别和认证”，且在通道口对车辆实现“严密管控”和“快速放行”。那么，在技术上如何同时实现对车辆的“严密管控”和“快速放行”呢？

2009 年 1 月 1 日，世博园区正式启用了由公安部第三研究所为主研发的基于无源超高频 RFID 技术的“世博园车辆证件查验系统”。系统前端部署于世博园的各车辆进出通道口，具备长距离自动识别验证过往车辆、自动放行、自动报警等功能。投入使用后，短短一年时间，系统就为各类车辆发放证件达 1.2 万张，服务进出世博园区的车辆超过 270 万辆，有效地实现了对进出世博园区车辆的“严密管控”和“快速放行”。

3. P+R 停车换乘中的 RFID 应用

2010 年，配合世博会将实行的“公交优先、区域差别、时空均衡”的交通保障策略，提出了“引导区—缓冲区—管控区—出入口—园区”五级管理策略。从城市外围至世博园区，逐步对私人交通进行截流。中心城区道路由于交通量的急速增长，会造成停车难的问题，并成为最需要优先解决的关键技术问题之一。

停车换乘被认为是解决这一问题的最具潜力的方法。同时，世博会静态交通系统的建设和应用也可以向世人充分展示我国在交通、信息、计算机等技术领域的科技实力。

相对于动态的道路交通而言，静态交通与动态的道路交通共同构成城市交通系统，两者相互作用，互相影响。停车换乘系统(Parking+Ride，P+R)是城市综合交通体系的重要有机组成部分，是公共交通与机动化需求协调发展的产物，是交通区域差别化管理的重要手段。停车换乘系统是缓解城市中心道路交通拥挤的重要交通管理措施，是落实公共交通优先发展政策的具体体现，是应对小轿车迅猛增长，优化出行结构的必由之路，是贯彻交通节能减排方针的一个重要环节，是引导城市布局规划调整的重要方法。

在 P+R 停车换乘中，综合应用 RFID 定位技术、RFID 车位检测技术、视频识别技术采集车位上具体车辆的信息，将 RFID 车位检测及组网技术应用于道路停车管理，实现车位信息采集、电子计时、计费、收费功能。如图 9-12、9-13 所示，通过对大型停车场管理的 RFID 定位关键技术和 RFID 车位检测及组网关键技术进行研究，开发出了大型停车场管理示范系统和道路停车管理示范系统，提升了停车管理技术水平，服务于城市公共管理，服务于世博会停车场的安全监控、运行管理和内部诱导。

图 9-12　总出入口引导屏

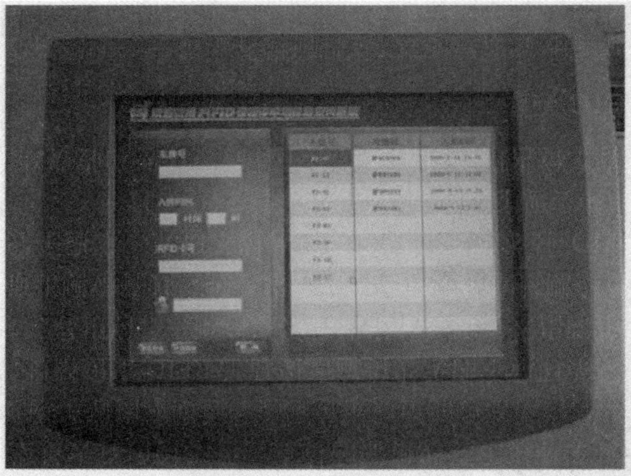

图 9-13　自动车位查询机

(1) 该系统具有复杂环境下无线传输的特点。停车场内有大量梁柱和车辆，使得无线传输环境非常复杂，车辆移动都可能造成定位误差。通过室内停车场复杂环境下的 RFID 定位技术研究，实现了复杂环境下的无线传输，提高了 RFID 定位精度，降低了定位成本。

(2) 该系统具有车辆出入管理、车位占用状态检测、车位引导、寻车、车辆 RFID 定位功能。有源 RFID 车位检测技术是 RFID 传感技术一种，具有检测准确、施工量小、成本低的优点。通过有源 RFID 技术的车位检测及组网技术研究，掌握了低功耗、长寿命的有源 RFID 车位检测技术，并实现了组网方式信息传递。

(3) 该系统还具有车位占用信息采集、电子计时、计费和收费功能。

4. 不停车收费(ETC)系统

射频自动识别不停车收费系统(ETC)是目前世界上最先进的路桥收费方式。该系统的基本原理，是使安装在车辆上的专门装置(车上单元)通过无线信号与安装在收费口上的天线进行信息交换，根据该专门装置中保存的与收费相关的数据，可以即时算出并征收通行费用。费用征收不用现金，而使用电子货币式的系统(如 IC 卡)。一套完整的电子收费系统是由识别、通信等多个子系统和设备构成的。通过安装在车辆挡风玻璃上的电子标签，与在收费站 ETC 车道上的微波天线之间进行专用的短程通信，利用计算机联网技术，与银行进行后台结算处理，从而实现车辆通过路桥收费站无须停车就能交纳费用的目的。

不停车收费(ETC)系统的采用，一方面，可以允许车辆高速通过(每小时几十千米至 100 多千米)，与传统的人工收费 8 秒出票相比较，不停车收费大大加快了高速公路收费道口的通行能力。据测算，较人工收费车道，ETC 车道通行能力将提高 4~6 倍，可减少车辆在收费口因交费、找零等动作而引起的排队等候。另一方面，也使公路收费走向电子化，可降低收费管理的成本，有利于提高车辆的营运效益，同时，也大幅降低了收费口的噪声水平和废气排放，并可以杜绝少数不法的收费员贪污路费，减少了国家的损失。

与原来的人工收费和人工计算机收费方式相比，实行不停车收费后，具有明显的优势，不仅极大地改善了路上密集车辆所造成的环境污染，减少了车辆阻塞现象，而且行车更加安全；更为主要的是，将大大提高过桥收费的效率。

该系统的应用频率是 5.8MHz，射频卡在车的挡风玻璃后面，天线架设在道路的上方。在距收费口 50~100 米处，当车辆经过天线时，车上的射频卡被头顶上的天线接收到，判别车辆是否带有有效的射频卡。读写器指示灯指示车辆进入不同车道，人工收费口仍维持现有的操作方式，而进入自动收费口的车辆，养路费款被自动地从用户账户上扣除，且用指示灯及蜂鸣器告诉司机收费是否完成，不用停车就可通过。挡车器将会拦下恶意闯入的车辆。

5. 应用展望

目前国内已经认同采用射频识别(RFID)技术是未来我国实现对车辆精细化管理和服务的技术趋势。近年来，国家发改委、公安部、科技部、交通部、环保以及各地政府等各方面正推动着该技术进入实用阶段。

(1) 2006 年，国家科技部等 14 个部委共同发布了《中国射频识别(RFID)技术政策白皮书》。提出“鼓励和支持在公共安全、生产管理与控制、现代物流与供应链管理、交通管理、军事应用、重大工程与活动等领域中优先应用 RFID 技术”。

(2) 2007 年，科技部设立了国家科技支撑专项“汽车数字化标准信源系统世博会区域性应用研究与示范”。其主要目标之一为“研究开发出符合我国国情、面向公安道路交通管理并能支持其他社会化服务的‘汽车数字化标准信源系统’”。

(3) 2008 年，国家发改委启动了信息化试点示范工作，提出“基于无线射频技术的车辆电子牌照试点工程，重点解决车辆自动识别、动态监测、车牌套用与防伪等方面的问题，实现公安交通管理部门对车辆的精准管理”。

(4) 2009 年 11 月，由科技部联合 25 个部委、行业协会指导编写的《中国射频识别技术发展与应用报告(RFID 蓝皮书)》正式发布。提出“我国 RFID 发展战略与重点”之一是“以电子车牌为示范，推进 RFID 在涉车管理中的应用”。公安部第三研究所及 RFID 产业同行，通过前期的多个科技项目，已经研发和解决了关键技术，并用于实际工程建设中。

各种不同的应用模式有：南京市特定车辆管理、重庆市城市智能交通管理与服务、上海市 2010 年世博会车辆管理、交通部高速公路不停车收费、北京市环保绿标、海关出入境管理(深圳、广州、大连、青岛等)、上海市出租车管理、小区和停车场管理等。

但由于各系统间缺乏统一规划和技术标准，从而会导致未来信息资源难以整合共享、射频信号互相干扰等风险和问题。许多行业专家认为，在全国范围内进行统一规划并研制相关技术标准，加快推进我国电子车牌应用，是我国 RFID 在交通领域应用的未来趋势。

9.8 上海浦东国际机场防入侵系统

机场周界防入侵系统正逐步过渡到以目标驱动为特征的第三代防入侵技术，这里结合浦东机场的典型案例，对基于传感器网络的第三代目标驱动型周界防入侵技术的运用以及前景进行探讨。

1. 应用背景

2008 年，民航总局修订了《民用航空运输机场安全保卫设施建设标准》(MH/T 7003—2008)，详细地规定了有关飞行区周界、通道、监控和报警系统等民用机场安保设施的建设标准，其中明确提出对入侵目标进行识别、分类及全天候全天时工作的要求。而且，如今《民用机场管理条例》也正式实施了，新条例对机场的安全运营提出了更高的要求。

周界防入侵系统是机场安全的第一道防线。上海机场集团与中国科学院合作，双方组成了联合开发团队，形成了用户与研制方紧密合作的有效合作模式，基于中科院自主知识产权的传感器网络技术，打造第三代机场周界防入侵技术。

这种目标驱动型报警技术的抗干扰能力强，虚警和漏警率极低，满足了全天候全天时的监控要求，全面超越了第二代信号驱动报警，为机场周界防入侵带来了革命性的技术创新，并在浦东机场得到了成功的应用。

2. 系统工程概况

浦东国际机场是华东地区的国际枢纽航空站，占地 50 平方千米以上，日均起降航班达 700 架次左右，年旅客保障能力达到 6000 万人次、年货邮吞吐能力达到 420 万吨。机场地处亚热带，位于上海长江入海口南岸的滨海地带，为海洋性气候，年降水量 1427.9mm，距离海边 500 米，有轻度盐雾，室外温度为-10~40℃，极端风速可达 37m/s。周界防范主要依靠物理围界和人员定期巡逻的方式，存在着很大的安全漏洞和隐患。同时，因为机场所属区域气候条件复杂，周界又临近道路，常年有大型货车经过，因此，传统的一、二代技防手段都无法完成浦东机场周界技防的重任。

浦东国际机场为完成整个飞行区周界的物防、人防、技防的一体化建设，同时，为了降低整体大规模建设的风险，在 2007 年底，开始进行飞行区周界防入侵系统第一期工程建设，如图 9-14 所示。系统采用了基于传感器网络的第三代防入侵技术，建设位置位于浦东机场第一跑道北侧的仓储路附近，总长 2.4 千米。该系统主体工程于 2008 年 1 月 24 日完成，经受了当年特大雪灾的考验，经过两个月的试运行，于 2008 年 4 月 7 日正式验收通过，并交付使用。建设至今，未发生漏警和误警。

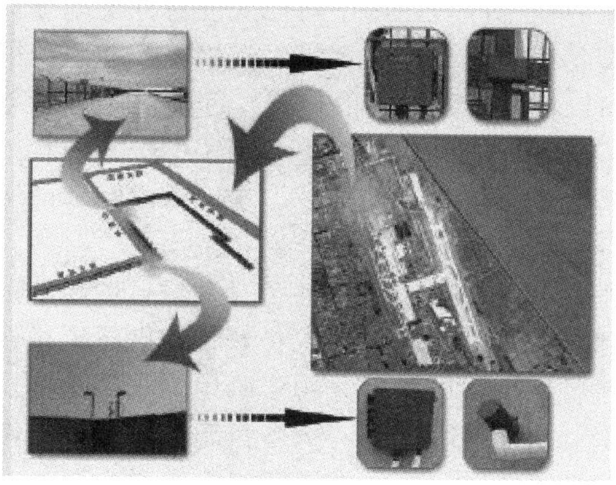

图 9-14　浦东机场周界防入侵系统第一期工程概貌

3．系统功能及特点

机场周界防入侵系统的一期工程包括了前端周界防入侵探测分系统、联动控制分系统、视频监控分系统、指控中心分系统、网络及供电分系统等，如图 9-15 所示。

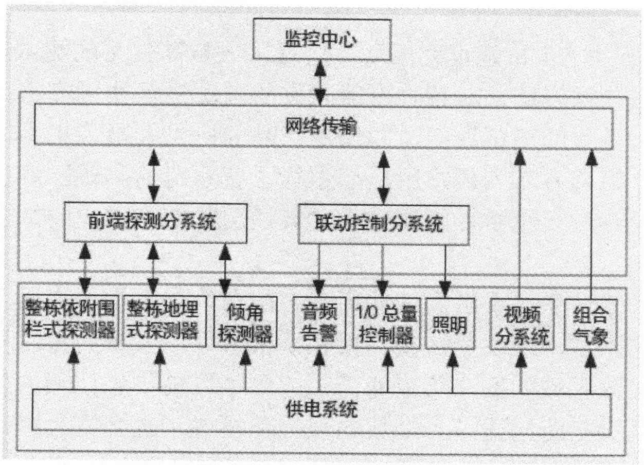

图 9-15　浦东机场周界防入侵系统第一期工程的系统组成

主体方案中，前端周界防入侵探测分系统采用了中科院全新的传感器网络防入侵设备，根据机场对周界布防的要求，将周界布防设定为双层、单层、砖墙等三种基本类型，建立了三级三维的布防体系，画地为牢，排除外界干扰，虚警、漏警率极低。

周界根据布防要求，设定三级报警，分别为预警区、报警区和出警区。

(1) 预警区：位于周界外部，主要用于防止闲杂人员接近。当人员靠近围栏时，系统将产生预警信号，并自动进行声光警告，督促人员迅速离开。

(2) 报警区：依附物理周界而建，用于对入侵行为发出报警。当人员攀爬、翻越、破坏围界时，将触发产生报警，系统自动协同融合探测信号，对目标及其行为进行分类识别。若系统判断确属人员入侵，则立即启动现场声光报警，并实时联动到指控中心值班人员进行处理，同时支持远程手持设备联动。

(3) 出警区：位于周界内部区域，用于对已入侵目标实施出警。当人员非法侵入周界后，将实时触发紧急报警信号，同时产生现场声光报警，并联动视频，在指控中心产生紧急入侵提示，值班人员可以根据报警 GIS 的位置，远程指挥巡逻人员出警抓获。

周界防范同时实现了三维防范，形成低空、地面、地下三维立体报警体系。低空部分，实现对空中翻越等入侵行为的报警；地面部分，实现对攀爬、破坏等入侵行为的报警；地下部分，实现对掘地入侵行为的报警。

系统建立的三级三维立体防御体系，具备了对入侵目标和入侵行为的分类识别，能够识别出目标是什么、在哪里、干什么，可对人员攀爬、破坏围栏、无意碰触、动物经过、异物悬挂、大风大雨等进行区分。同时，采用了画地为牢的策略，能够智能化地屏蔽非入侵干扰源，排除飞机起降、周边建设施工、大型货车驶过等机场常见的外部干扰，有效降低了虚警率。

系统还具有自适应、自学习的机制，可根据机场周围气候复杂多变、周边干扰严重、周界环境多样化等特点，适应各种气候、地貌环境，达到使用时间越久、判断入侵越准确的效果。同时，结合机场组合气象传感器，根据实时气象信息，采用多模式工作方式，自动调整系统算法和参数，进一步降低误报和漏报率。

4．系统运行情况

系统在 2008 年 1 月 24 日建设完成后，进行了大量高强度的测试。一方面，建设单位采用全天候、全天时测试方法，对各种可能入侵的情况进行案例脚本大纲编纂，逐点循序地进行测试。在两个多月的测试期间，即便是产品的研发人员，也无法逾越自己构筑的电子长城。另一方面，机场方作为最终用户，进行了背靠背的测试，多批次人员、多气候状况下，对围界的各个点进行轮番功能测试，尤其经历了南方雪灾的综合考验，测试结果，漏报和误报率为零。

截至目前，该系统经受住了机场滨海环境下的台风、雪灾、高温、湿热、盐雾等复杂气候考验，设备工作正常，未发生一起漏报和误报事件。系统的正常稳定运行，极大地提升了机场安检部门在该区域的安全防范能力，改善了以前单独依赖人防、完全依靠现场巡逻的防范方式，为机场安防构建了一个新的现代化模式，也必将为机场周界安防工作带来质的突破。目前，浦东国际机场 24.7 千米周界第三代防入侵系统正在全面建设中。

9.9 博物馆利用 RFID 技术拓展参观者体验

1. 应用背景

或许在未来的某天，美国的技术创新博物馆将会开发出一种展示品，用来探测 RFID 技术对于整个世界的影响。但是现在，位于加州的该博物馆正使用 RFID 技术来拓展和增强参观者的参观体验。该博物馆成立于 1990 年。自成立后，就成了硅谷既有名又受欢迎的参观地，并吸引了很多家庭和科技爱好者前来参观访问。每年，大约能接待 40 万参观者。从参观者所做出的积极、良好的反应来看，使用 RFID 标签是成功的。

2. 实施过程

博物馆对于那些对人类科学、生命科学及交流等做出贡献的科学技术将会进行永久性的展列，并将对硅谷的革新者等所做出的业绩进行详细的展示。

一个名为 Genetics: Technology With a Twist 的生命科学展会于 2004 年 3 月举行，在此会上，该博物馆展示了使用 RFID 标签的方案，即给前来参观的访问者每人一个 RFID 标签，使其能够在今后其个人网页上浏览采集此项展会的相关信息。这种标签还可用来确定博物馆的参观者所访问的目录列表中的语言类别。

由于其他参观者的影响以及时间限制等问题，参观者并不能够像其所期望的那样，能够很好地了解和学习较多的与展示相关的知识。事实上，美国明尼苏达州的科技博物馆曾对此进行调查，并指出，平均每个参观者参观科技博物馆中的每个陈列展品所用的时间约为 30 秒钟。通过使用 RFID 标签来自动地创造出个人化的信息网页，参观者便可以选择在其方便的时候，在网页上查询某个展示议题的相关资料，或找寻博物馆中的相关文献。

在参观结束之后，参观者还可以在学校或家中通过网络访问网站，并输入其标签上一个 16 位长的 ID 号码登录。这样，他们就可以访问其独有的个人网页了。很多美国及其他国家的博物馆都打算在卡片或徽章的同一端上使用 RFID 技术。至少丹麦的一家自然历史博物馆以 PDA 的形式将识读器交到前来参观者的手中，并将标签与展示内容结合起来。但是，据技术创新博物馆的副馆长 Greg Brown 所知，其博物馆是第一家使用 RFID 技术腕圈的博物馆。博物馆认为，这是参观了解博物馆的一种最好的方法，因为这样，参观者能够实现与展示会之间的互动。

这种 RFID 腕圈很像一个带有饰物的手链。它是由一个 7.62cm(3 英寸)长、2.54cm(1 英寸)宽的黑色橡皮圈，将该博物馆的标签固定在其中。每一个 RFID 标签都有一个特有的 16 位长的数字密码，粘贴在饰物上面。数字密码被刻在一个薄膜状的蓝绿色铝制金属薄片天线上，天线中央是一个十分显眼的数字配线架——日立公司推出的μ-Chip。这种仅 0.4mm^2 大的μ-Chip 是目前来说最小的用于标识日期的 RFID 芯片，工作频率为 2.45GHz，最适合用于像技术创新博物馆的应用程序之类的闭环系统。

对于用户来说，他们根本不需要提供任何邮箱地址或其他类似的信息，他们只需要提供一个 16 位长的数字密码，就可以直接登录到他们的个人网页。因此，据 Brown 说，使用这种标签，并没有引发破坏隐私等问题。实际上，许多前来参观的高新技术的爱好者都对此做出了良好的反应。Brown 又接着说到“这种技术与前来参观者的个人品格简直是完美结合。人们确实很想更多地了解它到底是怎样工作的”。

3. 应用展望

博物馆当下已拥有约 40 个此种标签站点，且数目一直在增加中。而在每一个站点都设有向参观者介绍怎样使用该种标签的招牌和标语。这样，就可以使每一个标签都进入 RFID 识读器天线的识读区域内。但有时候，这样的操作说明会显示在一台手动监测器上面。当参观者看到显示灯闪了一下，或听到一声操作音后，便知道他们的标签已经被识读过了。

9.10 食品物流 RFID 监控溯源系统

1. 应用背景

世博食品溯源系统是运用 RFID 电子标签技术开发的面向企业世博运行和面向政府监管部门运行的系统，实现供博食品安全信息的全过程溯源。

通过溯源系统，可以对食品原料进行溯源，确定原料的来源、流通途径及分配去向。通过建立供博食品及企业的数据库，并采用 RFID 电子标签技术，可以对供博的粮食、蔬菜、水果、水产品、畜禽、奶、蛋等主要品种加载相关的信息。同时，建立世博园区专属的物流系统，运用 RFID 电子标签的智能读写功能，动态监控入园的各类食品的来源和流向。

在世博溯源系统中，包括了原料供应单位、食品加工中心厨房、物流企业、园区内的门店等单位。执法人员通过手持式办公终端移动设备，可以现场追溯食品和原料的来源，核查供应渠道是否符合要求。

2. 实施过程

(1) 原料供应单位子系统。

在原料供应单位子系统中，主要有收货单位管理、发货单据及发货清单管理模块。此子系统的功能，在于向收货的中心厨房发货食品原料，由原料供应单位在系统中选择相应的原料记录后，在系统中选择发货；中心厨房在收到原料的同时，可以在相应的子系统中确认收货，以做到供应单位的每一份原料都可在系统中进行查询。

(2) 中心厨房子系统。

中心厨房子系统中的功能，在于对基础数据进行管理，对收到或自购的原料进行加工，按周转箱的形式写入 RFID 标签和打印纸质标签，将周转箱进行装车运输，同时，将车子信息写入 RFID 卡，以做到食品原料从供应单位到装车发货过程的延续。

中心厨房子系统中包括了基础数据、加工运输、数据查询等内容。在基础数据管理中包括了供应商、收货门店、配送品等数据模块。加工运输包括了原料登记、快速检测、半成品加工、半成品装箱、标签制作打印、物流预约、装车发货等模块内容，以满足数据查询中的溯源查询模块需求。

(3) 物流企业子系统。

世博物流企业子系统中，主要由物流预约确认、入园安检、园内交货三部分内容组成。对中心厨房提出的预约进行确认，然后派车至中心厨房装车。车辆在园区入口处经检查后放行。物流车辆将中心厨房的配送品运送至门店交货。

(4) 监管部门子系统。

监管部门子系统的功能是对基础数据的维护，对业务数据的汇总，进行溯源查询及系统管理等。

(5) 园内门店管理子系统。

园内门店管理子系统的主要功能，是完成对中心厨房发送的半成品的收货程序、进行企业的自查活动及从业人员管理的自查管理。同时，园内门店也可进行原料的溯源查询。

3. 应用展望

RFID 电子标签的使用，可以在城市范围进一步推广，对日常供应的食用农产品、加工食品等进行从“田头到餐桌”的全程监控及溯源。

食品药品监管部门在日常监管中，通过运用 RFID 电子标签的智能读写功能，实时监控各类食品的来源和流向，及时杜绝食品安全隐患，确保本市食品安全可控。

同时，该项技术应用于温度监控系统，可对易腐食品运输过程的温度进行连续监测，及时发现和避免因温度变化而引发的潜在食品安全风险。

通过使用温度监控系统，可以实时地了解被监控食品或场所的温度，对食品储存和加工中的温度等食品安全关键参数进行自动连续监测，了解食品冷藏冷冻及加工设备运转是否正常。

通过全行业的逐步推广，可以使食品安全更有保障，更好地做好食品溯源工作。

9.11 医院智能管理系统

1. 应用背景

21 世纪的中国经济在飞速发展，正不断向国际高水平迈进。各行各业都在努力向国际化标准接轨。医疗、卫生行业自然不例外。

近年来，很多医院进行了改造，修建了新的门诊大楼，设备和人员增加了，服务意识增强了，信息化程度也大大提高了。

目前，一般医院的管理还是不够人性化和智能化。具体表现在以下几个方面。

(1) 有时患者病情加重，当病人出现突发病情时，例如病人的体温出现了变化，医院却不能马上获得消息并立即采取医疗措施。

(2) 医疗服务的迟延。当所需的医生不能及时找到时，其病房会引起闲置，并导致伤患抢救时机的丧失。

(3) 有些病患者未经允许擅自离开病房，或者进入其他区域，会引起对其自身和他人的疾病威胁，没有形成对病人的定位管理。

(4) 没有智能化的病人监督体系，对病人的治疗程序没有完整、明确的记录过程。如病人治疗到哪一阶段了，该服药了有没有发出提醒信号，护士的护理是不是合乎病人病情发展的要求。

(5) 妇产科母婴的鉴定。有时会发生阴差阳错抱错婴儿的事情，也有偷盗婴儿的事情发生等。

针对目前医疗行业客观存在的上述问题，苏州木兰电子科技有限公司推出了基于有源RFID技术的“病人实时监控系统”。将采集到的人体温度数据持续记录在有源电子标签内，对病人进行细致的、实时的管理。

2．系统组成

(1) 电子标签：ML-T系列的有源射频卡，识别距离范围是80米，工作方式是主动式的，是能呼叫的，比如按一下按钮，医生就知道哪个病人呼叫。

(2) 固定读卡器：由木兰公司自主研发生产的ML-M系列远距离全向性读卡器，用来自动读取射频卡的信息。每个病房安装一个。

(3) 监控软件系统：由计算机和软件系统组成。

3．方案介绍

(1) 病人的区域定位管理。

因为给每一个病人都发放一个可以代表自己唯一性身份的标签卡，该卡不断主动地向外界发出信号，而医院到处都安装有RFID远距离读卡器，这样，病人的活动都在系统监视的范围内，而读卡器是有编号的，也有固定的位置，当病人出现在某一个位置时，会被附近相关的读卡器读到，根据读卡器的位置，可实现对病人区域定位的效果。

当然，根据病人病情的不同，会设置病人的活动范围，当病人离开病房或到了不该到的地方时，通过管理软件相关权限的设置，系统会发出报警信号，提醒相关工作人员及时处理。

这样，病人的区域定位管理便可实现。

(2) 母婴管理体系。

① 母婴对应：婴儿出生之后，也会给婴儿佩戴一个可以标识唯一性身份的标签卡，考虑到婴儿抱错以及被窃等问题，该标签设置成防水防拆型的，当有人强制拆掉时，会发出报警信号，而且，婴儿的标签卡信息与母亲的信息具有一一对应性，要确定是不是抱错了婴儿，只须在管理中心数据库对比母婴的标签卡信息就可以了，这样，婴儿和母亲有了对应关系，可以避免婴儿抱错事件的发生。

② 婴儿防盗：因为每一个婴儿都有自己的标识卡，该卡不断地向外界发出信息，因此，与其他病人一样，婴儿也时时刻刻处于被监控的状态，这样，通过对智能管理系统软件的设置，当婴儿离开被指定的某一区域时，系统就会发出报警，提醒相关人员及时做出反应，采取措施。当然，当母婴完全康复出院时，应该通过管理系统解除报警，让母婴可以正常地离开医院。

(3) 病人的日常护理监护。

通过RFID标签、远距离读卡器以及后台管理中心这一系列的配合，对病人病情的发展、诊断、医疗、护理都有一个全程的记录，而且，每一个病人的情况都会在管理系统数据库中有详细的记录和实时的更新，这样，会做到对病人从入院到出院全程的智能化的监护、人性化的管理。如病人的医疗进行到哪一阶段了，到服药的时候就提醒病人服药，提示病人该服哪方面的药了。还要及时通知病人医疗费用余额等。都有全程的掌控。这样，对病人的治疗、护理就会更加条理化、清晰化、合理化、安全化、智能化、人性化。

4．实施结果

(1) 利用 RFID 技术，通过完全智能化的系统，轻松地解决了医院经常会发生的婴儿调换以及婴儿被盗事件。

(2) 完全自动化的系统，实现了病人在医院的全程监控、区域定位管理、安全提示等智能化的功能。

(3) 使医院的服务和管理有序化、明了化、清晰化。

(4) 智能化的软件系统，实现了智能化的医院管理服务体系，所有功能的实现在 RFID 硬件以及软件系统的强力配合下，完全自动化地实现。

(5) 智能化的医院管理，可以提高医院在当地的知名度，赢得广大群众的认可。

9.12 智慧型药盒与 RFID 药罐提醒老年人准时服药

1．应用背景

在医院或者养老院这类的医疗机构中，服用药物由专业人士(例如护士等)统一管理和照顾，按时给服药者用药，不需要服药者费心处理。发生错误的概率也较低。

因此，智慧型药盒的设定目标为居家照顾的家用型产品，协助居家服药者进行用药管理，提醒和负责所有药物的定时管理。

2．使用对象及流程

为了得知及检查来自不同处方的药物之间可能的交互作用，以避免对服药者造成危险，假设居家服药者所有的药物，包括处方或非处方的用药，例如维生素等，都必须交给智慧型药盒来管理。利用软件程序，将所有药物的用药要求及信息转成机器可阅读的文件格式，存放在随身的存储器中，这类文件，称为药物使用规范，简称 MSS。如图 9-16 所示。

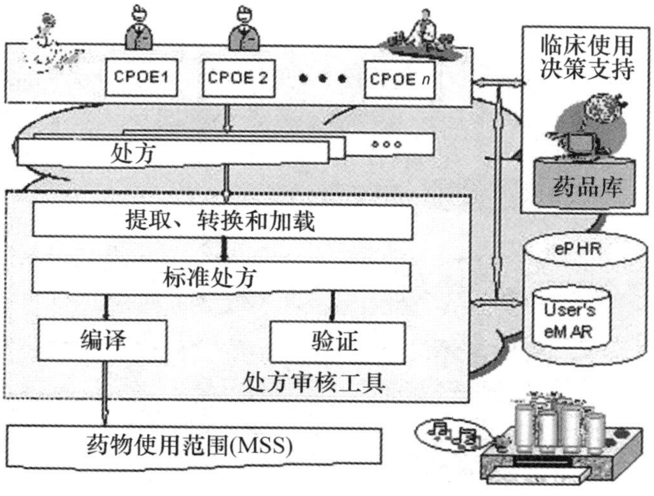

图 9-16 药剂师检查药物冲突并产生 MSS

当居家服药者拿到新的处方或者要购买非处方用药时，只需要带着存放有所有用药信息(药物使用规范)的随身存储器到药店交给药剂师，药剂师就可以得知其所有的用药信息，然后再由辅助程序(Prescription Authoring Tool，处方审核工具)检查居家服药者所服用的药物彼此之间是否有冲突的情况产生。经过确认无误后，产生新的药物使用规范，并存放到随身存储器中，再将新增的药罐子连同修改过药物使用规范后的随身存储器交给居家服药者带回。居家服药者返回家中后，只须将随身存储器插入智慧型药盒中，再将药罐子依照智慧型药盒的指示放入，接着，遵从智慧型药盒的指示服药即可。

居家服药者从药剂师获得的药罐子，底部都贴有 RFID 标签，用来作为辨别不同药的依据，在智慧型药盒中装设有 RFID 阅读器，当居家服药者每次放入一个药罐时，智慧型药盒利用 RFID 将药罐子跟相对应的药物使用规范连结起来，再根据药物使用规范里面所提供的用药指示和信息，利用内部的药物使用程序，自动产生药物服用时刻表。用药时间到时，智慧型药盒便可正确地告知居家服药者，该服用哪些药物，其剂量分别为多少，并显示对应的药罐子在药盒上的位置。

3．智慧型药盒的设计与架构

参考图 9-17，智慧型药盒的设计结构如下。

(1) 贴有 RFID 标签的药罐子(Container with RFID tag)。
(2) 存有药物使用规范的存储卡(MSS flash disk)。
(3) 附有环状指示灯(Indicator light)的圆形插槽(Socket)。
(4) 提醒装置(Reminder)。
(5) 显示器(LED display and text display)。
(6) 辅助验证单次服用药物正确盒(Verification box)。
(7) 集药盒(Dispensing drawer)。
(8) 确认按钮(Push to Dispense，PTD)。
(9) USB 插孔存放 MSS。

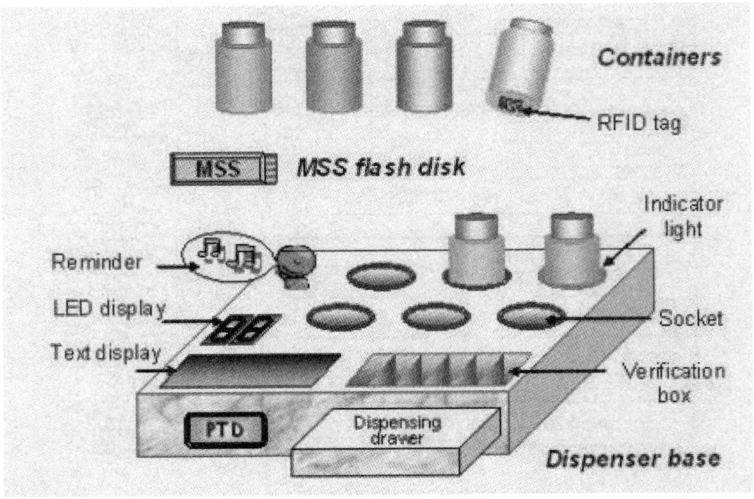

图 9-17　智慧型药盒的设计图

4．RFID 技术及使用步骤

最初要使用智慧型药盒时，先将存有药物使用规范 MSS 的随身存储器插入智慧型药盒中，接着，再将药罐子一次一个地插入圆形插槽中。在每个用来放置药罐子的圆形插槽中，各设置了一个开关感应器，如图 9-18 所示。

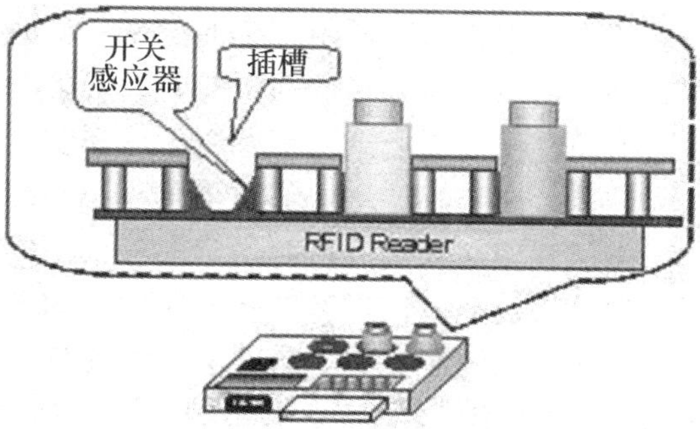

图 9-18　开关感应器

再利用二维感应阵列(Binary Sensor Array，BSA)去记录每个圆形插槽是否被放入药罐子，如图 9-19 所示。

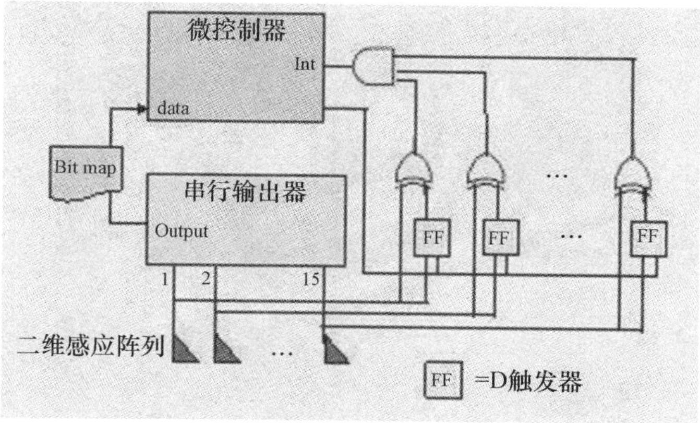

图 9-19　二维开关感应阵列

当智慧型药盒通过开关感应器感应到有药罐子被放入时，会指示 RFID Reader 去读取药罐子上的标签，并将其 ID 记录下来。经过一段时间后，如果一直不再有新的药罐子被放入，也就表示居家服药者完成了放置所有其服用的药罐子；接着，智慧型药盒会将药罐子锁在药盒上，并开始建立圆形插槽和药罐子 ID 的对应位置关系表，此关系表在日后有药罐子新增或移除时，也会连带地被更改。

在放置药罐子操作的过程中，需要一次放入一个药罐子的原因，是避免 RFID Reader 同时读取到多个 RFID 标签，而无法正确对应药罐子被放入哪个圆形插槽的位置关系。

至此，居家服药者已经将智慧型药盒设置完成。之后，智慧型药盒会依据其内部的药物使用程序所建立出来的药物使用时刻表，按时通知居家服药者每次所需要服用的药物及剂量。当服药的时间到时，智慧型药盒会通过提醒装置发出声响或闪光，来通知居家服药者。此时，居家服药者收到通知后，只需到智慧型药盒前按下确认按钮，智慧型药盒就会利用环状指示灯颜色的变化来显示此次要服用的药物有哪些。例如，针对此次需要服用的药物，其指示灯会显示红色；并将其药罐子上的锁解开。居家服药者依照环状指示灯一次将一个药罐子拿出的同时，被拿出的药罐子的指示灯会转成绿色，LED 屏幕上会显示此药所需服用的剂量。居家服药者依据指示，取出正确的剂量后，放入辅助验证单次服用药物正确盒，确认剂量是否正确，最后将药罐子放回。此时，智慧型药盒关闭其环状指示灯，并将药罐子重新锁在药盒上。利用以上机制，可以避免居家服药者拿到错误的药物或服用错误的药物剂量。

当服药时间到了，如果居家服药者没有依照指示来服用药物，智慧型药盒在提醒一段时间后，会重新安排服药规范，之后，依据新的药物服用时间表来再次通知居家服药者。当居家服药者没有按照指示服药的情况变得严重，甚至可能导致危险时，智慧型药盒会通过网络或电话通知医师或家属，以确保督促居家服药者正确地服用药物。

5．实际产品

实际产品如图 9-20 所示。

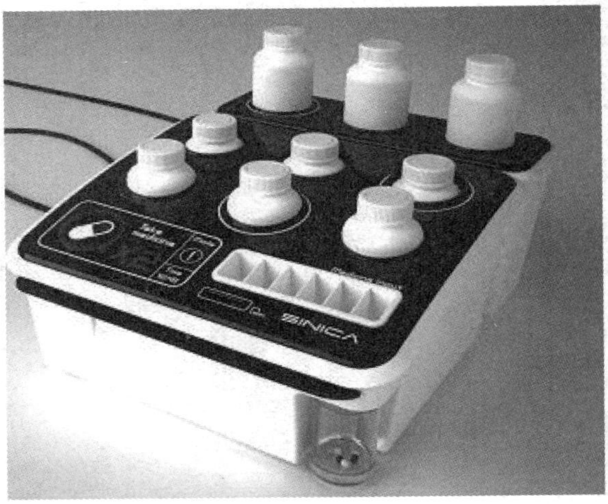

图 9-20　实际产品

9.13　RFID 在物流管理中的应用

1．应用背景

随着国际物流业的迅猛发展，大量的信息技术被采用，以提高该行业的服务效率和质量，但仍有很多工作仍主要依靠人工来完成，例如货物的清点、盘库和数据录入等。由于这种数据收集方式难以标准化，导致了仓库空间利用率降低，劳动生产率低下，最终影响企业效益。RFID 作为一项识别技术，与在物流业内广泛使用的另一项技术——条码技术相比，有其独特的一面。推广 RFID 技术，让该技术尽快发挥其对物流行业强大的推动作用，是国内物流企业尽快加入 RFID 技术应用的大趋势。

尽管物流只是 RFID 的应用领域之一，但如果 RFID 技术能与电子物流紧密联系，它很有可能在几年以内取代条形码扫描技术，并将给物流管理带来革命性的变化。从采购、存储、包装、装卸/搬运、运输、流通加工、配送、销售到服务，都是物流上环环相扣的业务环节和流程，它们之间是相辅相成，又相互制约的。在物流运作时，企业必须实时地、精确地了解和掌握整个物流环节上的商流、物流、信息流和资金流这 4 者的流向和变化，使这 4 种流，以及各个环节、各个流程都协调一致、相互配合，才能发挥其最大的经济效益和社会效益。然而，由于实际物体的移动过程中，各个环节都是处于运动和松散的状态，信息和方向常常随实际活动在空间和时间上移动和变化，结果影响了信息的可获性和共享性。而无线射频自动识别技术 RFID，正是有效解决物流管理上各项业务运作数据的输入/输出问题、业务过程的控制与跟踪问题，以及减少出错率等难题的一种新技术。

2．应用环节

RFID 在物流诸多环节上发挥了重大的作用，其主要的一些应用如下。

(1) 零售环节。

RFID 可以改进零售商的库存管理，实现适时补货，有效跟踪运输与库存，提高效率，减少出错。同时，智能标签能够对某些具有时效性商品的有效期限进行监控；商店还能利用 RFID 系统在付款台实现自动扫描和计费，取代人工收款方式。

在未来的数年中，RFID 标签将大量用于供应链终端的销售环节，特别是在超市中，RFID 标签免除了跟踪过程中的人工干预，并能够生成 100%准确的业务数据，因而具有巨大的吸引力。目前，世界零售巨头沃尔玛即将淘汰条形码，全面采用 RFID 技术，从而进一步提高零售环节的效率。

(2) 存储环节。

在仓库里，射频技术最广泛的使用是存取货物与库存盘点，它能用来实现自动化的存货和取货等操作。在整个仓库管理中，通过将供应链计划系统制定的收货计划、取货计划、装运计划等与射频识别技术相结合，能够高效地完成各种业务操作，如指定堆放区域、上架/取货与补货等。这样，增强了作业的准确性和快捷性，提高了服务质量，降低了成本，节省了劳动力(8%~35%)和库存空间，同时，减少了整个物流中由于商品误置、送错、偷窃、损害，以及库存、出货错误等造成的损耗。

货物在入库时被放置在托盘上运送，叉车将装有货物的托盘运至库门附近时，阅读器可以批量地读出托盘及其上的货物的 RFID 信息。在货物进入理货区之后，仓管员扫描货物条形码，并判断产品是进入平仓还是上货架。如果进入货架，货物通过传送带送入到具体的货位上(货物传输带上方已安装阅读器，当货物通过传输带时，系统通过阅读器快速获取货物的信息，即时传入传输到 WMS 系统，由系统根据货位信息安排入库位置。在每个库位上设置有专门的升降设备，自动帮助存放货物)。如进入平仓，由叉车直接送入具体库位。此时，在库位标签上记录货物的名称、数量、规格、计量单位等。在同一批次的货物扫描完之后，仓管员将扫描器所扫描的信息以文本的形式上传到 RFID 系统中。RFID 系统根据扫描器所扫描的信息、RFID 阅读器获得的 EPC 码，以及从企业系统中导入的信息，建立入库单号、EPC 码、订单号以及入库时间的关联。

RFID 技术的另一项好处，就是在库存盘点时降低人力。RFID 的设计就是要让商品的登记自动化，盘点时，不需要人工的检查或扫描条码，更加快速准确，并且减少了损耗。RFID 解决方案可提供有关库存情况的准确信息，管理人员可由此快速识别，并纠正低效率运作情况，从而实现快速供货，并最大限度地减少储存成本。

(3) 运输环节。

在车辆和货物上贴上 RFID 标签，并且每辆货车配备 GPS 接收机和 GSM 信息终端，发货时，将车辆、货物的基本信息通过 RFID 读写器存入运输调度中心的信息数据库中，同时，将司机的身份信息也存入运输调度中心的信息数据库中。

由于中华人民共和国第二代居民身份证应用了无线射频技术，第二代身份证增加了一枚指甲盖大小的非接触式 IC 芯片，将持证人的照片图像和身份项目内容等信息数字化后加密存入了芯片，这些信息可以经过终端读卡器判读，所以，可以通过终端读卡器直接将司机的身份信息存入运输调度中心的信息数据库中，非常方便有效。

与此同时，RFID 阅读器全部部署在运输货物的车辆上，在运输途中，阅读器每隔一段固定的时间，以一定的频率自动无线扫描车辆和货物的电子标签，并将扫描的信息存入车载 GSM 信息终端，同时，将通过 GPS 技术获得的车辆位置信息也存入车载 GSM 信息终端，司机也要将其身份证信息通过车载读卡器存入车载 GSM 信息终端，再通过 GSM 通信系统，将所有采集的信息传回运输调度中心，送入中心信息数据库中。

以 GIS 作为基础的信息系统平台，统一管理中心信息数据库。将收集到的信息与数据库中存在的发货时的原始信息进行比较，包括司机的信息和车辆的信息是否匹配，车辆和货物的信息是否匹配，一旦三者间有任何不匹配，说明该车货物出现了问题，必须采取紧急应对措施。如果信息完全匹配，则将新的车辆位置信息存入中心数据库中，以做货物追踪之用，通过不断的扫描修正，运输调度中心可以掌握货物和运输车辆的实时信息。

(4) 配送/分销环节。

在配送环节，采用射频技术能大大加快配送的速度，提高拣选与分发过程的效率和准确率，并能减少人工、降低配送成本。

配送中心的基本流程是：供应商将商品送到配送中心后，经过核对采购计划，进行商品检验等程序，分别送到货架的不同位置存放。提出要货计划后，计算机系统将所需商品的存放位置查出，并打印有商店代号的标签。整包装的商品直接由货架上送往传送带，零散的商品由工作台人员取出后，也送到传送带上。一般情况下，商店要货的当天，就可以将商品送出。

进入配装区后，工作人员根据各分销点的配装作业单进行配装。每种货物分别用容器进行封装，此时，在容器上粘贴电子标签。货物配装完毕后，在容器标签上写入货物名称、数量、配装时间等相关信息，在车辆标签上写入所储货物的名称和数量。车辆电子标签 EPC 与货物 EPC 相关联。当货物离开配货中心时，通道口的解读器在读取标签上的信息后，将其传送到处理系统自动生成发货清单；在运输管理中，运输线的一些检查点上安装了 RFID 接收转发装置，当贴有 RFID 标签的车辆经过时，接收装置便可接收到 RFID 标签信息，并连同接收地的位置信息上传至通信卫星，再由卫星传送给运输调度中心，送入数据库中，从而可以准确预知货物到达时间，实现对货物配送运输的实时监控，确保货物能够准时、完好地送到客户手中。

RFID 技术使得合理的产品库存控制和智能物流技术成为可能。借助于电子标签，可以实现商品对原料、半成品、成品、运输、仓储、配送、上架、最终销售，甚至退货处理等环节进行实时监控。比如，经营者通过 RFID 技术，可以实时了解到货架情况并迅速补货，减少 10%~30%的安全库存量，从而大大降低仓储成本。自动化程度的提高和差错率的降低，使整个供应链管理显得透明而高效。

RFID 技术非常适用于物料跟踪、运载工具、仓库货架以及其他目标的识别等要求非接触数据采集和交换的场合。广泛用于物流管理中的仓库管理、运输管理、物料跟踪、运载工具和货架识别、商店、特别是超市中商品防盗等场合。

3. 应用展望

RFID 技术已经深入到物流供应链管理的各个环节中，由于其数据采集处理的优点，不仅提高了整个供应链的效率，而且增加了供应链的透明度。在现今激烈的竞争中，RFID 技术必将对物流供应链产生积极的影响。

9.14 RFID 无线实时定位系统

1. 背景

目前，RFID 技术与传感器或者其他技术的融合发展迅速，其中，实时定位系统(Real Time Location System，RTLS)是最有活力的一种技术。

定位的方法有很多种，其中，利用信号强度差是最简便、对硬件开销最小的技术。但是，这项技术对于无线产品的一致性以及定位算法的要求比较高，其具体的方法是通过 RF 信号传播损耗模型，计算读写器到各个标签之间的距离，利用算法求出每个射频标签的坐标位置。

2. 技术方案简介

利用一个标签到不同位置三点的信号强度差，换算成距离差，根据已知的三个读头的坐标和距离差，可以定位标签的位置。RTLS 系统的工作原理如图 9-21 所示。

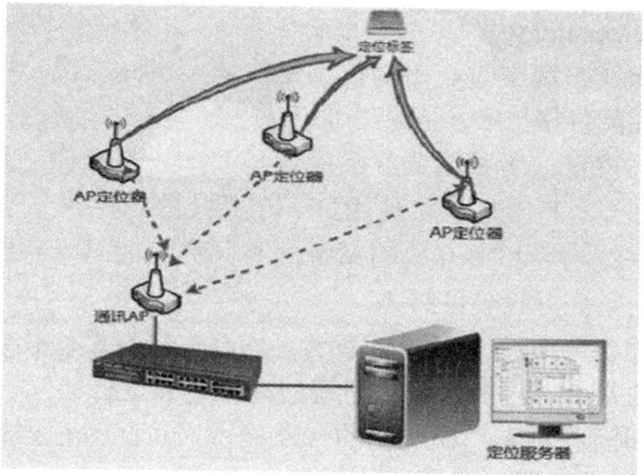

图 9-21　Uradiosys RTLS 的定位原理

在覆盖无线局域网的地方，佩戴在人员身上的定位标签周期性地发出信号，无线局域网访问点(AP)接收到信号，将信号传送给定位服务器。定位服务器根据信号的强弱或信号到达时差，判断出人员的位置，并通过电子地图显示具体位置。

3. 系统组成

无线局域网实时定位系统(WiFi RTLS)由以下三部分组成：定位标签(WiFi Tag)、无线局域网接入点(Access Point)、定位服务器(Locating Server)。无线局域网接入点可以使用任何支持 IEEE 802.11b 的产品。

(1) 定位标签作为无线数据采集模块，佩戴在人员身上或安设在物品上，系统通过对标签的跟踪，实现对人员和资产的跟踪定位。人员标签可以根据需要设计不同的外形，如腕带标签、胸卡等，以适应不同的需求。

(2) AP 采用 2.4GHz 频段，支持 IEEE 802.11b/g 模式，及时采集标签的信息，传输到后端的监控中心，对定位标签进行控制和管理。

(3) 安装了定位服务器软件系统的监控管理中心，主要实现实时数据分析处理。分析管理标签数据，通过控制中心的电子地图，监视并及时显示各现场标签的位置。数据可同时存入存储数据库，监控人员可以通过计算机访问存储服务器，查询人员或物品的实时位置信息、报警信息，以及某段时间内的移动轨迹等。

4. 设计理念

整个系统方案的设计贯穿了一些原则。在设计系统时，本着技术先进、架构合理、产品主流、低成本、低维护量为出发点。

(1) 技术先进：整个系统选型、软硬件设备的配置，均应符合高新技术的潮流，采用全世界最新的 WiFi RTLS 技术。

(2) 架构合理：采用先进、成熟的技术来架构各个子系统，使其能安全、平稳地运行，消除各系统可能产生的瓶颈，并通过合适的设备，保证各子系统具备良好的扩展性。

(3) 稳定性：系统基于稳定、安全、保密的大型数据库，以保证系统运行正常。具有良好的数据共享、实时故障修复、实时备份等完善的管理体系。

(4) 安全性：系统采用 WEP、WPA、WPA2 等国际标准无线加密方式，同时，标签支持数字加密技术，具有较高的安全性。

(5) 产品主流：在设备选型时，主要依据定位环境实际情况，结合目前市场上的各类产品，选择具有最优性能价格比和扩充能力的产品。

(6) 低成本、低维护量：所采用的产品应该是简单、易操作、易维护的。系统的易操作和易维护，是保证非计算机专业人员使用好一个系统的条件。

(7) 兼容性：各系统均为相对开放的系统，不同产品间具有标准接口，并提供多种通信标准协议，可以便于第三方设备的接入。

(8) 模块化：组建各分系统，直到总系统，均严格履行模块化结构方式，以满足系统功能扩充、运行设备的替换、维护，确保系统的高效可靠运行。

(9) 扩充性：采用面向对象和模块化的开发技术，可随时根据需要扩充具有其他功能的软硬件模块，具有良好的扩充性。

(10) 集中管理：远端现场设备、各分系统，集中于中心统一控制，实施对所有远端设备的控制、设置，以保证系统能高效、有序、可靠地发挥其管理职能。

(11) 升级维护：系统考虑到将来系统在容量和功能方面增加、修改等的实际需要，定位系统对软件可升级，并且操作简单，操作应能由系统管理员完成，不需要繁复的操作和专门的技术。

9.15 RFID 在农业中的应用

1. 背景介绍

在水稻育秧大棚监控及智能控制解决方案中，可以通过光照、温度、湿度等无线传感器，对农作物温室内的温度、湿度信号以及光照、土壤温度、土壤含水量、CO_2浓度等环境参数进行实时采集，自动开启或者关闭指定设备(如远程控制浇灌、开关卷帘等)。同时，可以在温室现场布置摄像头等监控设备，实时采集视频信号。用户通过计算机或 3G 手机，可以随时随地观察现场情况、查看现场温湿度等数据，以及控制远程智能调节设备。

2. 系统架构设计

(1) 总体架构。

系统的总体架构如图 9-22 所示。

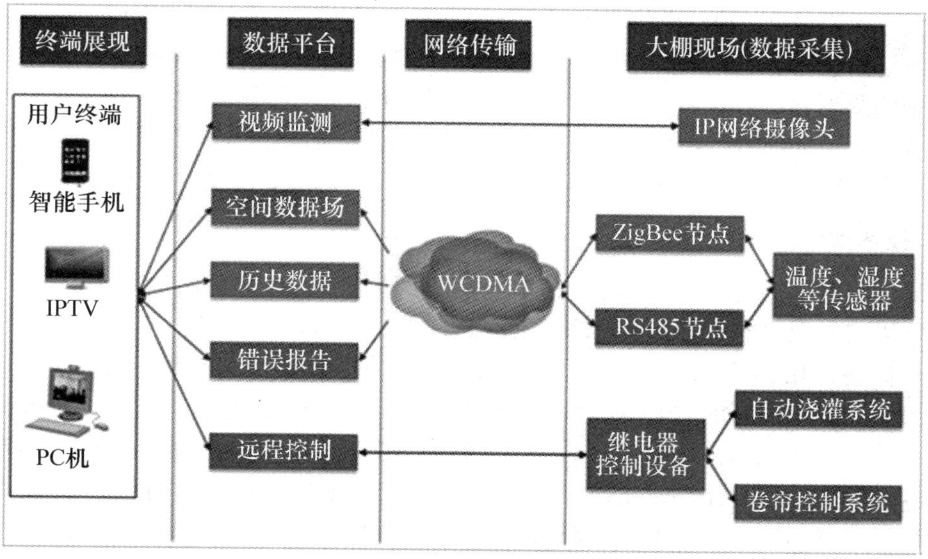

图 9-22 系统架构

在具体的技术实施中，可以分为数据采集系统、视频采集系统、远程控制系统、无线传输系统、数据处理系统 5 个部分。

① 数据采集系统：主要负责温室内部光照、温度、湿度和土壤含水量以及视频等数据的采集和控制。数据传感器的数据上传采用 ZigBee 和 RS-485 两种模式。根据传输方式的不同，温室现场部署分为无线版和有线版两种。无线版采用 ZigBee 发送模块，将传感器的数值传送到 ZigBee 节点上；有线版采用电缆方式，将数据传送到 RS-485 节点上。无线

版具有部署灵活、扩展方便等优点；有线版具有高速部署、数据稳定等优点。

② 视频采集系统：该系统采用高精度网络摄像机，系统的清晰度和稳定性等参数均符合国内的相关标准。

③ 远程控制系统：该系统主要由控制设备和相应的继电器控制电路组成，通过继电器，可以自由控制各种农业生产设备，包括喷淋、滴灌等喷水系统和卷帘、风机等空气调节系统等。

④ 无线传输系统：该系统主要将设备采集到的数据通过 3G 网络传送到服务器上，在传输协议上，支持 IPv4 网络协议及下一代互联网 IPv6 协议。

⑤ 数据处理系统：该系统负责对采集的数据进行存储和信息处理，为用户提供分析和决策依据。用户可随时随地通过计算机和手机等终端进行查询。

(2) 无线系统的主要运行原理。

本系统采用了最先进的 ZigBee 无线传输技术。在粮库的不同地方，放置了温湿度传感器。温湿度传感器采用无线传输，将现场测量到的数据通过无线电波，传送给粮库内的读写器，读写器再通过 ZigBee 无线中继器，将数据无线地传输给计算机，计算机将接收到的数据存储起来，并与系统设定的标准值比较。若现场值超出标准值，系统会报警，告知管理人员，并会自动地控制风机等设备，做降温处理。

3. 流程介绍

在粮库中安放好 RFID 电子标签后，标签会实时采集粮库中的温、湿度信息；并自动地将数据发送给读写器；读写器将数据通过串口或网口或无线途径，传输给计算机；计算机将接收到的数据存储并比较，系统会调出设置的标准值，与采集到的现场数据比较；当现场的温湿度高于标准值时，计算机则通过其 I/O 控制口，控制现场的风机启动降温；与此同时，计算机会实时地通过传感器的信号继续监控粮仓内的温、湿度，直至达到设定值。

4. 技术细节

每只温湿度传感器(电子标签)都带有一个 ID 号，而此 ID 号是由 24 位的字母、数字组成的，可以实现无限的序号组合，即可实现全球唯一 ID 号。

每只标签的 ID 号与其所在的位置是相对应的，可以在系统建数据库时，将位置绑定在该 ID 号的信息中。例如，当系统读取到序号为 1234567 的 ID 号时，即会知道该标签是处于第 6 号仓的第 3 只温湿度标签，具体位置是高 6.5 米，距离 A 面墙 3.2 米，距离 B 面墙 6.2 米。这样，当该标签测量到的温度较高时，系统就会知道具体的位置了，方便调整。

当标签测量到现场的数据后，即会利用自身的内置电源，激活单片机中的无线收发模块，将数据无线地发出，传输距离可最长达 1000 米；标签的发送距离可以根据现场的具体距离调制，可做到在 10~1000 米之间调整。同时，标签利用电磁波传送，具有较强的穿透力，即便将标签植入粮食内，同样可以准确地读取。

标签将数据传送到读写器。读写器挂式地安装到粮仓的外部，负责接收并解调传过来的数据，然后通过 RS-485 线缆或者以 ZigBee 无线方式传送数据给计算机。这样，可以节省粮仓有限的空间，避免仓内繁琐布线的问题。

9.16 RFID 在畜牧业中的应用

1. 背景介绍

近年来，动物疫情不断爆发，不仅重创了全世界特别是欧洲的畜牧业，而且严重影响甚至威胁着人类的身体健康和生命安全，引起了世界特别是欧洲的高度重视，促使各国政府迅速制定政策和采取相应的措施，在畜牧业和商业环节中加强对动物的管理。其中，对动物的识别与跟踪，成为各国采取的重大措施之一。

RFID 系统能够在复杂的供应网络中跟踪牲畜的饲养、防疫、屠宰和销售情况，是高效供应链管理的解决方案。RFID 解决方案可简化牲畜的养殖管理、防疫管理，及时了解并预防大规模疫情的爆发，不但能为牧户带来益处，减少损失，还方便相关政府部门对畜牧业养殖、防疫等方面的全过程进行监控，以保证进入市场的肉类制品的产品质量。

2. 实施环节

(1) 为牛安装电子身份证。

基于 RFID 的牛类养殖与追踪中的第一步，就是在牛身上安装电子身份证，为每头牛建立一个永久性的数码档案，唯一标识每头牛的属性。动物安装电子标签的基本方法有：颈圈式、耳标式、注射式和药丸式电子标签。

(2) 基于 RFID 的养牛场管理系统。

将牲畜的相关信息写入芯片中，包括畜主姓名、性别、畜别、特征、是否免疫、疫苗种类、生产厂家、生产批号、接种方法、接种剂量、免疫数量以及免疫员姓名等内容，畜主需要有一台手持式数据采集器，可以获取牲畜的相关信息。按照中国农业部规定，牛只编码格式为：2－××××××(县级行政区域代码)－××××××××(标识顺序号)。其他国家要按照当地的编号要求进行修改。

具体操作流程为：在对畜牧的日常管理中，畜主只需要携带一台无线手持终端，识读所要跟踪的牲畜耳标等，该牲畜的相关信息就在手持式终端上显示出来。畜主可以查看此信息，对其日常饮食、病史、生育史、免疫记录等进行相应的处理。这种方法快捷方便，能节省大量的时间，不必再翻查原始的收购档案卡片。同时，可以将数据传输到后台计算机中，在后台计算机中建立牲畜档案。通过计算机，专业性地记录每头牲畜的详细信息。不必为记录模糊不清或档案卡片丢失而苦恼了。与此同时，部门及相关领导可以通过网络即时查阅任意牧场、养殖栏、牲畜的情况，实现信息的透明化。

(3) 基于 RFID 的奶牛精密喂养子系统。

精细养殖数字化以数据库系统为基础，在分布式网络环境中实现各业务单元用户对数据的获取与更新、数据的存储与管理、信息的提取与分析，通过数字农业基础数据仓库机制，形成基础数据的共享与信息挖掘。将精细养殖专家知识和经验经过抽象，建立起数据模型，用于指导奶牛养殖，利用在养殖实践中形成的反馈，对模型进行调整。

奶牛精细养殖数字系统的逻辑，划分为数据层、服务层、应用层三层体系结构。数据层由数字农业基础数据仓库(包括元数据库、影像数据库、综合饲料养分数据库)、传感器信息库(包括无线射频传感数据、视频监控数据等)、专家模型库等数据库群组成。服务层由数字农业精细养殖支撑平台和信息共享、交换平台构成，包括计算机网络系统、通信系统、监控系统、显示系统和操作系统等。应用层主要包括各种应用系统，为客户端调用数据库服务器的信息服务。

(4) 基于 RFID 的肉类追踪系统。

RFID 技术可以应用于畜牧业食品生产的全过程，包括饲养、防疫灭菌、产品加工、食品流通等各个环节，全面引入标准化的技术规程和质量监管措施，建立“从农场到餐桌”的食品供应链跟踪和可追溯体系。

① 政府牵头，建设肉类食品监管平台，实现供应链各环节关联企业和部门的信息接入和共享，实现从生产源头到零售环节的端到端监控。

② 在牛只养殖环节，通过 RFID 技术和配套的辅助手段，实现全程饲养跟踪，实现与后端的畜牧生产管理系统集成，并实现与行业主管部门的牲畜检疫检验系统对接，同时，把相关的信息输入肉类食品监管平台。

③ 在牛肉运输环节，通过 RFID 技术和配套辅助手段，在不同运输节点上部署道口监控系统，实现对整个运输过程的监控，并提供生猪检疫检验和运输消毒等活动，同时，把相关的信息输入肉类食品监管平台。

④ 在牛只屠宰环节，通过 RFID 技术和配套辅助手段，实现对牛只的健康状况核实和确认，集成屠宰场后端管理系统，同时，把相关的信息输入肉类食品监管平台。

⑤ 在牛肉加工环节，通过 RFID 技术，配合条码技术，实现牛只信息和牛肉信息之间的关联，同时，把相关的信息输入肉类食品监管平台。

⑥ 在牛肉批发、零售环节，通过 RFID 技术提高物流环节的效率，通过条码技术追溯源头信息，强化市场交易管理，同时，把相关的信息输入肉类食品监管平台。

肉类食品监管平台如图 9-23 所示。

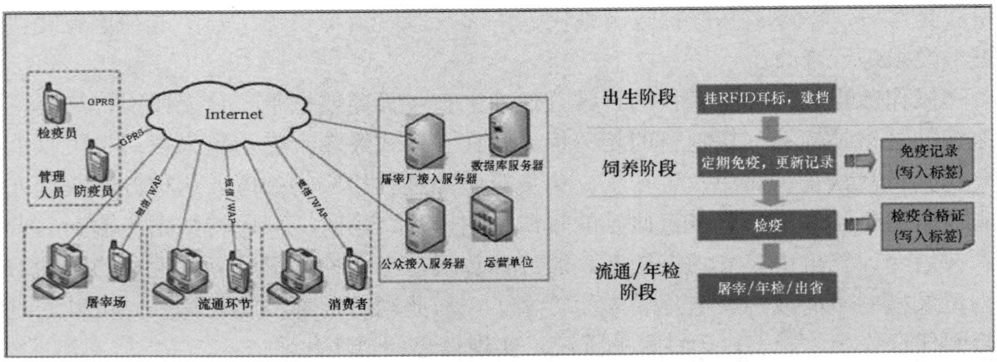

图 9-23 肉类食品监管平台

3. RFID 应用的优势

电子标识管理在欧美已经使用数年，并已经成为技术亮点。除了企业内部在饲养的自动配给和产量统计方面的应用外，还可用于动物标识、疫病监控、质量控制及追踪动物品种等方面。RFID 技术在畜牧行业中的优势主要有以下几点。

(1) 非接触自动识读，数据采集方法实时有效。

利用非接触的射频识别方式，对安置于动物耳垂或体内的电子标识内的数据采集，并进行系统管理，是掌握动物的健康状况和控制动物疫情发生的极为有效的管理方法。

(2) 能防水，可以应用于动物机体。

采用低频标签，可以穿透水和动物机体，对水和金属不敏感，不论标签是安放在动物体内，还是安放在动物的耳朵上，都可以方便、快捷地进行识读。

(3) 号码唯一，不易伪造，便于管理。

当动物出生时，电子标识就被安置于动物耳垂或体内，电子标识一次性使用、统一编号、号码唯一。通过对奶牛个体的可追踪管理，进行精密喂养，提高料奶比；同时，进行健康预警和牛奶品质监控，提高优质奶产量，以增加企业的经济效益。

(4) 与信息技术结合，有利于跟踪管理。

通过配套软件管理程序，对生长周期进行全程监控。如是否在无污染的自然环境中放养，水土、空气等指数是否达标，兽药和添加剂的使用情况，饲料是否受到过农药或残留添加剂的污染等，并记录不同时期在何牧场进行放养，以及防疫情况、健康状况等重要信息。当食品动物达到出栏标准时，屠宰场将严格查阅该动物的“品质档案”，只有通过严格的检查，方可进行宰杀，并将“档案”存档，以备后来进行“品质追溯”。

本章小结

本章给出了 RFID 技术在物联网领域中应用的 16 个实例，通过对每个方案应用背景、方案形成及具体实施的详细分析，为读者提供一些 RFID 技术实际应用的案例，以加深读者对 RFID 技术理论的理解。

习　题

(1) 思考 EPC 对于各领域企业起到的作用。

(2) 简述 RFID 技术在制造业仓库中的应用。

(3) 简述 RFID 技术在班加罗尔心脏病诊疗中心的应用。

参 考 文 献

[1] 单承赣，单玉峰，姚磊. 射频识别(RFID)原理与应用[M]. 北京：电子工业出版社，2008.

[2] 彭力. 无线射频识别(RFID)技术基础[M]. 北京：北京航空航天大学出版社，2012.

[3] Klaus Finkenzeller. 射频识别(RFID)技术[M]. 2 版. 北京：电子工业出版社，2001.

[4] 唐志凌. 射频识别(RFID)应用技术[M]. 北京：机械工业出版社，2014.

[5] 游战清，李苏剑，等. 无线射频识别技术(RFID)理论与应用[M]. 北京：电子工业出版社，2014.

[6] 董丽华，等. RFID 技术与应用[M]. 北京：电子工业出版社，2008.

[7] 樊昌信，曹丽娜. 通信原理[M]. 6 版. 北京：国防工业出版社，2006.

[8] 纪越峰. 现代通信技术[M]. 2 版. 北京：北京邮电大学出版社，2004.

[9] 阿克赛尔・格兰仕，奥利弗・荣格. 机器对机器(M2M)通信技术与应用[M]. 翁卫兵，译. 北京：国防工业出版社，2011.

[10] 张成海，张铎. 物联网与产品电子代码(EPC)[M]. 武汉：武汉大学出版社，2010.

[11] 王忠敏等. EPC 与物联网[M]. 北京：中国标准出版社，2004.

[12] 张彦，宁焕生. RFID 与物联网：射频中间件解析与服务[M]. 北京：电子工业出版社，2008.

[13] 李咏婵，李安平，等. 现代物品信息技术应用指南[M]. 北京：中国标准出版社，2008.

[14] 高建良，贺建飚. 物联网 RFID 原理与技术[M]. 北京：电子工业出版社，2013.

[15] 贝毅君，干红华，程学林，等. RFID 技术在物联网中的应用[M]. 北京：人民邮电出版社，2013.

[16] 曾国宝，程远东. RFID 技术及应用[M]. 重庆：重庆大学出版社，2014.

[17] 拉纳辛哈. 物联网 RFID 多领域应用解决方案[M]. 唐朝伟，邵艳清，王恒，译. 北京：机械工业出版社，2014.

[18] 黄玉兰. 物联网射频识别(RFID)技术与应用[M]. 北京：人民邮电出版社，2013.

[19] 张有光，杜万，张秀春，等. 全球三大 RFID 标准体系比较分析[J]. 中国标准化，2006(3).

[20] 张智文. 射频识别技术理论与实践[M]. 北京：中国科学技术出版社，2008.

[21] Klaus FinKenzeller. 射频识别技术[M]. 吴晓峰，陈大才，译. 北京：电子工业出版社，2006.

[22] 康东，石喜勤，李勇鹏. 射频识别(RFID)核心技术与典型应用开发案例[M]. 北京：人民邮电出版社，2008.

[23] 周晓光，王晓华，王伟. 射频识别(RFID)系统设计、仿真与应用[M]. 北京：人民邮电出版社，2008.

[24] 谭民，刘禹，曾隽芳. RFID 技术系统工程及应用指南[M]. 北京：机械工业出版社，2008.

[25] 单承赣，单玉锋，姚磊. 射频识别(RFID)原理与应用[M]. 北京：电子工业出版社，2008.

[26] 游战清，刘克胜. 无线射频识别(RFID)与条码技术[M]. 北京：机械工业出版社，2006.

[27] 陆永宁. 非接触 IC 卡原理与应用[M]. 北京：电子工业出版社，2006.

[28] 慈新新，王苏滨，王硕. 无线射频识别(RFID)系统技术与应用[M]. 北京：人民邮电出版社，2007.

[29] 董丽华. RFID 技术与应用[M]. 北京：电子工业出版社，2008.

[30] 习曾强，欧阳宇，王潼. 无线射频识别与电子标签——全球 RFID 中国峰会[M]. 北京：中国经济出版社，2005.

[31] 宋铮，张建华，黄治. 天线与电波传播[M]. 西安：西安电子科技大学出版社，2003.

[32] 张肃文. 高频电子线路[M]. 北京：高等教育出版社，2004.

[33] Reinhold Ludwig，Pavel Bretchko. 射频电路设计——理论与应用[M]. 王子宇，张肇仪，徐承和，译. 北京：电子工业出版社，2002.
[34] 谢希仁. 计算机网络[M]. 5 版. 北京：电子工业出版社，2009.
[35] 傅祖芸. 信息论基础理论与应用[M]. 3 版. 北京：电子工业出版社，2011.
[36] David Schultz，Craig Cook. 深入浅出 HTML[M]. 谢廷晟，译. 北京：人民邮电出版社，2008.
[37] 陈振国. 微波技术基础与应用[M]. 北京：北京邮电大学出版社，2002.
[38] 黄玉兰，梁猛. 电信传输理论[M]，北京：北京邮电大学出版社，2004.
[39] 黄玉兰. 电磁场与微波技术[M]. 北京：人民邮电出版社，2007.
[40] 黄玉兰. 射频电路理论与设计[M]. 北京：人民邮电出版社，2008.
[41] 黄玉兰. ADS 射频电路设计基础与典型应用[M]. 北京：人民邮电出版社，2010.
[42] 黄玉兰. 物联网射频识别(RFID)核心技术详解[M]. 北京：人民邮电出版社，2010.
[43] 黄玉兰. 物联网核心技术[M]. 北京：机械工业出版社，2011.
[44] 黄玉兰，常树茂. 物联网 ADS 射频电路仿真与实例详解[M]. 北京：人民邮电出版社，2011.
[45] 黄玉兰. 物联网概论[M]. 北京：人民邮电出版社，2011.
[46] 黄玉兰. 电磁场与微波技术[M]. 2 版. 北京：人民邮电出版社，2012.
[47] 黄玉兰. 物联网射频识别(RFID)核心技术详解[M]. 2 版. 北京：人民邮电出版社，2012.
[48] Klaus Fnkenzeller. 射频识别(RFID)技术[M]. 2 版. 北京：电子工业出版社，2001.
[49] 王爱英. 智能卡技术[M]. 北京：清华大学出版社，2000.
[50] 张肃文，陆兆熊. 高频电子线路[M]. 3 版. 北京：高等教育出版社，1997.
[51] 谢嘉奎，江月清. 电子线路(非线性部分)[M]. 北京：高等教育出版社，1996.
[52] 胡长阳. D 类和 E 类开关模式功率放大器[M]. 北京：高等教育出版社，1985.
[53] 王毓银. 脉冲与数字电路[M]. 2 版. 北京：高等教育出版社，1994.
[54] 闻懋生，张传生. 信息传输基础[M]. 西安：西安交通大学出版社，1993.
[55] 王新稳，李萍. 微波技术与天线[M]. 北京：电子工业出版社，2003.
[56] 赵军辉. 射频识别技术与应用[M]. 北京：机械工业出版社, 2008.
[57] 游战清，李苏剑，等. 无线射频识别技术(RFID)理论与应用[M]. 北京：电子工业出版社，2004.
[58] 张肃文. 高频电子线路[M]. 北京：高等教育出版社，2009.
[59] 刘禹，关强. RFID 系统测试与应用实务[M]. 北京：电子工业出版社，2010.
[60] 刘岩. RFID 通信测试技术与应用[M]. 北京：人民邮电出版社，2010.
[61] 樊昌信，曹丽娜. 通信原理[M]. 6 版. 北京：国防工业出版社，2006.
[62] 纪越蜂. 现代通信技术[M]. 2 版. 北京：北京邮电大学出版社，2004.
[63] 周晓光，王晓华. 射频识别(RFID)技术原理与应用实例[M]. 北京：人民邮电出版社，2006.
[64] 周洪波. 物联网：技术、标准、应用和商业模式[M]. 北京：电子工业出版社，2010.
[65] 宁焕生. RFID 重大工程与国家物联网[M]. 北京：机械工业出版社，2010.
[66] 郎为民. 射频识别(RFID)核心技术与典型应用开发案例[M]. 北京：机械工业出版社，2006.
[67] 康东，石善勤，李勇鹏. 射频识别(RFID)核心技术与典型应用开发案例[M]. 北京：人民邮电出版社，2008.
[68] 宁焕生，张彦. RFID 与物联网——射频、中间件、解析与服务[M]. 北京：电子工业出版社，2008.
[69] 宁焕生，王炳辉. RFID 重大工程与国家物联网[M]. 北京：机械工业出版社，2009.

[70] 张彦，宁焕生. RFID 与物联网：射频中间件解析与服务[M]. 北京：电子工业出版社，2008.
[71] 焕生，炳辉. RFID 重大工程与国家物联网[M]. 北京：机械工业出版社，2009.
[72] 单承赣，单玉峰，姚磊，等. 射频识别(RFID)原理与应用[M]. 北京：电子工业出版社，2008.
[73] 李咏蝉，李安平，等. 现代物品信息技术应用指南[M]. 北京：中国标准出版社，2008.
[74] 陈军须. 邮政技术设备与管理[M]. 北京：北京邮电大学出版社，2009.
[75] 董丽华，等. RFID 技术与应用[M]. 北京：电子工业出版社，2008.
[76] 杨武军. 现代通信网概论[M]. 西安：西安电子科技大学出版社，2004.
[77] 王庆译. 通信协议技术[M]. 北京：科学出版社，2003.
[78] 禹帆. 无线通信网络概论[M]. 北京：清华大学出版社，2004.
[79] 张成海，张铎. 现代自动识别技术与应用[M]. 北京：清华大学出版社，2003.
[80] 宋伟刚. 物流工程及其应用[M]. 北京. 机械工业出版社，2003.
[81] 赵军辉. 射频识别技术与应用[M]. 北京：机械工业出版社，2008.
[82] 游战清，李苏剑，张益强. 无线射频技术(RFID)理论与应用[M]. 北京：电子工业出版社，2004.
[83] 胡树豪. 实用射频技术[M]. 北京：电子工业出版社，2004.
[84] Bruce Schneier. 应用密码学[M]. 2 版. 北京：机械工业出版社，2003.
[85] Wenbo Mao. 现代密码学理论与实践[M]. 北京：电子工业出版社，2004.
[86] 谭民，刘禹，等. RFID 技术系统工程及应用指南[M]. 北京：机械工业出版社，2007.
[87] 张云勇，张智江，刘锦德，等. 中间件技术原理与应用[M]. 北京：清华大学出版社，2004.
[88] 王忠敏，等. EPC 与物联网[M]. 北京：中国标准出版社，2004.
[89] 王忠敏，等. EPC 技术基础教程[M]. 北京：中国标准出版社，2004.
[90] William Stallings. 密码编码学与网络安全：原理与实践[M]. 2 版. 北京：电子工业出版社，2001.
[91] 信息产业部无线电管理局：www.srrc.org.cn
[92] 中国自动识别技术协会：www.aimchina.org.cn
[93] 中国物品编码中心：www.ancc.org.cn
[94] 国家标准化管理委员会：www.sac.gov.cn/templet/default/
[95] Auto-ID 中国实验室：www.autoidlab.fudan.edu.cn/
[96] Auto-ID 澳大利亚实验室：autoidlab.eleceng.adelaide.edu.au/index.php
[97] Auto-ID 英国实验室：www.autoidlabs.org.uk/
[98] Auto-ID 韩国实验室：u-radio.kaist.ac.kr/
[99] Auto-ID 日本实验室：www.kni.sfc.keio.ac.jp/en/lab/AutoID.html
[100] Auto-ID 美国实验室：autoid.mit.edu/cs/
[101] Auto-ID 瑞士实验室：vsgr.inf.ethz.ch/autoidlabs.ch
[102] 中国标准信息网：www.chinaios.com/
[103] RFID 中国论坛：www.rfidchina.org
[104] RFID 地界网：www.rfidworld.com.cn
[105] RFID 信息网：www.iRFID.cn
[106] GSI 组织网站：www.gsl.org
[107] EPCglobal China 网站：www.epcglobal.org.cn
[108] 中国物品编码中心网站：www.ancc.org.cn

[109] 中国自动识别技术协会网站：www.aimchina.org.en

[110] 北京华信恒远信息技术研究院网站：www.sinotrustinfo.com

[111] 21 世纪中国电子商务网校网站：www.ec21cn.org

[112] 北京网路畅想科技发展有限公司网站：www.ec21cn.com

[113] 中国自动识别技术杂志网站：www.autoid-china.com.cn

[114] 中国射频识别网：www.rfidofchina.com

[115] ID in Manufacturing：http://domino.automation.rockwell.com

[116] Hinden, M.O'Dell, and S.Deering. An Aggregatable Global Unicast Address Format. IETF, RFC 2374, July 1998：http://www.ietf.org/rfc/rfc2374.txt

[117] Cellular Machine-to-Machine Communication Module Shipments to Increase Fourfold by 2013. 2008.05.16：http://www.cellular-news.com/story/31225.php

[118] Parks Associates: Parks Associates forecasts 6 million homes with Smart Meters by 2012. 2009.02.10：http://newsroom. parksassociates.com/article_display.cfm? article_id=5131

[119] Berg Insight(2009)：Smart Metering and Wireless M2M-Fifth consecutive report.

[120] Berg Insight: The European Wireless M2M Market. 2001.05.01：http://www.marketresearch.com/product/display.asp?productid=1493111

[121] Rogai, S.:ENEL's Metering System and Telegestore Project. Washington: 2006.02.19：www.narucmeetings.org/Presentations/ENEL.pdf

[122] 中国国家标准化委员会. 标准化的基本概念及其分类[DB]. 中国标准全文数据库.

[123] 范红梅. RFID 技术研究[D]. 浙江：浙江大学，2006.

[124] 吴江伟. RFID 技术在我国铁路专业运输业务中的应用及效益分析[D]. 四川：西南交通大学，2010.

[125] 刘先超. RFID(射频电子标签)天线的小型化[D]. 陕西：西安电子科技大学，2009.

[126] 杨益. 基于 RFID 的数字化仓库管理系统[D]. 武汉：华中科技大学，2008.

[127] 辛鑫. RFID 在医药供应链管理中的应用技术研究与开发[D]. 上海：上海交通大学，2007.

[128] 吴海华，基于 RFID 技术的图书智能管理系统研究[D]. 江苏：扬州大学，2009.

[129] 中国物品编码中心. EPC 实用操作大全[S]. 2008.

[130] 中国物品编码中心. RFID/EPC 应用案例选编[S]. 2008.

[131] 中国物品编码中心. SAVANT 技术说明书[S]. 2003.

[132] 曾强，欧阳宇. 无线射频识别与电子标签——全球 RFID 中国峰会[M]. 北京：中国经济出版社，2005.

[133] 桂海源，骆亚国. No.7 信令系统[S]. 北京：北京邮电大学出版社，2005.

[134] ISO/IEC 18000: 2004 Information technology - AIDC techniques - RFID for item management - Air interface[S].

[135] 中国射频识别 RFID 技术政策白皮书[S]. 2006.

[136] ISO/IEC JTC1/SC17. ISO/IEC 14443. Identification cards - Contactless integrated circuit(s) cards - Proximity cards[S].

[137] ISO/IEC JTC1/SC17 N 1355. ISO/IEC 15693. Identification cards - Contactless integrated circuit(s) cards - Vicinity cards[S].

[138] 美国普印力公司. RFID 贴标技术智能贴标在产品供应链中的概念和应用[S]. 深圳市远谷信息技术股份有限公司，编译. 北京：机械工业出版社，2007.

[139] 黄玉兰. 物联网标准体系构建与技术实现策略的探究[J]. 电信科学，2012，28(4)：129-134.
[140] 郭腾飞，刘齐宏. RFID 技术在自行车防盗系统中的应用[J]. 工业技术与产业经济.
[141] 凌云，林华治. RFID 在仓库管理系统中的应用[J]. 中国管理信息化，2009，12(3).
[142] 巨天强. RFID 的发展及其应用的现状和未来[J]. 甘肃科技，2009，25(15).
[143] 李彩红. 无线射频识别(RFID)技术及其应用[J]. 广东技术师范学院报，2006(6).
[144] 王璐，秦汝祥，贾群. 基于 RFID 技术的门禁监控系统[J]. 微机发展，2003，13(11).
[145] 周学叶，单承赣. 基于 RFID 的门禁系统设计[J]. 金卡工程，2008(9).
[146] 杨笔锋，唐艳军. 基于射频识别的智能车辆管理系统设计[J]. 计算机测量与控制，2010，18(1).
[147] Harris, A. Smart Grid Thinking[J]. Engineering&Technology. 2009.
[148] 王建维，谢勇，吴计生. 基于 RFID 的数字化仓库管理系统的设计与实现[J]. 网络与信息化，2009，28(4).
[149] 黄峥，古鹏. 基于 RFID 的应用系统研究[J]. 计算机应用与软件，2011，28(6).
[150] 庚桂平，苗建军. 无线射频识别技术标准化工作介绍[J]. Aeronautic Standardization&Quality, 2007，2(18).
[151] 中国物流与采购联合会，中国物流学会. 中国物流发展报告(2008-2009)[R]. 北京：中国物资出版社，2009.
[152] 全国信息技术标准化技术委员会自动识别与数据采集技术分委员会. 国际 SC31 简介.